Hilfsmittel für die Arbeit
mit Normen des Bauwesens

DIN 1052

Holzbauwerke

Hilfsmittel für die Arbeit mit Normen des Bauwesens

DIN 1052

Holzbauwerke

Teil 1 Berechnung und Ausführung
Teil 2 Mechanische Verbindungen
Teil 3 Holzhäuser in Tafelbauart

Ausgabe April 1988

Änderungen

gegenüber der Ausgabe Oktober 1969

1. Auflage

Herausgegeben von Peter Funk
im Auftrage des DIN Deutsches Institut für Normung e.V.

Bearbeitet von Jürgen Franz

Beuth Verlag GmbH · Berlin · Köln

Ernst & Sohn · Berlin

CIP-Kurztitelaufnahme der Deutschen Bibliothek

DIN 1052:
Holzbauwerke/hrsg. von Peter Funk im Auftr. d. DIN,
Dt. Inst. für Normung e.V. Bearb. von Jürgen Franz. –
1. Aufl., Ausg. April 1988, Änderungen gegenüber d. Ausg. Oktober 1969. –
Berlin; Köln: Beuth;
Berlin: Ernst, 1988

(Hilfsmittel für die Arbeit mit Normen des Bauwesens)

Enth. u.a.: Teil 1. Berechnung und Ausführung.
Teil 2. Mechanische Verbindungen

ISBN 3-410-12241-9 (Beuth) brosch.
ISBN 3-433-01126-5 (Ernst) brosch.

NE: Funk, Peter [Hrsg.]; Franz, Jürgen [Bearb.]

Titelaufnahme nach RAK entspricht DIN 1505.
ISBN nach DIN 1462. Schriftspiegel nach DIN 1504.

Übernahme der CIP-Kurztitelaufnahme auf Schriftumskarten durch
Kopieren oder Nachdrucken frei.

DK 694.01.001.24 : 694.12 : 624.011.1 : 621.882

176 Seiten C5, brosch.

ISSN 0934-9499

Maßgebend für das Anwenden jeder DIN-Norm
ist deren Originalfassung mit dem neuesten Ausgabedatum.
Vergewissern Sie sich bitte im aktuellen DIN-Katalog
mit neuestem Ergänzungsheft oder fragen Sie: (030) 2601-600.

Printed in Germany. Druck: Mercedes-Druck GmbH, Berlin (West)

Vorwort

Mit diesem Buch wird der Fachöffentlichkeit der erste Band einer neuen Reihe „Hilfsmittel für die Arbeit mit Normen des Bauwesens" zur Verfügung gestellt, die im Auftrage des DIN Deutsches Institut für Normung e.V. herausgegeben wird.

Die Normen des DIN haben vielfältige Aufgaben und sind aus dem Wirtschaftsleben nicht mehr wegzudenken. Sie geben nicht nur den Stand der Technik wieder, sondern sie bilden insbesondere durch die Art ihres Zustandekommens einen Maßstab für einwandfreies technisches Verhalten.

DIN-Normen des Bauwesens werden oft von den obersten Bauaufsichtsbehörden bauaufsichtlich eingeführt und sind von allen denen, die verantwortlich am Baugeschehen beteiligt sind, zu beachten. Sie müssen hohen Ansprüchen an Inhalt und Form genügen und den Anforderungen eines jeden einzelnen Benutzers gerecht werden.

Bei der Vielzahl der DIN-Normen, deren Beachtung im Baugeschehen notwendig ist, bedarf es eines erheblichen Zeitaufwandes, sich eine genaue Kenntnis des Normeninhaltes anzueignen, sich in Folgeausgaben einzuarbeiten und dabei alle Änderungen schnell und zuverlässig so zu erfassen, daß die Einführung einer Folgeausgabe problemlos geschehen kann. Die Reihe „Hilfsmittel . . ." soll diesem Zwecke dienen und helfen, eine Lücke zu schließen, wobei für die verschiedenen Normen in zwangloser Reihe je nach Bedarf auch verschiedene Arten von „Hilfsmitteln" veröffentlicht werden sollen.

Mit den „Änderungen" sollen insbesondere die Leser angesprochen werden, die mit einer Norm schon vertraut sind und mit ihr arbeiten. Erscheint eine Folgeausgabe dieser Norm, ist dieser Nutzerkreis häufig verunsichert, denn es dauert eine gewisse Zeit und bedarf einer sorgfältigen Einarbeitung, bis sich alle Änderungen in das Bewußtsein eingeprägt haben. Diesen Prozeß der Einarbeitung zu unterstützen bzw. zu vereinfachen, ist die wesentliche Aufgabe der „Änderungen".

Wie groß die Wirkung einer vermeintlich nur kleinen Änderung, z.B. des Wortes „muß" in „soll", sein kann, ist dem Fachmann wohl geläufig, aber diese in einem Text von vielen Seiten ohne Hilfen zu finden, gleicht oft dem Suchen der berühmten Stecknadel im Heuhaufen. Es ist also sinnvoll, Änderungen nur einmal sorgfältig zu erfassen und in geeigneter Form so darzustellen, daß diese mühevolle Arbeit dem einzelnen erspart bleibt.

Je nach dem Umfang der Änderungen bei der Überarbeitung einer Norm wird auch der Zeitaufwand unterschiedlich groß sein, innerhalb dessen die Folgeausgabe in Fleisch und Blut übergegangen ist. Aber selbst wenn dies geschehen ist, tauchen im Laufe der Zeit Fragen auf, wie etwas z.B. in der vorangegangenen Ausgabe der Norm geregelt war. Auch dann ist dieses Buch eine schnelle Hilfe. So ist diese Reihe eine Ergänzung der Originalfassungen der DIN-Normen; beide sind für die tägliche verantwortungsvolle Arbeit unentbehrlich.

Herausgeber und Bearbeiter hoffen, daß mit dieser Aufbereitung der Normen DIN 1052 Teil 1 bis Teil 3 die Umstellungszeit im Interesse der Sicherheit und der Wirtschaftlichkeit so kurz wie möglich gehalten werden kann.

Dem Bearbeiter dieses ersten Bandes der „Hilfsmittel", Herrn Dr.-Ing. J. Franz, sei für die zügige und sorgfältige Arbeit, die für diese Veröffentlichung notwendig war, sehr herzlich gedankt.

Berlin, im August 1988 P. Funk

Hinweise für die Benutzung

Auf den folgenden Seiten werden die Normen

DIN 1052 Teil 1 „Holzbauwerke; Berechnung und Ausführung"
DIN 1052 Teil 2 „Holzbauwerke; Mechanische Verbindungen" und
DIN 1052 Teil 3 „Holzbauwerke; Holzhäuser in Tafelbauart; Berechnung und Ausführung"

jeweils in der Ausgabe April 1988 den jetzt ungültigen Normen DIN 1052 Teil 1 und Teil 2, Ausgabe Oktober 1969 sowie der überholten „Richtlinie für die Bemessung und Ausführung von Holzhäusern in Tafelbauart", Fassung Februar 1979, geordnet in der Reihenfolge der jetzt gültigen Ausgabe, absatzweise gegenübergestellt, wobei Änderungen entsprechend gekennzeichnet sind, so daß diese leicht zu erkennen sind.

- die alte – überholte – Ausgabe ist jeweils in der linken Spalte oder Seite, die neue – gültige – Ausgabe ist jeweils in der rechten Spalte oder Seite abgedruckt und über jeder Spalte oder Seite als solche gekennzeichnet.
- Eine durchgehende Unterstreichung bedeutet eine Änderung; größere Änderungen sind links durch einen senkrechten Strich gekennzeichnet. Ist die Änderung eine redaktionell geänderte Abschnitts-, Bild- oder Tabellennummer, wurde wegen der oft umfangreichen Textumstellungen in den beiden Ausgaben von einer Unterstreichung abgesehen.
- Ist etwas aus der alten Ausgabe in der neuen entfallen, so sind die betreffenden Stellen in der alten Ausgabe gestrichelt gekennzeichnet.
- Ist etwas in der neuen Ausgabe gegenüber der alten neu hinzugekommen, so sind die betreffenden Stellen in der neuen Ausgabe strichpunktiert gekennzeichnet.
- Bei Textumstellungen wurde die Reihenfolge der neuen Ausgabe beibehalten und – wenn notwendig – bei der alten Ausgabe geändert. Eine seitliche Wellenlinie kennzeichnet diese Textumstellung.

Zusammengehörige Teile der beiden Ausgabe beginnen jeweils in gleicher Höhe in der benachbarten Spalte bzw. Seite, abgesehen von geringfügigen Ausnahmen, wo dies aus drucktechnischen Gründen (Seitenumbruch) nicht möglich war, jedoch zu keinen Verwechslungen führen kann.

Inhaltsübersicht

DK 624.011.1 : 694.011.1 : 674 Oktober 1969

Holzbauwerke
Berechnung und Ausführung

DIN 1052 Blatt 1

Timber structures, design and construction

Mit DIN 1052 Blatt 2
Ersatz für DIN 1052

Als Lasten (Lastfälle, Lastannahmen) werden in dieser Norm von außen wirkende Kräfte, unter Belastungen Kraftgrößen verstanden.

Fachnormenausschuß Bauwesen im Deutschen Normenausschuß (DNA)
Arbeitsgruppe Einheitliche Technische Baubestimmungen (ETB)

DK 694.01.001.24:624.011.1

April 1988

Holzbauwerke

Berechnung und Ausführung

DIN 1052 Teil 1

Timber structures; design and construction

Ouvrages en bois; calcul et construction

Mit DIN 1052 T 2/04.88
Ersatz für Ausgabe 10.69

Die Normen der Reihe DIN 1052 sind gegliedert in

DIN 1052 Teil 1 Holzbauwerke; Berechnung und Ausführung
DIN 1052 Teil 2 Holzbauwerke; Mechanische Verbindungen
DIN 1052 Teil 3 Holzbauwerke; Holzhäuser in Tafelbauart, Berechnung und Ausführung

Verweise in dieser Norm auf DIN 1052 Teil 2 beziehen sich auf die Ausgabe 04.88.

Normenausschuß Bauwesen (NABau) im DIN Deutsches Institut für Normung e.V.

Inhalt

1. Geltungsbereich

1.1. Geltungsbereich der Norm

Diese Norm gilt für sämtliche tragende Bauteile aus Holz und Furnierplatten, soweit in Abschnitt 1.2 und 1.3 nichts anderes bestimmt ist; sie gilt auch für fliegende Bauten (siehe DIN 4112), Bau- und Lehrgerüste, Absteifungen und Schalungsunterstützungen (siehe DIN 4420).

1.2.3. Für hölzerne Brücken und Stege unter Straßen, Fußwegen, Eisenbahnen, Straßen- und Kleinbahnen, Industrie- und Feldbahnen gilt außerdem DIN 1074.

1.2.2. Für Berechnung und Ausführung von Holzhäusern in Tafelbauart gelten außerdem besondere Richtlinien.[1]) Für Dachschalungen aus Holzspanplatten oder Bau-Furnierplatten gelten die „Vorläufigen Richtlinien für Bemessung und Ausführung — Fassung Mai 1967"[2]).

1.2.4. Für Holzmaste in Starkstrom-Freileitungen gelten VDE 0210, Vorschriften für den Bau von Starkstrom-Freileitungen, die „Richtlinien für Kreuzungen von Starkstrom-Leitungen eines Unternehmens der öffentlichen Elektrizitätsversorgung (EVU) mit DB-Gelände oder DB-Starkstrom-Leitungen (Stromkreuzungs-Richtlinien)", die Postkreuzungs-Vorschriften für fremde Starkstromanlagen (PKV) sowie die „Wasserstraßen-Kreuzungsvorschriften für fremde Starkstromanlagen (WKV)" und die „Richtlinien über Kreuzung der Reichsautobahnen mit Elektrizitätsversorgungsanlagen". Außerdem gelten die Normen DIN 48 350, DIN 48 351 Blatt 1 und Blatt 2 und DIN 48 351 Beiblatt 1.

1.3. Abweichungen von der Norm

Von dieser Norm abweichende Berechnungs- und Ausführungsarten sind von der Anwendung nicht ausgeschlossen, wenn aufgrund durchgeführter Versuche und Prüfungen eine Genehmigung durch die zuständige oberste Bauaufsichtsbehörde vorliegt (z. B. Dreieckstrebenträger, Wellstegträger, Kämpfstegträger, Fachwerkträger mit geleimten Knotenplatten u. a.).

[1]) abgedruckt in „Bauen mit Holz", Heft 10/11, 1963, Bruder-Verlag, Karlsruhe

[2]) abgedruckt in den Bekanntmachungen des Bayer. Staatsministeriums des Innern vom 7. 6. 1967 Nr. IV B 5 — 9141 — 10

1 Anwendungsbereich

Diese Norm gilt für die Berechnung und Ausführung von Bauwerken und von tragenden und aussteifenden Bauteilen aus Holz und Holzwerkstoffen; sie gilt auch für Fliegende Bauten (siehe DIN 4112), Bau- und Lehrgerüste, Absteifungen und Schalungsunterstützungen (siehe DIN 4420 Teil 1 und Teil 2 sowie DIN 4421)

und für hölzerne Brücken (siehe DIN 1074), soweit in diesen Normen nichts anderes bestimmt ist.

Für mechanische Holzverbindungen gilt DIN 1052 Teil 2 und für Holzhäuser in Tafelbauart ergänzend DIN 1052 Teil 3.

2 Begriffe

2.1 Voll- und Brettschichtholz

2.1.1 Vollholz

Vollholz sind entrindete Rundhölzer und Bauschnitthölzer (Kanthölzer, Bohlen, Bretter und Latten) aus Nadel- und Laubholz.

2.1.2 Brettschichtholz

Brettschichtholz (BSH) besteht aus mindestens drei breitseitig faserparallel verleimten Brettern oder Brettlagen (siehe auch Abschnitt 12.6) aus Nadelholz.

2.2 Holzwerkstoffe

Holzwerkstoffe im Sinne dieser Norm sind

a) Bau-Furniersperrholz nach DIN 68 705 Teil 3 (BFU) und Teil 5 (BFU-BU) der Klasse 100 bzw. 100 G, für Holztafeln nach Abschnitt 11 und für Deckenschalungen auch Bau-Furniersperrholz nach DIN 68 705 Teil 3 (BFU) der Klasse 20.

b) Flachpreßplatten nach DIN 68 763 der Klassen 100 und 100 G, für Holztafeln nach Abschnitt 11 und für Deckenschalungen auch der Klasse 20.

c) Harte und mittelharte Holzfaserplatten nach DIN 68 754 Teil 1 (Verwendung nur für Holzhäuser in Tafelbauart, siehe DIN 1052 Teil 3).

2.3 Holztafeln, Beplankungen, Dachschalungen

2.3.1 Holztafeln

Holztafeln sind Verbundkonstruktionen unter Verwendung von Rippen aus Bauschnittholz, Brettschichtholz oder Holzwerkstoffen und mittragenden oder aussteifenden Beplankungen aus Holz oder Holzwerkstoffen, die ein- oder beidseitig angeordnet sein können. Holztafeln (im folgenden Tafeln genannt) werden als tragende Wand-, Decken- oder Dachtafeln unter Belastungen nach Bild 1 verwendet.

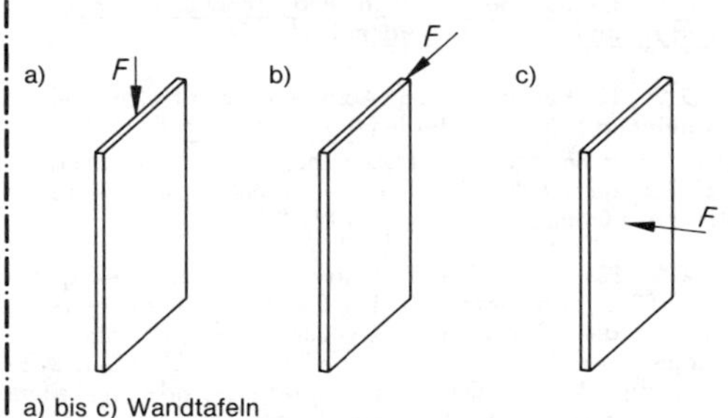

a) bis c) Wandtafeln

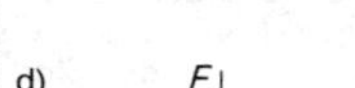

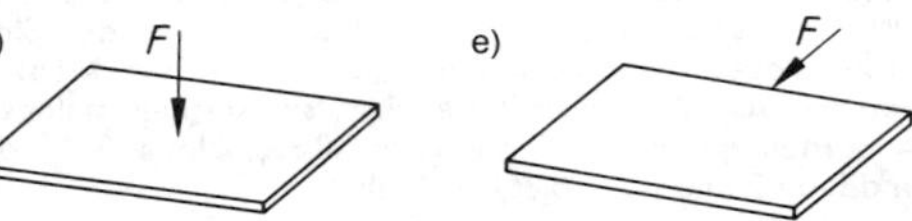

d) und e) Decken- oder Dachtafeln

Bild 1. Tragende Tafeln, Belastungsarten

2.3.2 Beplankungen

Beplankungen sind

a) mittragend, wenn sie rechnerisch zur Aufnahme und Weiterleitung von Lasten bestimmt sind, oder

b) aussteifend, wenn sie nur zur Knick- oder Kippaussteifung der Rippen dienen sollen.

2.3.3 Dachschalungen

Dachschalungen sind tragende, flächenartige Bauteile aus Brettern, Bohlen oder Holzwerkstoffen, die die Dachhaut tragen und nur zu Reinigungs- und Instandsetzungsarbeiten begangen werden.

2. Standsicherheitsnachweis und Zeichnungen

2.1. Zeichen

Für die statischen Berechnungen und die Zeichnungen gelten die Zeichen nach DIN 1080.

2.2. Statische Berechnung

2.2.1. Die statische Berechnung soll übersichtlich und leicht prüfbar angeben:

a) die zugrunde gelegten Lasten nach DIN 1055
b) etwaige Schwingbeiwerte (Stoßzahlen)
c) die vorgesehenen Baustoffe, bei Holz nach DIN 4074
d) die Eigengewichte aller wesentlichen Teile
e) die Querschnittsformen und Querschnittswerte aller tragenden Bauteile
f) die zulässigen und die größten rechnerisch ermittelten Beanspruchungen der Bauteile, Verbindungen, Anschlüsse und Stöße
g) in wichtigen Fällen die Durchbiegung und die erforderliche Überhöhung

3 Standsicherheitsnachweis und Zeichnungen

3.1 Statische Berechnung

3.1.1 Die statische Berechnung muß übersichtlich und leicht prüfbar sein. Insbesondere sind in ihr auch anzugeben:

a) Lastannahmen,

b) vorgesehene Baustoffe,

c) Maße der tragenden Bauteile einschließlich Formen und Maße der Querschnitte,

d) Beanspruchungen der Bauteile, Verbindungen, Anschlüsse und Stöße,

e) erforderlichenfalls Verformungen und Überhöhungen.

h) den Nachweis der Standsicherheit des Gesamtbauwerkes
i) für außergewöhnliche Formeln die Quelle, wenn diese allgemein zugänglich ist. Sonst sind die Ableitungen soweit zu entwickeln, daß ihre Richtigkeit geprüft werden kann.

Jede Berechnung muß ein in sich geschlossenes Ganzes bilden. Aus anderen Berechnungen dürfen ohne Herleitung nur dann Werte übernommen werden, wenn die neue Berechnung eine schon vorhandene ergänzt.

2.2.3. Für Bauteile, die aus Erfahrung beurteilt oder deren Maße aus anderen Vorschriften entnommen werden können, ist kein Standsicherheitsnachweis erforderlich.

3.1.2 Für Bauteile und Verbindungen, die statisch offensichtlich ausreichend bemessen sind, kann auf einen rechnerischen Nachweis verzichtet werden.

2.3. Zeichnungen

2.3.1. Der statischen Berechnung sind in der Regel zeichnerische Unterlagen beizufügen, aus denen die Maße und Querschnittsabmessungen der tragenden Bauteile, ferner die Ausbildung der Anschlüsse, Stöße und Verbände, die Anordnung der Verbindungsmittel, die erforderlichen Überhöhungen und sonstige wichtige Einzelheiten hervorgehen.

2.3.2. Die Anordnung von Verbindungsmitteln in verschiedenen Ebenen, bei Nägeln ihre Kopfseite, muß aus den Zeichnungen ersichtlich sein.

Die aus Holz der Güteklasse I oder III sowie aus Holzwerkstoffen oder anderen Baustoffen auszuführenden Teile sind kenntlich zu machen. Holz der Güteklasse II bedarf keiner Kennzeichnung.

3.2 Zeichnungen

3.2.1 Der statischen Berechnung sind in der Regel zeichnerische Unterlagen beizufügen, aus denen insbesondere auch die Maße der tragenden Bauteile und ihrer Querschnittswerte, ferner die Ausbildung der Anschlüsse, Stöße und Verbände, die Anzahl und Anordnung der Verbindungsmittel, erforderliche Überhöhungen und sonstige wichtige Einzelheiten hervorgehen.

3.2.2 Die Anordnung von Verbindungsmitteln in verschiedenen Ebenen, bei Nägeln ihre Kopfseite, muß erforderlichenfalls aus den Zeichnungen ersichtlich sein.

3.3 Baubeschreibung

Angaben, die für die Bauausführung (einschließlich Transport und Montage) oder für die Prüfung der statischen Berechnung und der Zeichnungen notwendig sind, aber aus den Unterlagen nach den Abschnitten 3.1 und 3.2 nicht ersichtlich sind, sind in einer Baubeschreibung zu erläutern.

3.4 Bezeichnungen

In der statischen Berechnung, auf den Zeichnungen und erforderlichenfalls in der Baubeschreibung sind alle Baustoffe und Bauteile mit der Bezeichnung nach der jeweiligen dafür maßgebenden Norm zu bezeichnen.

Die Holzarten nach Tabelle 1 sind zumindest wie folgt zu bezeichnen:

a) Holzarten nach Tabelle 1, Zeile 1, mit dem Kurzzeichen NH und der Güteklasse,

b) Brettschichtholz nach Tabelle 1, Zeile 2, mit dem Kurzzeichen BSH und der Güteklasse,

c) Holzarten nach Tabelle 1, Zeile 3, mit dem Kurzzeichen LH und dem Zeichen der Holzartgruppe (A, B oder C).

Wird bei der Verwendung von Bau-Furniersperrholz nach DIN 68 705 Teil 3 oder Teil 5 oder von Flachpreßplatten nach DIN 68 763 von größeren Rechenwerten des Elastizitäts- oder Schubmoduls nach Tabelle 2 bzw. Tabelle 3, Fußnote 1 ausgegangen, so ist dies zusätzlich zur Normbezeichnung des Holzwerkstoffes deutlich kenntlich zu machen.

Wird bei keilgezinkten Querschnitten beim Spannungsnachweis in den nach Abschnitt 12.3 erlaubten Fällen der Verschwächungsgrad v nicht berücksichtigt, so ist dies auch bei der Bauteilbezeichnung in der statischen Berechnung und auf der Zeichnung deutlich kenntlich zu machen.

Die mechanischen Verbindungsmittel sind mit den für die Berechnung und Ausführung nach DIN 1052 Teil 2 maßgebenden Angaben zu bezeichnen.

Anmerkung: Bei Verwendung von Baustoffen und Bauteilen nach allgemeiner bauaufsichtlicher Zulassung gilt für die Bezeichnung der jeweilige Zulassungsbescheid.

3. Materialkennwerte

3.1. Elastizitäts- und Schubmoduln

3.1.1. Bei der Berechnung elastischer Formänderungen sind für den Elastizitäts- und Schubmodul bei Bauholz die in Tabelle 1 angegebenen Werte zugrunde zu legen.

Tabelle 1. **Elastizitäts- und Schubmoduln für Bauholz (trocken nach DIN 4074)**

Holzart	Elastizitätsmodul E		Schub-modul
	parallel der Faserrichtung	rechtwinklig zur Faserrichtung	
	$E\parallel$ kp/cm²	$E\perp$ kp/cm²	G kp/cm²
Nadelhölzer (europäische)	100 000	3 000	5 000
Eiche und Buche	125 000	6 000	10 000
Brettschichtholz (aus europäischen Nadelhölzern) gemäß Abschnitt 11.5.5	110 000	3 000	5 000

Anmerkung: Die Werte für andere Holzarten und die Elastizitätsmoduln bei Winkeln zwischen 0 und 90° zur Faserrichtung sind gegebenenfalls gesondert nachzuweisen.

3.1.2. Bei Furnierplatten nach DIN 68 705 Blatt 3, sind die Elastizitätsmoduln parallel der Faserrichtung der Deckfurniere mit $E\parallel = 70\,000$ kp/cm² und rechtwinklig dazu mit $E\perp = 30\,000$ kp/cm² anzunehmen, wenn nicht durch amtliche Prüfzeugnisse höhere Werte nachgewiesen werden. Für den Schubmodul kann mit $G = 5\,000$ kp/cm² gerechnet werden. Diese Werte gelten für die Gesamtplattendicke.

(Siehe auch Tabelle 1, Seite 160)

4 Materialkennwerte

4.1 Elastizitäts-, Schub- und Torsionsmoduln

4.1.1 Bei der Berechnung elastischer Formänderungen sind für den Elastizitäts- und Schubmodul bei Voll- und Brettschichtholz die Werte in Tabelle 1, bei Bau-Furniersperrholz nach DIN 68 705 Teil 3 und Teil 5 die Werte in Tabelle 2 und bei Flachpreßplatten nach DIN 68 763 die Werte in Tabelle 3 zugrunde zu legen.

Verdrehungen von Voll- und Brettschichtholz dürfen näherungsweise nach der Elastizitätstheorie für isotrope Werkstoffe berechnet werden. Hierbei dürfen die G_T-Werte (G_T Torsionsmodul) für Vollholz mit 2/3 G, für Brettschichtholz mit $G_T = G$ angenommen werden.

Tabelle 1. **Rechenwerte für Elastizitäts- und Schubmodul in MN/m² für Voll- und Brettschichtholz** (Holzfeuchte $\leq$ 20%)

	Holzart	Elastizitätsmodul parallel der Faserrichtung $E_{\parallel}$	Elastizitätsmodul rechtwinklig zur Faserrichtung $E_{\perp}$	Schubmodul G
1	Fichte, Kiefer, Tanne, Lärche, Douglasie, Southern Pine, Western Hemlock [1]	10 000 [2][3]	300 [4]	500
2	Brettschichtholz aus Holzarten nach Zeile 1	11 000	300	500
3	Laubhölzer der Gruppe			
	A Eiche, Buche, Teak, Keruing (Yang)	12 500	600	1 000
	B Afzelia, Merbau, Angelique (Basralocus)	13 000	800	1 000
	C Azobé (Bongossi), Greenheart	17 000 [5]	1 200 [5]	1 000 [5]

[1] Botanische Namen: Picea abies Karst. (Fichte), Pinus sylvestris L. (Kiefer), Abies alba Mill. (Tanne), Larix decidua Mill. (Lärche), Pseudotsuga menziesii Franco (Douglasie), Pinus palustris (Southern Pine), Tsuga heterophylla Sarg. (Western Hemlock).

[2] Für Güteklasse III: $E_{\parallel} = 8\,000$ MN/m².

[3] Für Baurundholz: $E_{\parallel} = 12\,000$ MN/m².

[4] Für Güteklasse III: $E_{\perp} = 240$ MN/m².

[5] Diese Werte gelten unabhängig von der Holzfeuchte.

Tabelle 2. **Rechenwerte für Elastizitäts- und Schubmoduln in MN/m² für Bau-Furniersperrholz** nach DIN 68 705 Teil 3 und Teil 5

	Art der Beanspruchung	Elastizitätsmodul E [1][2][3] parallel zur Faserrichtung der Deckfurniere, Lagenanzahl 3	Elastizitätsmodul E parallel, Lagenanzahl ≥ 5	Elastizitätsmodul E rechtwinklig zur Faserrichtung der Deckfurniere, Lagenanzahl 3	Elastizitätsmodul E rechtwinklig, Lagenanzahl ≥ 5	Schubmodul G [1][2][4] parallel und rechtwinklig zur Faserrichtung der Deckfurniere, Lagenanzahl ≥ 3
1	Biegung rechtwinklig zur Plattenebene	8 000	5 500	400	1 500	250 (400)
2	Biegung, Druck und Zug in Plattenebene	4 500		1 000	2 500	500 (700)

[1] Größere Werte dürfen verwendet werden, wenn dies im Rahmen der Überwachung der Herstellung des Bau-Furniersperrholzes durch Prüfzeugnis der fremdüberwachenden Stelle nachgewiesen ist.

[2] Für Bau-Furniersperrholz aus Okoumé und Pappel sind die Rechenwerte für den Elastizitätsmodul und Schubmodul um 1/5 abzumindern.

[3] Für Bau-Furniersperrholz aus Buche nach DIN 68 705 Teil 5 gelten die im Beiblatt 1 zu DIN 68 705 Teil 5 angegebenen Werte.

[4] Die Werte in Klammern ( ) gelten für Bau-Furniersperrholz aus Buche nach DIN 68 705 Teil 5.

(Siehe auch Tabelle 1, Seite 160)

3.1.3. Bei Vollholz oder Furnierplatten in Bauteilen, die der Witterung allseitig ausgesetzt sind oder bei denen mit einer dauernden Durchfeuchtung zu rechnen ist, sind die E- und G-Werte auf $^5/_6$ zu ermäßigen.

3.2. Feuchtigkeitsgehalt und Schwindmaße

3.2.1. Als Normalwert des Feuchtigkeitsgehaltes gilt der von der mittleren relativen Luftfeuchte abhängige und nach einer gewissen Zeitdauer sich einstellende Feuchtigkeitsgehalt des Holzes im fertigen Bauwerk. Für die Holzfeuchtigkeit in %, bezogen auf das Darrgewicht des Holzes, gelten folgende Normalwerte:

bei allseitig geschlossenen Bauwerken	
mit Heizung	(9 ±3) %
ohne Heizung	(12 ±3) %
bei überdeckten, offenen Bauwerken	(15 ±3) %

Bei Konstruktionen, die der Witterung allseitig ausgesetzt sind, muß in der Regel mit 18 % und mehr gerechnet werden.

3.2.2. Ist der Feuchtigkeitsgehalt des Holzes bei der Errichtung nicht geleimter Bauteile höher als die in Abschnitt 3.2.1 genannten Normalwerte, so darf dieses Holz nur für solche Bauwerke verwendet werden, bei denen es nachtrocknen kann und die gegenüber den hierbei auftretenden Schwindverformungen nicht empfindlich sind. Für zu leimende Bauteile siehe Abschnitt 11.5.3.

Tabelle 3. **Rechenwerte für Elastizitäts- und Schubmoduln in MN/m² für Flachpreßplatten** nach DIN 68 763

	Art der Beanspruchung		Elastizitätsmodul E[1])						Schubmodul G[1])					
			Plattennenndicke mm						Plattennenndicke mm					
			bis 13	über 13 bis 20	über 20 bis 25	über 25 bis 32	über 32 bis 40	über 40 bis 50	bis 13	über 13 bis 20	über 20 bis 25	über 25 bis 32	über 32 bis 40	über 40 bis 50
1	Biegung	rechtwinklig zur Plattenebene	3 200	2 800	2 400	2 000	1 600	1 200	200			100		
2	Biegung	in Plattenebene	2 200	1 900	1 600	1 300	1 000	800	1 100	1 000	850	700	550	450
3	Druck, Zug in Plattenebene		2 200	2 000	1 700	1 400	1 100	900	–					

[1]) Größere Werte dürfen verwendet werden, wenn dies im Rahmen der Überwachung der Herstellung der Flachpreßplatten durch Prüfzeugnis der fremdüberwachenden Stelle nachgewiesen ist.

4.1.2 Die Werte für die Elastizitäts- und Schubmoduln sind abzumindern

a) um 1/6:

bei Vollholz oder Brettschichtholz in Bauteilen, die der Witterung allseitig ausgesetzt sind oder bei denen mit einer vorübergehenden Durchfeuchtung zu rechnen ist,

b) um 1/4:

bei dauernder Durchfeuchtung, z. B. dauernd im Wasser befindlichen Bauteilen.

Bei Laubholz der Holzartgruppe C braucht bezüglich der Feuchte keine Abminderung vorgenommen zu werden (siehe Tabelle 1).

Bei Verwendung von Bau-Furniersperrholz BFU 100 G und von Flachpreßplatten V 100 G, in denen eine Feuchte (Feuchtegehalt nach DIN 52 183) von mehr als 18 % über eine längere Zeitspanne (mehrere Wochen) zu erwarten ist, sind die E- und G-Werte für Bau-Furniersperrholz BFU 100 G um 1/4 und für Flachpreßplatten V 100 G um 1/3 abzumindern (siehe DIN 68 800 Teil 2).

4.2 Feuchte und Schwindmaße

4.2.1 Als Gleichgewichtsfeuchte im Gebrauchszustand gilt die nach einer gewissen Zeitspanne im Mittel sich einstellende Feuchte des Holzes und der Holzwerkstoffe im fertigen Bauwerk. Als Gleichgewichtsfeuchte gelten folgende Werte der Holzfeuchte:

a) bei allseitig geschlossenen Bauwerken
- mit Heizung (9 ± 3) %
- ohne Heizung (12 ± 3) %

b) bei überdeckten, offenen Bauwerken (15 ± 3) %

c) bei Konstruktionen, die der Witterung allseitig ausgesetzt sind (18 ± 6) %

4.2.2 Ist die Holzfeuchte beim Einbau höher als die in Abschnitt 4.2.1 genannten Werte, so darf dieses Holz nur für solche Bauwerke verwendet werden, bei denen es nachtrocknen kann und deren Bauteile gegenüber den hierbei auftretenden Schwindverformungen nicht empfindlich sind.

3.2.3. Als mittlere Schwind- oder Quellmaße sind für eine Änderung der Holzfeuchtigkeit um 1 % des Darrgewichtes, unterhalb 30 % Holzfeuchtigkeit, die in Tabelle 2 angegebenen Werte zu berücksichtigen.

Tabelle 2. **Mittlere Schwind- oder Quellmaße**

Holzart	Schwind- oder Quellmaß tangential zum Jahrring α_t %	Schwind- oder Quellmaß radial zum Jahrring α_r %
Nadelhölzer (europäische)	0,24	0,12
Eiche und Buche	0,40	0,20

4.2.3 Schwind- oder Quellmaße für Holz rechtwinklig zur Faserrichtung und für Holzwerkstoffe in Plattenebene sind in Tabelle 4 angegeben.

Tabelle 4. **Rechenwerte der Schwind- und Quellmaße in %**

	Baustoff	Schwind- und Quellmaß für Änderung der Holzfeuchte um 1 % unterhalb des Fasersättigungsbereichs
1	Fichte, Kiefer, Tanne, Lärche, Douglasie, Southern Pine, Western Hemlock, Brettschichtholz, Eiche	0,24 [1])
2	Buche, Keruing, Angelique, Greenheart	0,3 [1])
3	Teak, Afzelia, Merbau	0,2 [1])
4	Azobé (Bongossi)	0,36 [1])
6	Bau-Furniersperrholz	0,020 [2])
7	Flachpreßplatten	0,035 [2])

[1]) Mittel aus den Werten tangential und radial zum Jahrring bzw. zur Zuwachszone.

[2]) Werte gelten in Plattenebene.

3.2.4. Schwinden oder Quellen in Faserrichtung braucht nur in Sonderfällen berücksichtigt zu werden (Schwind- und Quellmaß α_l im Durchschnitt 0,01 %).

3.2.5. Bei Verarbeitung zu trockenen Holzes (Feuchtigkeitsgehalt wesentlich kleiner als die untere Grenze des zugehörigen Normalwertes) müssen gegebenenfalls Quellmaße nach Tabelle 2 berücksichtigt werden.

3.2.6. Bei behinderter Quellung oder Schwindung dürfen die Werte in Tabelle 2 mit dem halben Betrag berücksichtigt werden.

4.2.4 Schwinden oder Quellen des Holzes in Faserrichtung braucht nur in Sonderfällen berücksichtigt zu werden (Schwind- und Quellmaß des Holzes in Faserrichtung im Durchschnitt 0,01 %). Das gleiche gilt für Holzwerkstoffe in Plattenebene. Schwinden oder Quellen darf bei Holzwerkstoffen rechtwinklig zur Plattenebene vernachlässigt werden.

4.2.5 Bei behindertem Quellen oder Schwinden dürfen die Werte in Tabelle 4 und in Abschnitt 4.2.4 mit dem halben Betrag berücksichtigt werden.

4.2.6 Holzwerkstoffklassen sind in Abhängigkeit von den zu erwartenden Feuchtebeanspruchungen nach DIN 68 800 Teil 2 zu wählen.

4.3 Kriechverformungen

Beim Durchbiegungsnachweis nach Abschnitt 8.5 sowie bei Verdrehungsberechnungen ist erforderlichenfalls die Kriechverformung infolge der ständigen Last zu berücksichtigen.

Die Kriechverformung darf bei auf Biegung beanspruchten Bauteilen proportional zur elastischen Verformung angenommen werden. Sie ist nachzuweisen, wenn die ständige Last mehr als 50 % der Gesamtlast beträgt.

Für Einfeldträger mit der ständigen Last g und der Gesamtlast q darf die Kriechzahl φ nach Gleichung (1) berechnet werden.

$$\varphi = \frac{1}{\eta_k} - 1 \qquad (1)$$

Bei anderen Tragsystemen und nicht gleichmäßig verteilter Last darf sinngemäß verfahren werden.

In Gleichung (1) ist für Bauteile aus Holz und Bau-Furniersperrholz bei einer Gleichgewichtsfeuchte im Gebrauchszustand $\leq$ 18%

$$\eta_k = \frac{3}{2} - \frac{g}{q}, \quad (2)$$

bei einer Gleichgewichtsfeuchte > 18%

$$\eta_k = \frac{5}{3} - \frac{4}{3}\frac{g}{q} \quad (3)$$

einzusetzen.

Für Flachpreßplatten sind für φ die 2fachen Werte in Rechnung zu stellen, sofern ihre Holzfeuchte nicht ständig unter 15% liegt (siehe DIN 68 800 Teil 2).

Die Abminderung der Elastizitäts- und Schubmoduln nach Abschnitt 4.1.2 ist zu beachten.

Bei Dächern ist der Schneelastanteil von 0,5 $(s_0 - 0{,}75) \cdot s/s_0$ als ständig wirkend anzunehmen; s, s_0 bedeuten den Rechenwert der Schneelast bzw. die Regelschneelast nach DIN 1055 Teil 5 in kN/m^2.

Bei Wohnhausdächern, ausgenommen Flachdächer, dürfen Kriechverformungen für den Durchbiegungsnachweis vernachlässigt werden.

2.2.2. Der Einfluß von Temperaturänderungen kann bei Holz und Holzwerkstoffen in reinen Holzkonstruktionen vernachlässigt werden.

4.4 Einfluß von Temperaturänderungen

Der Einfluß von Temperaturänderungen darf bei Holz und Holzwerkstoffen in Holzkonstruktionen vernachlässigt werden.

9. Zulässige Spannungen

9.1. Bauholz

9.1.1. In Bauwerken aus Bauholz nach DIN 4074 sind im Lastfall H die Spannungen nach Tabelle 6 zulässig (wegen Spannungserhöhungen bzw. -ermäßigungen siehe Abschnitt 9.1.5 bis 9.1.12 und wegen zulässiger Beanspruchungen der Verbindungsmittel siehe Abschnitt 11).

9.1.2. Die zulässige Spannung richtet sich nach der Güteklasse des Holzes und dem Lastfall gemäß Abschnitt 4.1.2. Nadelholz ist nach DIN 4074 auszuwählen und zu beurteilen. Für Zugglieder darf Holz der Güteklasse III nicht verwendet werden.

9.1.3. Bei aus einzelnen Teilen zusammengesetzten Verbundkörpern sind für die Einstufung in eine der Güteklassen nach DIN 4074 im allgemeinen die Eigenschaften des ganzen Bauteiles, nicht die der einzelnen Teile maßgebend. Jedoch müssen bei auf Biegung beanspruchten Bauteilen die in der Zugzone außenliegende Teile, für sich betrachtet, ebenfalls der vorgesehenen Güteklasse entsprechen.

Bei zusammengesetzten Zuggliedern müsse alle Einzelteile der vorgesehenen Güteklasse entsprechen.

9.1.4. Bei Sparren, Pfetten und Deckenbalken aus Kanthölzern oder Bohlen dürfen die zulässigen Spannungen der Güteklasse I nach Tabelle 6 nicht angewendet werden, bei anderen Bauteilen nur dann, wenn die Anforderungen hinsichtlich Kennzeichnung, Auswahl usw. nach DIN 4074 erfüllt sind und Berechnung, Durchführung und Ausbildung den strengsten Anforderungen genügen.

9.1.11. Die zulässigen Druckspannungen bei Kraftrichtung schräg zur Faserrichtung (vgl. Bild 15) sind nach der Formel

5 Zulässige Spannungen

5.1 Voll- und Brettschichtholz

5.1.1 In Bauteilen aus Bauholz nach DIN 4074 Teil 1 und Teil 2, aus Brettschichtholz sowie aus Laubholz mittlerer Güte sind im Lastfall H die Spannungen nach Tabelle 5 zulässig (wegen Spannungserhöhungen bzw. -ermäßigungen siehe Abschnitte 5.1.5 bis 5.1.12).

5.1.2 Bei aus einzelnen Teilen zusammengesetzten Verbundkörpern sind für die Einstufung in eine der Güteklassen nach DIN 4074 Teil 1 im allgemeinen die Eigenschaften des ganzen Bauteiles, nicht die der einzelnen Teile maßgebend. Bei auf Biegung oder Biegung mit Normalkraft beanspruchten Bauteilen müssen die Einzelteile in der Zugzone, für sich betrachtet, der Güteklasse entsprechen, deren zulässige Spannung ausgenutzt wird. Bei Bauteilen aus Brettschichtholz gilt dies mindestens für die beiden äußeren Brettlagen im Zugbereich. Bei zusammengesetzten Zuggliedern müssen alle Einzelteile der vorgesehenen Güteklasse entsprechen.

5.1.3 Bei Sparren, Pfetten und Deckenbalken aus Kanthölzern oder Bohlen dürfen in der Regel die zulässigen Spannungen der Güteklasse I nach Tabelle 5 nicht angewendet werden, bei anderen Bauteilen nur dann, wenn die Anforderungen hinsichtlich Kennzeichnung, Auswahl usw. nach DIN 4074 Teil 1 und Teil 2 erfüllt sind und Berechnung, Durchführung und Ausbildung den strengsten Anforderungen genügen.

5.1.4 Bei Fliegenden Bauten (siehe DIN 4112) dürfen für tragende Bauteile der Haupttragwerke nur Hölzer verwendet werden, die den Bedingungen der Güteklasse I nach DIN 4074 Teil 1 und Teil 2 entsprechen.

5.1.5 Die zulässigen Druckspannungen bei Kraftrichtung schräg zur Faserrichtung (siehe Bild 2) sind nach der

Tabelle 6. **Zulässige Spannungen für Bauholz im Lastfall H**

Zeile	Art der Beanspruchung		Zulässige Spannungen in kp/cm² für					
			Nadelhölzer (europäische) Güteklasse			Brettschichtholz (aus europäischen Nadelhölzern verleimt) nach Abschnitt 11.5.5 Güteklasse		Eiche und Buche
			III	II	I	II	I	mittlere Güte
1	Biegung	zul σ_B	70	100	130	110	140	110
2	Zug	zul $\sigma_Z \parallel$	0	85	105	85	105	100
3	Druck	zul $\sigma_D \parallel$	60	85	110	85	110	100
4	Druck	zul $\sigma_D \perp$	20 25[1])	20 25[1])	20 25[1])	20 25[1])	20 25[1])	30 40[1])
5	Abscheren	zul $\tau \parallel$	9	9	9	9	9	10
6	Schub aus Querkraft	zul $\tau \parallel$	9	9	9	12	12	10

[1]) Bei Anwendung dieser Werte ist mit größeren Eindrückungen zu rechnen, die erforderlichenfalls konstruktiv zu berücksichtigen sind. Bei Anschlüssen mit verschiedenen Verbindungsmitteln dürfen diese Werte nicht angewendet werden.

$$\text{zul}\,\sigma_{D\measuredangle} = \text{zul}\,\sigma_D\parallel - (\text{zul}\,\sigma_D\parallel - \text{zul}\,\sigma_D\perp) \cdot \sin\alpha \quad (29)$$

zu berechnen. Dabei ist α der Winkel zwischen der Kraft- und der Faserrichtung (siehe Tabelle 7).

Tabelle 7. **Zulässige Druckspannungen zul $\sigma_{D\measuredangle}$ bei Kraftangriff schräg zur Faserrichtung für Nadelhölzer (europäische) der Güteklasse II sowie für Eiche und Buche im Lastfall H**

Winkel α (siehe Bild 15)	Zulässige Druckspannungen für			
	Nadelhölzer (europäische) kp/cm²		Eiche und Buche kp/cm²	
0°	85	—	100	—
10°	74	—	88	—
20°	63	—	76	—
30°	52	55[1])	65	70[1])
40°	43	46[1])	55	61[1])
50°	35	39[1])	46	54[1])
60°	29	33[1])	39	48[1])
70°	24	29[1])	34	44[1])
80°	21	26[1])	31	41[1])
90°	20	25[1])	30	40[1])

[1]) Nur bei Bauteilen zulässig, bei denen geringfügige Eindrückungen unbedenklich sind. Bei Anschlüssen mit verschiedenen Verbindungsmitteln dürfen diese Werte nicht angewendet werden.

Tabelle 5. **Zulässige Spannungen für Voll- und Brettschichtholz in MN/m^2 im Lastfall H**

	Art der Beanspruchung		Vollholz (aus Holzarten nach Tabelle 1, Zeile 1) Güteklasse nach DIN 4074 Teil 1 und Teil 2			Brettschichtholz (aus Holzarten nach Tabelle 1, Zeile 1) nach Abschnitt 12.6 Güteklasse nach DIN 4074 Teil 1		Vollholz (aus Laubhölzern nach Tabelle 1) Holzartgruppe		
								A	B	C
			III	II	I	II	I	mittlere Güte [1]		
1	Biegung	zul σ_B	7	10	13	11	14	11	17	25
2	Zug	zul $\sigma_{Z\parallel}$	0	8,5	10,5	8,5	10,5	10	10	15
3	Zug	zul $\sigma_{Z\perp}$	0	0,05	0,05	0,2	0,2	0,05	0,05	0,05
4	Druck	zul $\sigma_{D\parallel}$	6	8,5	11	8,5	11	10	13	20
5a 5b	Druck	zul $\sigma_{D\perp}$	2 2,5 [2]	2 2,5 [2]	2 2,5 [2]	2,5 3,0 [2]	2,5 3,0 [2]	3 4 [2]	4 –	8 –
6	Abscheren	zul τ_a	0,9	0,9	0,9	0,9	0,9	1	1,4	2
7	Schub aus Querkraft	zul τ_Q	0,9	0,9	0,9	1,2	1,2	1	1,4	2
8	Torsion [3]	zul τ_T	0	1	1	1,6	1,6	1,6	1,6	2

[1] Mindestens Güteklasse II im Sinne von DIN 4074 Teil 1 und Teil 2.

[2] Bei Anwendung dieser Werte ist mit größeren Eindrücken zu rechnen, die erforderlichenfalls konstruktiv zu berücksichtigen sind. Bei Anschlüssen mit verschiedenen Verbindungsmitteln dürfen diese Werte nicht angewendet werden.

[3] Für Kastenquerschnitte sind die Werte nach Zeile 7 einzuhalten.

Gleichung

$$\text{zul } \sigma_{D\sphericalangle} = \text{zul } \sigma_{D\parallel} - (\text{zul } \sigma_{D\parallel} - \text{zul } \sigma_{D\perp}) \cdot \sin \alpha \quad (4)$$

zu berechnen. Dabei ist α der Winkel zwischen der Kraft- und der Faserrichtung.

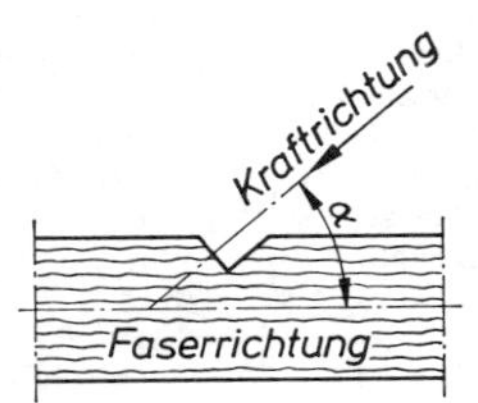

Bild 15. Kraftrichtung schräg zur Faserrichtung

9.1.12. Im Lastfall HZ (siehe Abschnitt 4.1.2) können die zulässigen Spannungen um 15 % erhöht werden.

9.4. Berücksichtigung der Feuchtigkeitseinwirkungen

Die Werte für die Spannungen in Tabelle 6, 7 und 8 sind zu ermäßigen auf 5/6:

bei Bauteilen, die der Feuchtigkeit und Nässe ausgesetzt, aber nach der Bearbeitung und vor dem Zusammenbau nach DIN 68 800 mit einem geprüften Mittel geschützt sind, nicht aber bei Gerüsten;

auf 2/3:

a) bei Bauteilen, die der Feuchtigkeit und Nässe ungeschützt ausgesetzt sind, nicht aber bei Gerüsten,

b) bei Bauteilen und Gerüsten, die dauernd im Wasser stehen, auch wenn sie geschützt sind,

c) bei Gerüsten aus Hölzern, die im Zeitpunkt der Belastung noch nicht halbtrocken sind (siehe DIN 4074).

Soweit fliegende Bauten einen Schutzanstrich besitzen, der in Abständen von höchstens zwei Jahren zu erneuern ist, brauchen keine Spannungsermäßigungen berücksichtigt zu werden.

9.1.5. Bei Durchlaufträgern ohne Gelenke darf die Biegespannung über den Innenstützen die zulässigen Werte nach Tabelle 6, Zeile 1, um 10 % überschreiten. Dies gilt nicht bei Sparren von verschieblichen Kehlbalkendächern.

9.1.6. Bei Rundhölzern dürfen in den Bereichen ohne Schwächung der Randzone die zulässigen Biege- und Druckspannungen in Tabelle 6, Zeile 1 und 3, um 20 % erhöht werden.

9.1.9. Bei genagelten Zugstößen oder -anschlüssen sind die nach Tabelle 6, Zeile 2, zulässigen Zugspannungen in denjenigen Stoß- und Anschlußteilen um 20 % abzumindern, die nicht nach Abschnitt 6.3.1 bzw. 6.3.2 für die 1,5fache anteilige Zugkraft zu bemessen sind.

9.1.8. Der Überstand von Schwellen über die Druckfläche bei Druck rechtwinklig zur Faserrichtung muß in der Faserrichtung beiderseits mindestens 10 cm betragen. Andernfalls sind die in Tabelle 6, Zeile 4, angegebenen zulässigen Spannungen um 20 % zu ermäßigen. Am Endauflager geleimter Biegeträger darf stets mit zul $\sigma_{D\perp} = 20$ kp/cm² gerechnet werden.

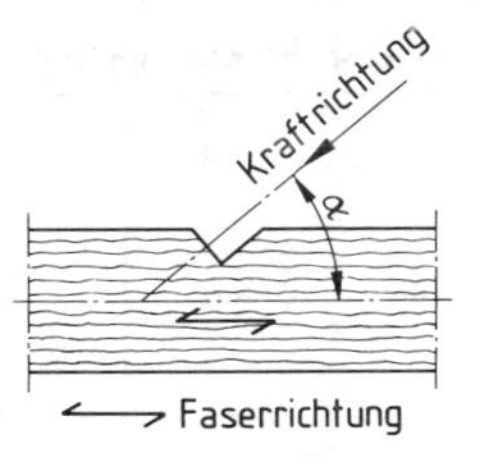

Bild 2. Kraftrichtung schräg zur Faserrichtung

5.1.6 Im Lastfall HZ (siehe Abschnitt 6.2.2) dürfen die zulässigen Spannungen nach Tabelle 5 um 25 %, bei waagerechten Stoßlasten nach DIN 1055 Teil 3 und Erdbebenlasten nach DIN 4149 Teil 1 um 100 % und für Transport- und Montagezustände um 50 % erhöht werden (für mechanische Verbindungen siehe DIN 1052 Teil 2, Abschnitt 3.2).

5.1.7 Berücksichtigung von Feuchteeinwirkungen

Die Werte für die Spannungen in Tabelle 5 sind abzumindern

a) um 1/6 :
bei Bauteilen, die der Witterung allseitig ausgesetzt sind oder bei denen mit einer Gleichgewichtsfeuchte > 18 % zu rechnen ist, nicht aber bei Gerüsten,

b) um 1/3:
- bei Bauteilen und Gerüsten, die dauernd im Wasser stehen,
- bei Gerüsten aus Hölzern, die zum Zeitpunkt der Belastung noch nicht halbtrocken sind (siehe DIN 4074 Teil 1 und Teil 2).

Die Abminderungen gelten nicht für Laubhölzer der Holzartgruppe C und für Fliegende Bauten, die einen Schutzanstrich besitzen, der in Abständen von höchstens zwei Jahren zu erneuern ist.

5.1.8 Bei Durchlaufträgern ohne Gelenke darf die Biegespannung über den Innenstützen die zulässigen Werte nach Tabelle 5, Zeile 1, um 10 % überschreiten. Dies gilt nicht bei Sparren von Kehlbalkenbindern mit verschieblichen Kehlbalken.

5.1.9 Bei Rundhölzern dürfen in den Bereichen ohne Schwächung der Randzone die zulässigen Biege- und Druckspannungen in Tabelle 5, Zeilen 1 und 4, um 20 % erhöht werden.

5.1.10 Bei genagelten Zugstößen oder -anschlüssen sind die nach Tabelle 5, Zeile 2, zulässigen Zugspannungen in denjenigen Stoß- und Anschlußteilen um 20 % abzumindern, die nicht nach Abschnitt 7.3 für die 1,5fache anteilige Zugkraft zu bemessen sind.

5.1.11 Bei Druck rechtwinklig zur Faserrichtung muß der Überstand $\ddot{u}$ von Trägern und Schwellen über die Druckfläche in Faserrichtung einseitig bzw. beiderseits mindestens 100 mm bei $h > 60$ mm und mindestens 75 mm bei $h \leq 60$ mm betragen. Zwischen zwei Druckflächen ist ein Abstand von mindestens 150 mm einzuhalten.

Bei Druckflächen mit einer Länge l in Faserrichtung < 150 mm (siehe Bild 3) darf dann die zulässige Druckspannung nach Tabelle 5, Zeile 5a mit dem Faktor

$$k_{D\perp} = \sqrt[4]{\frac{150}{l}} \quad (5)$$

vervielfacht werden (l Länge der Druckfläche in mm), höchstens jedoch mit $k_{D\perp} = 1{,}8$.

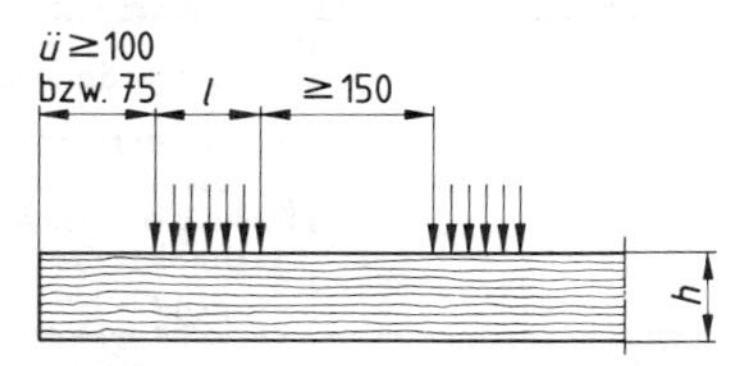

Bild 3. Belastungsanordnung für kurze Druckflächen

Sofern die im ersten Absatz genannten Überstände unterschritten werden, sind die in Tabelle 5, Zeilen 5a und 5b angegebenen zulässigen Spannungen mit $k_{D\perp} = 0{,}8$ abzumindern.

9.1.7. Bei durchlaufenden oder auskragenden Biegebalken dürfen die zulässigen Schubspannungen aus Querkraft nach Tabelle 6, Zeile 6, in Bereichen, die mindestens 1,50 m vom Stirnende entfernt liegen, auf $\text{zul}\,\tau_{\|} = 12\ \text{kp/cm}^2$ erhöht werden.

5.1.12 Bei durchlaufenden oder auskragenden Biegebalken aus Nadelholz und Laubholz der Holzartgruppe A dürfen die zulässigen Schubspannungen aus Querkraft nach Tabelle 5, Zeile 7, in Bereichen, die mindestens 1,50 m vom Stirnende entfernt liegen, auf zul $\tau_Q = 1{,}2\ \text{MN/m}^2$ erhöht werden.

9.1.10. Rechtwinklig oder schräg zur Faserrichtung wirkende Zugspannungen, die zum Aufreißen des Holzes führen können, sind zu vermeiden oder durch besondere Vorkehrungen aufzunehmen (z. B. Bolzen, siehe Bild 14).

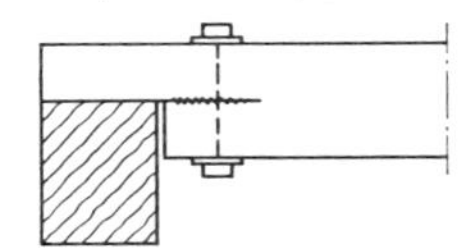

Bild 14. Sicherung eines Balkenauflagers gegen Aufreißen

9.2. Furnierplatten

9.2.1. Für tragende Bauteile dürfen ohne weitere Eignungsnachweise Furnierplatten nach DIN 68 705 Blatt 3, verwendet werden.

9.2.2. Für Furnierplatten nach Abschnitt 9.2.1 sind die Spannungen nach Tabelle 8 zulässig.

9.2.3. Die zulässigen Spannungen für Zug und Druck in Plattenebene unter $30° \leqq \alpha \leqq 60°$ betragen $20\ \text{kp/cm}^2$. Dabei ist α der Winkel zwischen der Kraft- und der Faserrichtung der Deckfurniere. Für $0° \leqq \alpha \leqq 30°$ darf zwischen $80\ \text{kp/cm}^2 \geqq \text{zul}\,\sigma_{Z,D} \geqq 20\ \text{kp/cm}^2$ und für $60° \leqq \alpha \leqq 90°$ zwischen $20\ \text{kp/cm}^2 \leqq \text{zul}\,\sigma_{Z,D} \leqq 40\ \text{kp/cm}^2$ geradlinig interpoliert werden.

9.2.2. Im Lastfall HZ (siehe Abschnitt 4.1.2) können die zulässigen Spannungen um 15 % erhöht werden.

(Siehe auch Abschnitt 9.4 und Tabelle 8)

9.2.4. Für andere Furnierplatten ist die Eignung für tragende Bauteile durch Versuche in Anlehnung an die einschlägigen Normen nachzuweisen.

5.2 Holzwerkstoffe

5.2.1 In Bauteilen aus Holzwerkstoffen sind im Lastfall H die Spannungen nach Tabelle 6 zulässig.

Für Bau-Furniersperrholz nach DIN 68 705 Teil 3 betragen die zulässigen Spannungen in Plattenebene bei $30° \le \alpha \le 60°$ $\sigma_{Z,D} = 2\ \text{MN/m}^2$. Dabei ist α der Winkel zwischen Kraft- und Faserrichtung der Deckfurniere. Für $0° \le \alpha < 30°$ darf zwischen $8\ \text{MN/m}^2$ und $2\ \text{MN/m}^2$, für $60° < \alpha \le 90°$ darf zwischen $2\ \text{MN/m}^2$ und $4\ \text{MN/m}^2$ geradlinig interpoliert werden.

5.2.2 Abschnitt 5.1.6 gilt sinngemäß.

5.2.3 Berücksichtigung von Feuchteeinwirkungen

Bei Verwendung von Bau-Furniersperrholz BFU 100 G und von Flachpreßplatten V 100 G, in denen eine Feuchte von mehr als 18 % über mehrere Wochen zu erwarten ist, sind die zulässigen Spannungen für Bau-Furniersperrholz BFU 100 G um 1/4 und für Flachpreßplatten V 100 G um 1/3 abzumindern.

Tabelle 8. **Zulässige Spannungen im Lastfall H für Furnierplatten nach DIN 68 705 Blatt 3, bezogen auf den Vollquerschnitt**

(Siehe auch Tabelle 2, Seite 160)

Zeile	Art der Beanspruchung	Zulässige Spannungen parallel der Faserrichtung der Deckfurniere kp/cm²	Zulässige Spannungen rechtwinklig zur Faserrichtung der Deckfurniere kp/cm²
1	Biegung rechtwinklig zur Plattenebene zul σ_B	130	50
2	Biegung in Plattenebene zul σ_B	90	60
3	Zug in Plattenebene zul σ_Z	80	40
4	Druck in Plattenebene zul σ_D	80	40
5	Druck rechtwinklig zur Plattenebene zul σ_D	30	
6	Abscheren in Plattenebene zul τ	9	
7	Abscheren rechtwinklig zur Plattenebene zul τ	18	

9.3. Stahlteile

9.3.1. Für Stahlteile, deren Werkstoffgüte nach DIN 17 100 eindeutig nachgewiesen ist, oder die nicht zu den unter 9.3.3 genannten Sonderfällen zählen, gelten die zulässigen Spannungen nach DIN 1050.

9.3.2. Für Stahlteile, deren Werkstoffgüte nach DIN 17 100 nicht eindeutig nachgewiesen ist, dürfen die Zug- und Biegespannungen im Lastfall H und HZ höchstens 1100 kp/cm² betragen.

9.3.3. Im Gewinde-Kernquerschnitt dürfen stählerne Zugstangen, Ankerschrauben, Ankerbolzen und Spannschlösser sowie Paßschrauben und rohe Schrauben usw. nur mit höchstens 1000 kp/cm² beansprucht werden, soweit sie nicht aus Werkstoffen nach den entsprechenden DIN-Normen bestehen.

Tabelle 6. **Zulässige Spannungen für Holzwerkstoffe in MN/m² im Lastfall H**

	Art der Beanspruchung		Bau-Furniersperrholz nach DIN 68 705 Teil 3 und Teil 5[1]) – parallel zur Faserrichtung der Deckfurniere – Lagenanzahl		Bau-Furniersperrholz nach DIN 68 705 Teil 3 und Teil 5[1]) – rechtwinklig zur Faserrichtung der Deckfurniere – Lagenanzahl		Flachpreßplatten nach DIN 68 763 – Plattennenndicke mm					
			3	≥ 5	3	≥ 5	bis 13	über 13 bis 20	über 20 bis 25	über 25 bis 32	über 32 bis 40	über 40 bis 50
1	Biegung rechtwinklig zur Plattenebene	zul σ_{Bxy}	13		5		4,5	4,0	3,5	3,0	2,5	2,0
2	Biegung in Plattenebene	zul σ_{Bxz}	9		6		3,4	3,0	2,5	2,0	1,6	1,4
3	Zug in Plattenebene	zul σ_{Zx}	8		4		2,5	2,25	2,0	1,75	1,5	1,25
4	Druck in Plattenebene	zul σ_{Dx}	8		4		3,0	2,75	2,5	2,25	2,0	1,75
5	Druck rechtwinklig zur Plattenebene	zul σ_{Dz}	3 (4,5)		3 (4,5)		2,5	2,5	2,5	2,0	1,5	1,5
6	Abscheren in Plattenebene und in Leimfugen	zul τ_{zx}[2])	0,9 (1,2)		0,9 (1,2)		0,4	0,4	0,4	0,3	0,3	0,3
7	Abscheren rechtwinklig zur Plattenebene	zul τ_{yx}[2])	1,8 (3)	3 (4)	1,8 (3)	3 (4)	1,8	1,8	1,8	1,2	1,2	1,2
8	Lochleibungsdruck[3])[4])	zul σ_l	8		4		6,0	6,0	6,0	6,0	6,0	6,0

[1]) Die Werte in Klammern ( ) gelten für Bau-Furniersperrholz nach DIN 68 705 Teil 5 und Beiblatt 1 zu DIN 68 705 Teil 5. Die übrigen Werte für die zulässigen Spannungen dürfen aus den Festigkeitswerten in DIN 68 705 Teil 5 mit dem Sicherheitsbeiwert 3 berechnet werden.

[2]) Werte gelten auch für Schub aus Querkraft.

[3]) Für Bolzen und Stabdübel.

[4]) Für Bau-Furniersperrholz nach DIN 68 705 Teil 5 aus mindestens fünf Lagen ist zul $\sigma_l = 2 \cdot$ zul σ_{Dx}.

5.3 Andere Baustoffe

5.3.1 Für andere Baustoffe gelten die entsprechenden Normen.

5.3.2 Für geschweißte Bauteile aus Stahl gilt DIN 18 800 Teil 7.

5.3.3 Bei geraden Bauteilen aus Flach- und Rundstahl, für die keine Bescheinigung DIN 50 049 – 2.1 (Werksbescheinigung) vorliegt, dürfen die Zug- und Biegespannungen im Lastfall H und HZ höchstens 110 MN/m², im Kernquerschnitt der Rundstähle höchstens 100 MN/m² betragen.

5.3.4 Bezüglich des Korrosionsschutzes von Stahlteilen sind DIN 55 928 Teil 1, Teil 2, Teil 4, Teil 5, Teil 6 und Teil 8 und von Teilen aus Aluminium DIN 4113 Teil 1 zu beachten.

DIN 1052 Teil 1 Ausgabe Oktober 1969	DIN 1052 Teil 1 Ausgabe April 1988
4. Allgemeine Bemessungsregeln	**6 Allgemeine Bemessungsregeln**
	6.1 Allgemeines
	Auf die räumliche Aussteifung der Bauteile und ihre Stabilität ist besonders zu achten. Die bei Versagen oder Ausfall eines Bauteiles auftretenden Folgen für die Standsicherheit der Gesamtkonstruktion sind zu beachten und gegebenenfalls durch geeignete Maßnahmen einzugrenzen.
4.1. Lastannahmen	**6.2 Lastannahmen**
Die Lastannahmen für die Festigkeits- und Standsicherheitsnachweise richten sich nach den entsprechenden bauaufsichtlich eingeführten Normen. Fehlen ausreichende Angaben, sind sie im Einvernehmen mit der zuständigen obersten Bauaufsichtsbehörde festzulegen.	**6.2.1 Lasten** Die Lastannahmen für den Standsicherheitsnachweis richten sich nach den entsprechenden Normen.
4.1.1. Einteilung der Lasten	
Die auf ein Tragwerk wirkenden Lasten werden eingeteilt in Hauptlasten und Zusatzlasten.	Die auf ein Tragwerk wirkenden Lasten werden eingeteilt in Haupt-, Zusatz- und Sonderlasten.
Hauptlasten sind: ständige Lasten, Verkehrslasten (einschließlich Schnee-, aber ohne Windlasten), freie Massenkräfte von Maschinen.	Hauptlasten sind: – ständige Lasten, – Verkehrslasten (einschließlich Schnee-, aber ohne Windlasten), – freie Massenkräfte von Maschinen, – Seitenlasten auf Aussteifungskonstruktionen (siehe Abschnitt 10), soweit sie aus Hauptlasten entstehen.
Zusatzlasten sind: Windlasten, Bremskräfte, waagerechte Seitenkräfte (z. B. von Kranen).	Zusatzlasten sind: – Windlasten, – Bremskräfte, – waagerechte Seitenkräfte (z. B. von Kranen), – Zwängungen aus Temperatur- und Feuchteänderungen, – Seitenlasten auf Aussteifungskonstruktionen, soweit sie aus Zusatzlasten entstehen.
	Sonderlasten sind: – waagerechte Stoßlasten, – Erdbebenlasten.
4.1.2. Lastfälle	**6.2.2 Lastfälle**
Für die Berechnung und den Festigkeitsnachweis werden folgende Lastfälle unterschieden: Lastfall H Summe der Hauptlasten Lastfall HZ Summe der Haupt- und Zusatzlasten. Wird ein Bauteil, abgesehen von seinem Eigengewicht, nur durch Zusatzlasten beansprucht, so gilt die größte davon als Hauptlast.	Für den Standsicherheitsnachweis werden folgende Lastfälle unterschieden: – Lastfall H Summe der Hauptlasten – Lastfall HZ Summe der Haupt- und Zusatzlasten. Wird ein Bauteil, abgesehen von seiner Eigenlast, nur durch Zusatzlasten beansprucht, so gilt die größte davon als Hauptlast.
	Die Einzellast (Mannlast) nach DIN 1055 Teil 3 ist immer als Zusatzlast einzustufen. Für die Berücksichtigung von waagerechten Stoßlasten und Erdbebenlasten gilt Abschnitt 5.1.6.
4.1.3. Maßgebender Lastfall Für die Bemessung und den Nachweis der Spannungen und der Verbindungsmittel ist jeweils der Lastfall maßgebend, der die größten Querschnitte und die meisten Verbindungsmittel ergibt.	
4.2. Mindestquerschnitte	**6.3 Mindestquerschnitte**
4.2.1. Tragende einteilige Einzelquerschnitte von Vollholzbauteilen müssen eine Mindestdicke von 4 cm und mindestens 40 cm² Querschnittsfläche haben (mit Ausnahme von Dachlatten), soweit nicht wegen der Verbindungsmittel größere Mindestabmessungen erforderlich sind.	**6.3.1** Tragende einteilige Einzelquerschnitte von Vollholzbauteilen müssen eine Mindestdicke von 24 mm und mindestens 14 cm² Querschnittsfläche (11 cm² für Lattungen) haben, soweit nicht wegen der Verbindungsmittel größere Mindestmaße erforderlich sind.

4.2.2.
Für Brettschichtholz vgl. jedoch Abschnitt 11.5.5.

4.2.2. Bei genagelten, geschraubten und geleimten Bauteilen muß der Einzelquerschnitt mindestens 2,4 cm dick sein und mindestens 14 cm² Querschnittsfläche besitzen.

4.2.3. Tragende Furnierplatten müssen mindestens 10 mm dick sein und aus mindestens 5 Furnierlagen bestehen.

4.3. Querschnittsschwächungen

4.3.1. Baumkanten, die nicht größer sind als in DIN 4074 festgelegt, brauchen nicht berücksichtigt zu werden.

4.3.2. In Zugstäben und in der Zugzone von auf Biegung beanspruchten Bauteilen sind beim Spannungsnachweis alle Querschnittsschwächungen (Bohrungen, Einschnitte und dgl.) zu berücksichtigen. In Faserrichtung des Holzes hintereinander liegende Schwächungen brauchen nur einmal in Rechnung gestellt zu werden. Versetzt zur Faserrichtung angeordnete Querschnittsschwächungen sind ebenfalls nur einmal abzuziehen, wenn ihr Lichtabstand in Faserrichtung mehr als 15 cm beträgt.

Bei Keilzinkungen nach DIN 68 140 braucht die Schwächung durch den Zinkengrund nur einmal berücksichtigt zu werden. Bei Bolzen ist der Durchmesser des Bohrloches $(d_b + 1)$ in mm maßgebend.

Bei Dübeln sind außerdem entsprechende Fehlflächen abzuziehen (siehe Bild 1).

Für Dübelverbindungen besonderer Bauart sind die Fehlflächen aus DIN 1052 Blatt 2, Tabelle 1 zu entnehmen.

4.3.3. Bei Nagelverbindungen sind bei Nägeln ≧ 4,2 mm Durchmesser, bei vorgebohrten Nagellöchern bei sämtlichen Durchmessern, die im gleichen Querschnitt liegenden Lochflächen abzuziehen. Siehe auch Abschnitt 9.1.9.

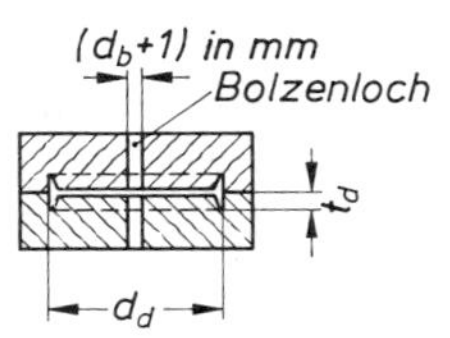

Bild 1. Querschnittsschwächung bei Ringdübelverbindungen

Maße der für Brettschichtholz verwendeten Einzelbretter siehe Abschnitt 12.6.

6.3.2 Mindestdicken für Tafeln siehe Abschnitt 11.1.1.

6.3.3 Die Mindestdicke tragender Platten aus Holzwerkstoffen beträgt für Flachpreßplatten 8 mm, für Bau-Furniersperrholz 6 mm. Bau-Furniersperrholz muß, sofern es nur Aussteifungszwecken dient, aus mindestens drei Lagen, für alle sonstigen tragenden Bauteile aus mindestens fünf Lagen bestehen.

6.4 Querschnittsschwächungen

6.4.1 Baumkanten, die nicht breiter sind als in DIN 4074 Teil 1 zugelassen, brauchen nicht berücksichtigt zu werden.

6.4.2 In Zugstäben und in der Zugzone von auf Biegung beanspruchten Bauteilen sind beim Spannungsnachweis alle Querschnittsschwächungen (Bohrungen, Einschnitte durch Versatz und dergleichen) zu berücksichtigen. In Faserrichtung hintereinander liegende Schwächungen sind nur einmal in Rechnung zu stellen. Dies gilt auch für versetzt zur Faserrichtung angeordnete Schwächungen mit einem lichten Abstand > 150 mm bzw. bei stabförmigen Verbindungsmitteln ≥ 4 d.

Bei Keilzinkenverbindungen nach DIN 68 140 braucht die Schwächung durch den Zinkengrund nur einmal berücksichtigt zu werden (siehe Abschnitt 12.3). Querschnittsschwächungen durch Stabdübel und Paßbolzen sind mit ihrem Durchmesser d_{st} zu berücksichtigen, bei Bolzen ist der Durchmesser des Bohrloches $(d_b + 1\ mm)$ maßgebend.

Bei Dübelverbindungen mit Einlaß- und Einpreßdübeln sind außer dem Bohrloch des zugehörigen Bolzens entsprechende Fehlflächen abzuziehen (Beispiel für Querschnittsschwächung bei zweiseitigen Ringkeildübeln siehe Bild 4).

Für Dübelverbindungen besonderer Bauart sind die Fehlflächen ΔA aus DIN 1052 Teil 2, Tabellen 4, 6 und 7, zu entnehmen.

Querschnittschwächungen durch Nägel sind bei vorgebohrten Nagellöchern mit dem Nageldurchmesser zu berücksichtigen. Dies gilt für Nägel mit Durchmesser > 4,2 mm auch bei nicht vorgebohrten Nagellöchern sowie stets für Nägel in Bau-Furniersperrholz.

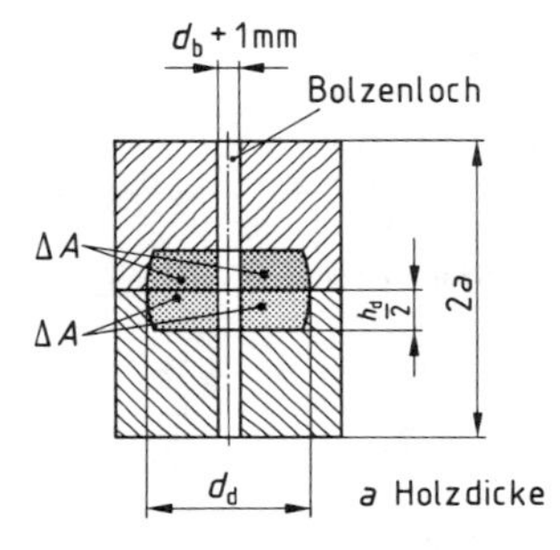

Bild 4. Querschnittsschwächung bei Ringkeildübelverbindungen

$$\Delta A = (d_d - (d_b + 1)) \cdot \frac{h_d}{2}$$

Querschnittsschwächungen durch Schrauben sind mit dem Schaftdurchmesser zu berücksichtigen.

4.3.4. Bei Druckstäben und in der Druckzone von auf Biegung beanspruchten Bauteilen brauchen Querschnittsschwächungen für den reinen Spannungsnachweis nur dann berücksichtigt zu werden, wenn die geschwächte Stelle nicht satt ausgefüllt ist oder der ausfüllende Baustoff einen geringeren Elastizitätsmodul als der geschwächte Baustoff aufweist (z. B. wenn die Faserrichtung von Holzeinlagen rechtwinklig zu der des Druckstabes verläuft).

4.3.5. Wenn durch Querschnittsschwächungen wesentliche ausmittige Kraftwirkungen entstehen, sind sie statisch besonders in Rechnung zu stellen.

4.4. Wechselstäbe

4.4.1. Die Querschnitte von Wechselstäben, deren wechselnde Beanspruchung nicht allein aus Wind- und Schneelasten herrührt, sind für

$$\max N' = \left(1 + 0{,}3\,\frac{\min N}{\max N}\right) \cdot \max N \qquad (1\,a)$$

und

$$\min N' = \left(1 + 0{,}3\,\frac{\min N}{\max N}\right) \cdot \min N \qquad (1\,b)$$

zu bemessen, wobei für $\min N$ bzw. $\max N$ jeweils die absoluten Beträge der kleinsten bzw. größten Kraft einzusetzen sind. Wenn die wechselnde Beanspruchung nur aus Wind- und Schneelasten herrührt, darf bei der Bemessung auf eine Erhöhung der errechneten Stabkräfte verzichtet werden.

4.4.2. Stoßdeckungen und Anschlüsse von Wechselstäben sind sinngemäß zu bemessen.

4.5. Ausmittige Anschlüsse

Spannungen, die durch ausmittige Anschlüsse entstehen, sind besonders zu berücksichtigen.

Bei Fachwerkstäben, die möglichst mittig anzuschließen sind, müssen die zusätzlichen Spannungen infolge der Ausmittigkeit nachgewiesen werden. Wenn sich bei Nagelverbindungen die Schwerlinien der an einem Knotenpunkt anzuschließenden Füllstäbe noch innerhalb der Ansichtsfläche des durchgehenden Gurtes schneiden ($e < h_g/2$; siehe Bild 2), ist dieser zusätzliche Nachweis in der Regel nicht erforderlich.

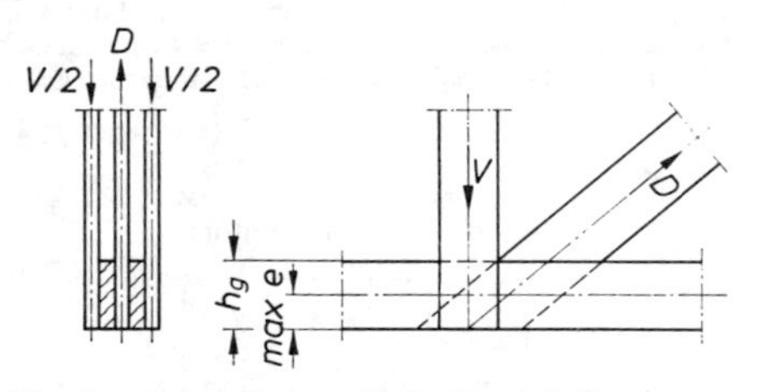

Bild 2. Ausmittiger Stabanschluß mit $e = h_g/2$

6.4.3 Bei Druckstäben und in der Druckzone von auf Biegung beanspruchten Bauteilen brauchen Querschnittsschwächungen für den gewöhnlichen Spannungsnachweis nur dann berücksichtigt zu werden, wenn die geschwächte Stelle nicht satt ausgefüllt ist oder der ausfüllende Baustoff einen geringeren Elastizitätsmodul als der geschwächte Baustoff aufweist (z. B. wenn die Faserrichtung von Holzeinlagen rechtwinklig oder schräg zu der des Druckstabes verläuft).

6.4.4 Wenn durch Querschnittsschwächungen wesentliche ausmittige Kraftwirkungen entstehen, sind sie statisch in Rechnung zu stellen.

6.5 Wechselbeanspruchte Bauteile

6.5.1 Stäbe, bei denen der Vorzeichenwechsel der Beanspruchung nicht allein aus Wind- und Schneelasten herrührt, sind für

$$\text{zul}\,\sigma' = k_w \cdot \text{zul}\,\sigma \qquad (6)$$

mit

$$k_w = 1 - 0{,}25\,\frac{\min|\sigma|}{\max|\sigma|} \qquad (7)$$

zu bemessen, wobei für $\min|\sigma|$ bzw. $\max|\sigma|$ jeweils die Spannung mit dem kleinsten bzw. größten Absolutbetrag einzusetzen ist.

6.5.2 Stöße und Anschlüsse sind sinngemäß zu bemessen.

6.6 Ausmittige Anschlüsse

Spannungen, die durch ausmittige Anschlüsse entstehen, sind besonders zu berücksichtigen.

Fachwerkstäbe sind möglichst mittig anzuschließen. Spannungen, die durch Ausmittigkeiten hervorgerufen werden, brauchen bei Nagelverbindungen nach Bild 5a und bei Verbindungen mit Nagel- oder Knotenplatten nach Bild 5b in der Regel nicht nachgewiesen zu werden, wenn die Ausmittigkeit e_1 bzw. e_2 nicht größer als die halbe Gurthöhe ist.

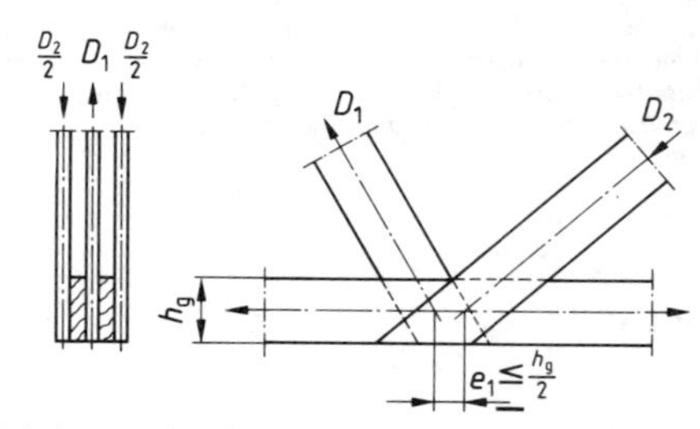

a) bei genagelten Brett- und Bohlenbindern

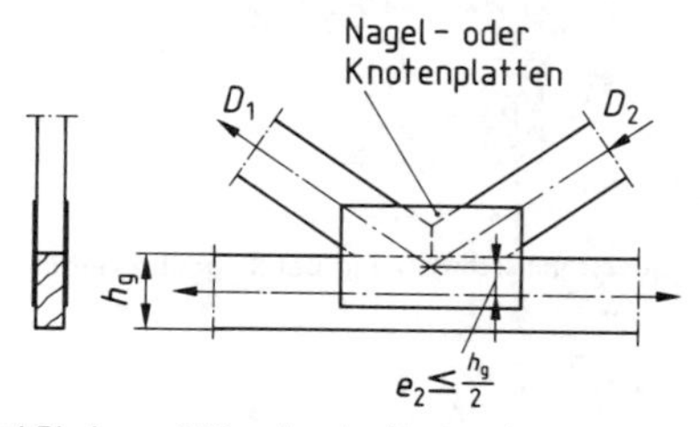

b) bei Bindern mit Nagel- oder Knotenplatten

Bild 5. Ausmittiger Stabanschluß

6. Bemessungsregeln für Zugstäbe

6.1. Mittiger Zug

Bei auf Zug beanspruchten Bauteilen ist nachzuweisen, daß die unter Berücksichtigung der Querschnittsschwächungen nach Abschnitt 4.3 ermittelte Zugspannung die im Abschnitt 9 festgelegten zulässigen Spannungen nicht überschreitet.

7 Bemessungsregeln für Zugstäbe

7.1 Mittiger Zug

Für planmäßig mittig beanspruchte Zugstäbe ist der Spannungsnachweis unter Berücksichtigung der Querschnittsschwächungen nach Abschnitt 6.4 durchzuführen:

$$\frac{\frac{N}{A_n}}{\text{zul}\ \sigma_{Z\parallel}} \leq 1 \qquad (8)$$

Hierin ist A_n die nutzbare Querschnittsfläche, für zul $\sigma_{Z\parallel}$ sind die maßgebenden Werte nach Tabelle 5 bzw. Tabelle 6 einzusetzen.

6.2. Ausmittiger Zug (Zug und Biegung)

Für Zugstäbe, die planmäßig ausmittig oder zusätzlich quer zur Stabachse beansprucht werden, ist nachzuweisen, daß die größten im Stab auftretenden Spannungen den Wert zul σ nicht überschreiten (siehe Abschnitt 7.4, gewöhnliche Spannungsuntersuchung bei ausmittigem Druck).

7.2 Ausmittiger Zug (Zug und Biegung)

Für Zugstäbe, die planmäßig ausmittig oder zusätzlich quer zur Stabachse beansprucht werden, ist nachzuweisen, daß die Bedingung

$$\frac{\frac{N}{A_n}}{\text{zul}\ \sigma_{Z\parallel}} + \frac{\frac{M}{W_n}}{\text{zul}\ \sigma_B} \leq 1 \qquad (9)$$

eingehalten ist.

Hierin ist W_n das nutzbare Widerstandsmoment.

Für zul $\sigma_{Z\parallel}$ bzw. zul σ_B sind die maßgebenden Werte nach Tabelle 5 bzw. Tabelle 6 einzusetzen.

6.3. Stöße und Anschlüsse

6.3.1. Beim Stoß von Zugstäben sind die Stoßdeckungsteile symmetrisch zur Stabachse anzuordnen. Einseitig beanspruchte Holzlaschen sind für die 1,5fache anteilige Zugkraft zu bemessen.

6.3.2. Bei Anschlüssen von Zugstäben gilt sinngemäß das in Abschnitt 6.3.1 festgelegte Berechnungsverfahren.

7.3 Stöße und Anschlüsse

Stöße und Anschlüsse sind in der Regel symmetrisch zu der bzw. den Stabachsen auszuführen. Dabei sind einseitig beanspruchte Holz- und Holzwerkstoffteile für die 1,5fache anteilige Zugkraft zu bemessen.

5. Bemessungsregeln für biegebeanspruchte Bauglieder

5.1. Stützweiten

5.1.1. Als Stützweite l ist der Abstand der Auflagermitten in Rechnung zu stellen. Bei Lagerung unmittelbar auf Mauerwerk oder Beton ist als Stützweite die um mindestens 1/20 vergrößerte lichte Weite anzunehmen.

5.1.2. Durchlaufende Bretter oder Bohlen sind in der Regel als frei drehbar gelagerte Träger auf zwei Stützen zu berechnen. Dabei gilt als Stützweite der lichte Abstand der Unterstützungen zuzüglich 10 cm, höchstens aber der Achsabstand der Unterstützungen.

5.1.3. Für Pfetten und Balken mit Kopfbändern oder Sattelhölzern gilt Abschnitt 5.7.

5.2. Auflagerkräfte

Die Auflagerkräfte von Durchlaufträgern (auch Pfetten) dürfen im allgemeinen wie für Einzelträger auf zwei Stützen berechnet werden. Ausgenommen davon sind Träger auf drei Stützen und solche Träger, bei denen das Verhältnis der Spannweiten zweier benachbarter Felder kleiner als 2/3 bzw. größer als 1,5 ist.

5.8. Stöße

Bei der Stoßdeckung von Teilen, die auf Biegung beansprucht werden, muß das Widerstandsmoment der den Stoß deckenden Teile mindestens gleich dem erforderlichen Wi-

8 Bemessungsregeln für biegebeanspruchte Bauglieder

8.1 Grundlagen

8.1.1 Stützweiten

8.1.1.1 Als Stützweite l ist der Abstand der Auflagermitten in Rechnung zu stellen. Bei Auflagerung auf Mauerwerk oder Beton ist als Stützweite der Abstand der Auflagermitten, bei Einfeldträgern jedoch höchstens das 1,05fache der lichten Weite, anzunehmen.

8.1.1.2 Durchlaufende Bretter, Bohlen oder Platten aus Holzwerkstoffen sind in der Regel als frei drehbar gelagerte Träger auf zwei Stützen zu berechnen.

Bei Dach- und Deckenschalungen darf die Durchlaufwirkung rechnerisch berücksichtigt werden, wenn etwaige Stöße im einzelnen planmäßig festgelegt werden.

8.1.1.3 Für Pfetten und Balken mit Kopfbändern oder Sattelhölzern gilt Abschnitt 8.2.4.

8.1.2 Auflagerkräfte

Die Auflagerkräfte von Durchlaufträgern (auch Pfetten) dürfen im allgemeinen wie für Einfeldträger berechnet werden, sofern das Verhältnis benachbarter Spannweiten zwischen ⅔ und 3/2 liegt. Ausgenommen davon sind Zweifeldträger.

8.1.3 Stöße

An Stoßstellen ist die Übertragung der Schnittgrößen durch Stoßdeckungsteile und Verbindungsmittel sicherzustellen. Bei Verformungsberechnungen und bei der Berechnung

derstandsmoment an der Stoßstelle sein. Außerdem muß die einwandfreie Übertragung der Querkräfte gewährleistet sein.

Bei Druckgurten von Vollwandträgern ist das erforderliche Trägheitsmoment durch die Stoßdeckungsteile zu ersetzen. Die Verbindungsmittel dürfen hierbei bei Anordnung von Paßstößen für die halbe Druckkraft bemessen werden.

5.3. Rand- und Schwerpunktspannungen

5.3.1. Bei zusammengesetzten Biegeträgern dürfen die Biegerandspannungen in den Einzelteilen die zulässigen Werte für Biegung nach Tabelle 6, Zeile 1, nicht überschreiten, die Schwerpunktspannung in den gezogenen Gurtteilen darf aber nicht über die Werte in Zeile 2 hinausgehen.

statisch unbestimmter Systeme ist erforderlichenfalls die Steifigkeit unter Berücksichtigung sowohl der Stoßdeckungsteile als auch der Nachgiebigkeit der Verbindungsmittel an der Stoßstelle zu bestimmen. Bei Druckgurten von Vollwandträgern ist das erforderliche Flächenmoment 2. Grades durch die Stoßdeckungsteile zu ersetzen, wobei die Verbindungsmittel bei Anordnung von Kontaktstößen für die halbe Druckkraft bemessen werden dürfen.

8.1.4 Lasteintragungsbreiten

Wird bei Platten aus Holzwerkstoffen, die miteinander durch Nut und Feder oder gleichwertige Maßnahmen verbunden sind, ein Nachweis für die Aufnahme der Einzellast von 1 kN (Mannlast, siehe DIN 1055 Teil 3) geführt, so dürfen bei Dach- und unmittelbar belasteten Deckenschalungen sowie bei oberen Dach- und Deckenbeplankungen in der Regel die jeweils größten Lasteintragungsbreiten t nach Tabelle 7 als mitwirkende Plattenbreite angesetzt werden.

Bei Dach- und Deckenschalungen aus Brettern oder Bohlen, die miteinander durch Nut und Feder oder gleichwertige Maßnahmen verbunden sind, darf unabhängig von der Breite des Einzelteiles für die Lasteintragungsbreite $t = 0{,}35$ m und bei nicht verbundenen Brettern oder Bohlen $t = 0{,}16$ m angesetzt werden.

Tabelle 7. **Lasteintragungsbreiten t für Platten aus Holzwerkstoffen**

	Plattenbreite b	Platten miteinander verbunden	Platten miteinander nicht verbunden
1	$\geq 0{,}35$ m[1])	0,35 m	0,35 m
2	≥ 1 m[1])	0,70 m	0,35 m
3	$>$ Stützweite l	0,7 l	0,35 l
4	$\leq$ Stützweite l	0,7 b	0,35 b

[1]) Stützweite l beliebig

8.2 Biegeträger aus Voll- und Brettschichtholz

8.2.1 Bemessung

8.2.1.1 Bemessung für Biegung

Für auf Biegung beanspruchte Bauteile ist der Spannungsnachweis unter Berücksichtigung der Querschnittsschwächungen nach Abschnitt 6.4 durchzuführen:

$$\frac{\dfrac{M}{W_\mathrm{n}}}{\mathrm{zul}\ \sigma_\mathrm{B}} \leq 1 \qquad (10)$$

Hierin ist W_n das nutzbare Widerstandsmoment, für zul σ_B sind die maßgebenden Werte nach Tabelle 5, Zeile 1, einzusetzen.

Bei zusammengesetzten Biegeträgern darf außerdem die Schwerpunktsspannung in den gezogenen Gurtteilen die Werte in Tabelle 5, Zeile 2, nicht überschreiten.

Ferner ist der Nachweis gegen seitliches Ausweichen nach Abschnitt 8.6 zu führen.

8.2.1.2 Bemessung für Querkraft

Für Biegeträger mit Auflagerung am unteren Trägerrand und Lastangriff am oberen Trägerrand braucht der Nachweis der Schubspannungen und gegebenenfalls der Schubverbindungsmittel im Bereich von End- und Zwischenauflagern, wenn dort keine Ausklinkungen und Durchbrüche sind, nicht mit der vollen Querkraft geführt zu werden. Als maßgebend darf die Querkraft im Abstand von $h/2$ (h Trägerhöhe über Auflagermitte, auch bei Abschrägungen) vom Auflagerrand angenommen werden.

Für eine Einzellast im Abstand $a \geq a_0 = 2h$ von der Auflagermitte ist der volle Wert der Querkraft der Bemessung zugrunde zu legen, für $a < 2h$ darf der mit a_0 anstelle von a ermittelte und im Verhältnis $a/(2h)$ abgeminderte Anteil als maßgebende Querkraft in Rechnung gestellt werden.

Für den Nachweis der Schubspannungen sind die zulässigen Werte in Tabelle 5, Zeile 7, maßgebend.

8.2.1.3 Bemessung für Torsion und Querkraft

Ein Nachweis der Wirkungen bei Torsionsbeanspruchung braucht nicht geführt zu werden, wenn die Torsion zur Erhaltung des Gleichgewichtes nicht notwendig ist, z. B. bei Sparren, Pfetten und Balken üblicher Dach- und Deckenkonstruktionen.

Der Nachweis der Torsionsspannungen darf näherungsweise nach der Elastizitätstheorie für isotrope Werkstoffe geführt werden. Die so ermittelten Schubspannungen dürfen die Werte nach Tabelle 5, Zeile 8, nicht überschreiten.

Bei gleichzeitiger Wirkung von Schubspannungen aus Torsion und Querkraft muß die Bedingung

$$\frac{\tau_T}{\text{zul } \tau_T} + \left(\frac{\tau_Q}{\text{zul } \tau_Q}\right)^m \leq 1 \qquad (11)$$

eingehalten werden, wobei für Nadelholz $m = 2$ und für Laubholz $m = 1$ zu setzen ist.

Hierin bedeuten:

τ_T Schubspannung aus Torsion

τ_Q Schubspannung aus Querkraft

zul τ_Q zulässige Schubspannung aus Querkraft nach Tabelle 5, Zeile 7

zul τ_T zulässige Schubspannung aus Torsion nach Tabelle 5, Zeile 8.

8.2.2 Ausklinkungen und Durchbrüche bei Biegeträgern mit Rechteckquerschnitt aus Nadelholz

8.2.2.1 Ausklinkungen und Zapfen

Bei rechtwinklig oder schräg ausgeklinkten Trägerenden und bei Trägern mit Zapfen nach Bild 6 ist die zulässige Querkraft nach Gleichung (12) zu berechnen:

$$\text{zul } Q = \frac{2}{3} \cdot b \cdot h_1 \cdot k_A \cdot \text{zul } \tau_Q \qquad (12)$$

Hierin bedeuten:

b Breite des Trägers

zul τ_Q zulässige Schubspannung aus Querkraft nach Tabelle 5, Zeile 7

k_A Abminderungsfaktor wegen gleichzeitiger Wirkung von Schub- und Querzugspannungen.

Die Ausklinkung muß die Bedingungen $\frac{a}{h} \leq 0{,}5$ und $a \leq 0{,}50$ m erfüllen. Hierin bedeuten a die Ausklinkungshöhe und h die Trägerhöhe.

Für rechtwinklige Ausklinkungen **ohne** Verstärkung (siehe Bild 6a) ist

$$k_A = 1 - 2{,}8 \frac{a}{h} \qquad (13)$$

einzusetzen, mindestens jedoch $k_A = 0{,}3$.

Für rechtwinklige Ausklinkungen **mit** Verstärkung (siehe Bild 6b) darf $k_A = 1$ gesetzt werden. Die Verstärkung darf näherungsweise für die Zugkraft

$$Z = 1{,}3\, Q \cdot \left[3 \left(\frac{a}{h}\right)^2 - 2 \left(\frac{a}{h}\right)^3\right] \qquad (14)$$

bemessen werden.

Als Verstärkungen dürfen mit Resorcinharzleim aufgeleimte Laschen aus Bau-Furniersperrholz aus mindestens fünf Lagen nach DIN 68 705 Teil 5 der Klasse 100 verwendet werden. Nagelpreßleimung ist zulässig (siehe Abschnitt 12.5). Die Verstärkungslaschen sind beidseitig anzuordnen. Ihre Breite c muß der Bedingung $0{,}25\,a \leq c \leq 0{,}50\,a$ genügen. Als zulässige Spannungen sind zul $\sigma_{Z\parallel} = 4$ MN/m² im Bau-Furniersperrholz und zul $\tau_a = 0{,}25$ MN/m² in der Leimfläche anzunehmen.

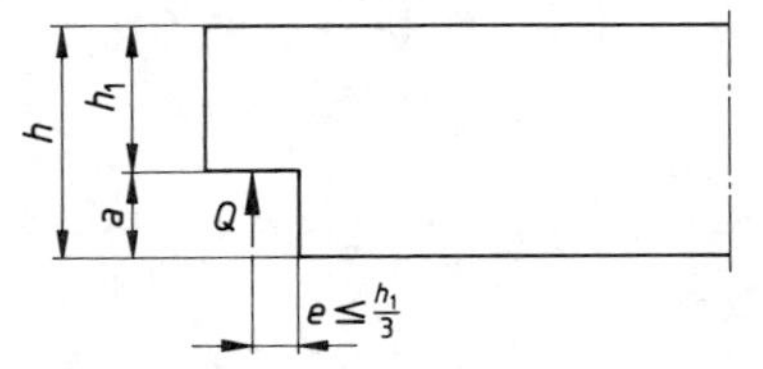

a) Rechtwinklige Ausklinkung ohne Verstärkung

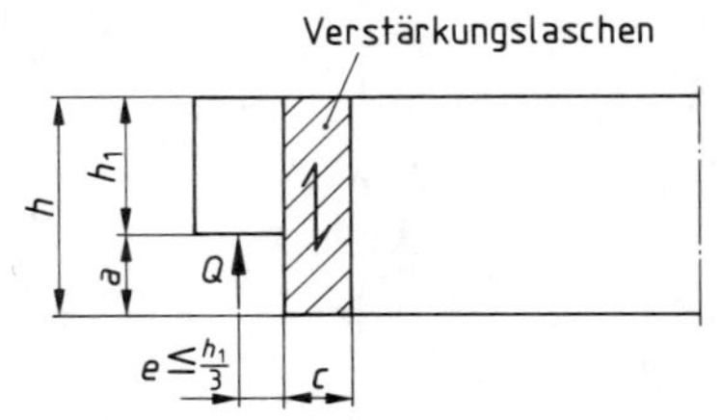

b) Rechtwinklige Ausklinkung mit Verstärkung

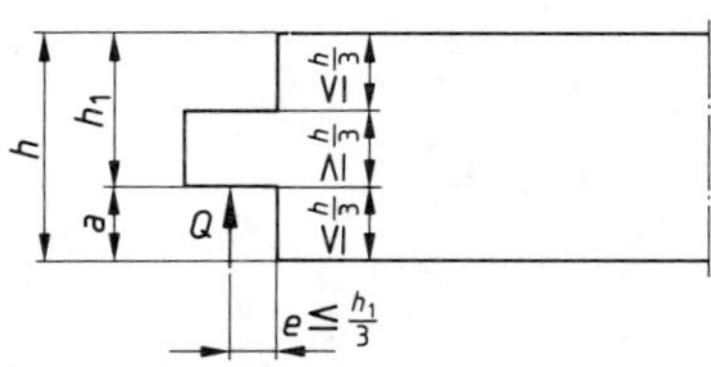

c) Zapfen

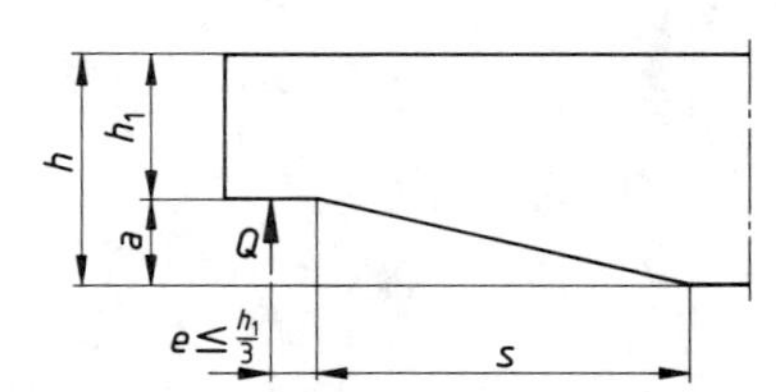

d) Schräge Ausklinkung

Bild 6. Unten ausgeklinkte Träger und Träger mit Zapfen

Träger bis zu 300 mm Höhe mit Zapfen nach Bild 6c dürfen nach den Gleichungen (12) und (13) berechnet werden, wobei $h_1 = 2/3\,h$ zu setzen ist, soweit kein genauerer Nachweis erfolgt.

Bei Ausklinkungen mit geneigtem Trägerrand (siehe Bild 6d) darf $k_A = 1$ gesetzt werden, wenn die Länge $s \geq 14\,a$ bei Güteklasse I und $\geq 10\,a$ bei Güteklasse II oder $s \geq 2{,}5 \cdot h$ beträgt. Der kleinere Wert ist maßgebend. Die Bedingung $a \leq 0{,}50$ m gilt für diese Ausklinkungen nicht.

Die Spannungskombination am geneigten Trägerrand ist zu

beachten (siehe Abschnitt 8.2.3.4).

Bei oben ausgeklinkten oder abgeschrägten Trägerenden nach Bild 7 ist die zulässige Querkraft nach Gleichung (15) zu berechnen:

$$\text{zul } Q = \frac{2}{3}\, b \cdot \left[h - \frac{a}{h_1} \cdot e\right] \cdot \text{zul } \tau_Q \qquad (15)$$

Die Ausklinkung bzw. Abschrägung muß folgende Bedingungen erfüllen:

$\frac{a}{h} \leq 0{,}5$ und $e \leq h_1$ für Trägerhöhen $h > 300$ mm

$\frac{a}{h} \leq 0{,}7$ und $e \leq h_1$ für Trägerhöhen $h \leq 300$ mm

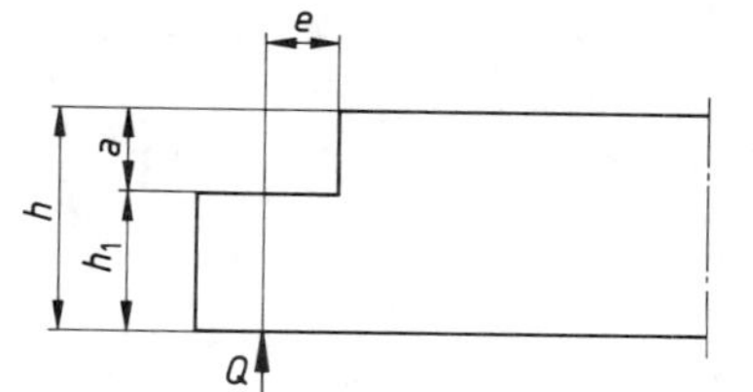

a) Rechtwinklige Ausklinkung

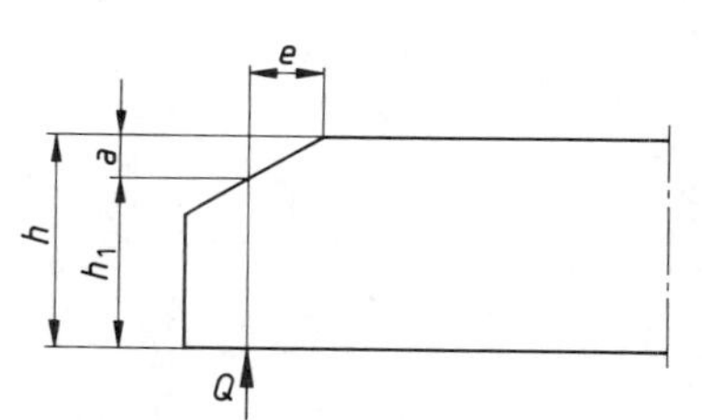

b) Abschrägung

Bild 7. Oben ausgeklinkter bzw. abgeschrägter Träger

8.2.2.2 Durchbrüche bei Biegeträgern aus Brettschichtholz

Durchbrüche im Sinne dieses Abschnittes sind Öffnungen in Brettschichtholzträgern mit den lichten Maßen $d > 50$ mm (siehe Bild 8). Durchbrüche sollen möglichst symmetrisch zur Trägerachse angeordnet werden; die Randabstände h_{ro} und h_{ru} müssen $\geq 0{,}3\, h$ sein. Der Abstand l_V vom Trägerende muß mindestens h, der Abstand l_o von der Auflagermitte und von größeren Einzellasten mindestens $h/2$ betragen. Alle Ecken sind im Brettschichtholz mit einem Radius von mindestens 15 mm auszurunden.

Durchbrüche müssen, sofern ein genauerer Nachweis nicht geführt wird, verstärkt werden, wenn in Abhängigkeit von der auf den ungeschwächten Querschnitt in Durchbruchsmitte bezogenen Schubspannung τ_Q das größte lichte Maß d die Gleichung (16) oder Gleichung (17) erfüllt.

$$d > 100 - 42\, \tau_Q \quad \text{in mm} \qquad (16)$$

$$d > (0{,}1 - 0{,}042\, \tau_Q) \cdot h \qquad (17)$$

Hierin bedeuten:

$$\tau_Q = \frac{1{,}5\, Q}{b \cdot h} \quad \text{in MN/m}^2 \qquad (18)$$

Q Querkraft in Durchbruchsmitte; eine Abminderung nach Abschnitt 8.2.1.2 ist nicht zulässig

h Höhe des Brettschichtholzträgers
b Breite des Brettschichtholzträgers.

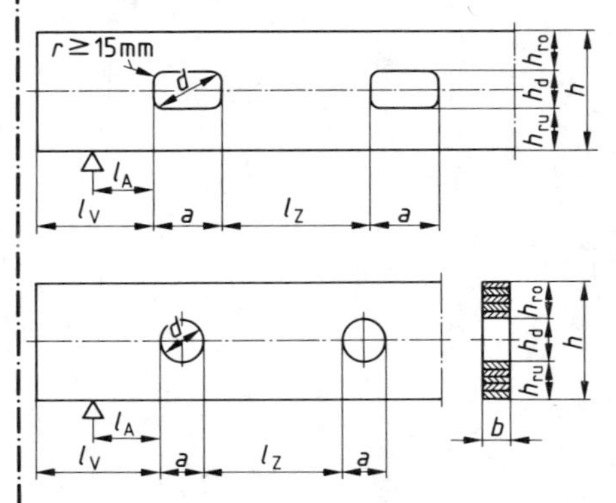

$l_A \geq \frac{h}{2}$; l_V und $l_Z \geq h$; $a \leq h$; h_{ro} und $h_{ru} \geq 0{,}3\,h$; $h_d \leq 0{,}4\,h$

Bild 8. Maße und Anordnung von Durchbrüchen

Wenn von einem genaueren Nachweis verstärkter Durchbrüche abgesehen wird, darf eine Verstärkung durch aufgeleimtes Bau-Furniersperrholz nach DIN 68 705 Teil 5 der Klasse 100 nach Bild 9 erfolgen. Die Gesamtverstärkungsdicke t (je Seite $t/2$) muß in Abhängigkeit von der in Durchbruchsmitte vorhandenen Schubspannung τ_Q in MN/m^2 und der Trägerbreite b in mm

$$t \geq (0{,}15 + 0{,}4 \cdot \tau_Q) \cdot b \quad \text{in mm} \qquad (19)$$

betragen, jedoch mindestens 20 mm.

Weitere bei der Verstärkung von Durchbrüchen mittels Bau-Furniersperrholz zu beachtende Maße ergeben sich aus Bild 9. Die Faserrichtung des Deckfurniers muß parallel zur Faserrichtung der Trägerlamellen verlaufen. Für die Verleimung, die auch als Nagelpreßleimung erfolgen darf, ist Resorcinharzleim zu verwenden. Im übrigen gilt Abschnitt 12.5.

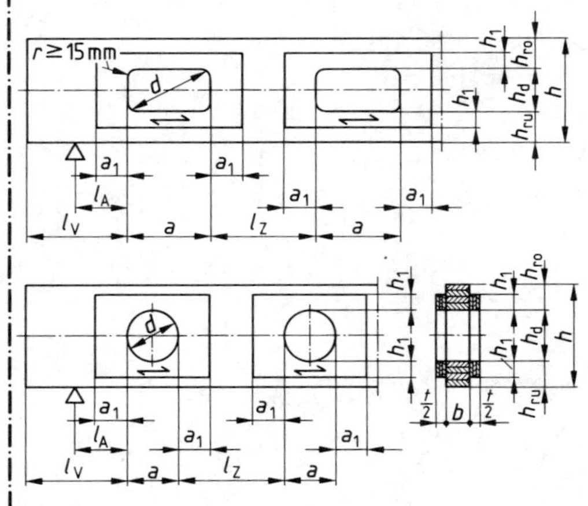

$l_A \geq \frac{h}{2}$; l_V und $l_Z \geq h$; $a \leq h$;

$a_1 \geq 0{,}25\,a$ und $\geq h_1$; h_{ro} und $h_{ru} \geq 0{,}3\,h$;

$h_d \leq 0{,}4\,h$; $h_1 \geq 0{,}25\,h_d$ und $\geq 0{,}1\,h$; $b \leq 220$ mm

Bild 9. Maße und Anordnung der Verstärkungen

11.5.7.

Bei einem Verhältnis $R/h < 10$ mit h als Querschnittshöhe und R als Biegehalbmesser der Trägerachse muß die maximale Biegespannung unter Berücksichtigung der Trägerkrümmung berechnet werden. Querzugspannungen sind stets nachzuweisen und dürfen $\text{zul}\ \sigma_{Z\perp} = 2{,}5\ \text{kp/cm}^2$ nicht überschreiten; sie treten dann auf, wenn das Biegemoment am inneren Querschnittsrand Längszugspannungen hervorruft.

Für Krümmungsverhältnisse $\beta = R/h \geqq 2$ können die maximale Biegerandspannung aus

$$\sigma_B = \frac{M}{W_n}\left(1 + \frac{1}{2\beta}\right) \leqq \text{zul}\ \sigma_B \qquad (39)$$

und die maximale Querzugspannung aus

$$\sigma_{Z\perp} = \frac{M}{W} \cdot \frac{1}{4\beta} \leqq \text{zul}\ \sigma_{Z\perp} \qquad (40)$$

genau genug berechnet werden. Darin sind W und W_n die auf die Achse des ungeschwächten Querschnittes bezogenen Widerstandsmomente ohne bzw. mit Abzug etwa vorhandener Querschnittsschwächungen.

(Siehe Gleichung (40))

8.2.3 Gekrümmte Träger und Satteldachträger aus Brettschichtholz

8.2.3.1 Allgemeines

Für gekrümmte Träger und Satteldachträger aus Brettschichtholz nach den Bildern 10 bis 12 sind im gekrümmten Bereich bzw. im Firstquerschnitt Quer- und Längsspannungen, außerdem bei Satteldachträgern nach den Bildern 11 und 12 Spannungskombinationen nachzuweisen.

Für Träger mit Rechteckquerschnitt dürfen die maximalen Quer- und Längsspannungen infolge Moment im gekrümmten Bereich bei Trägerformen nach Bild 10 bzw. im Firstquerschnitt bei Trägerformen nach den Bildern 11 und 12 für $\gamma \leq 20°$ nach den Abschnitten 8.2.3.2 und 8.2.3.3 berechnet werden, sofern ein genauerer Nachweis nicht geführt wird.

Für den Nachweis der Spannungskombination nach Abschnitt 8.2.3.4 ist die größte außerhalb des Firstbereiches auftretende Längsspannung zu berücksichtigen.

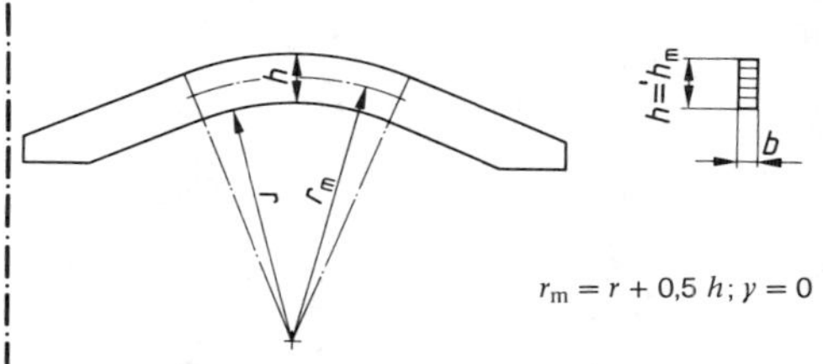

Bild 10. Gekrümmter Träger mit konstanter Trägerhöhe

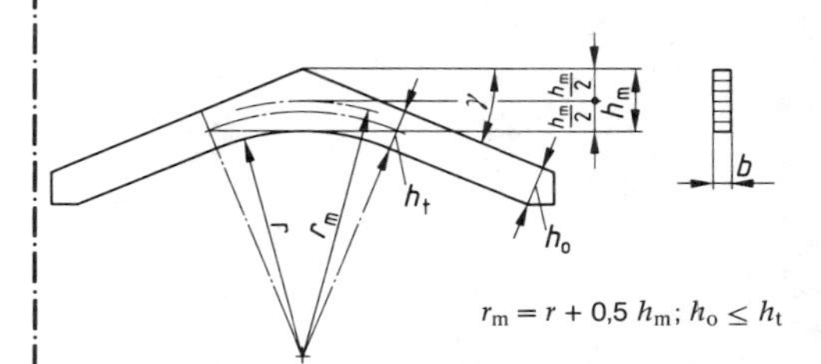

Bild 11. Satteldachträger mit gekrümmtem Untergurt

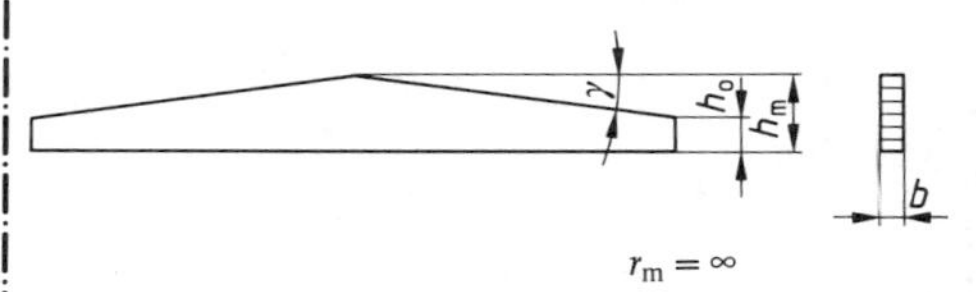

Bild 12. Satteldachträger mit geradem Untergurt

8.2.3.2 Querspannungen

Die Querspannung $\sigma_\perp$ ist mit

$$\max \sigma_\perp = \varkappa_q \cdot \frac{M}{W_m} \qquad (20)$$

zu bestimmen. Dabei ist

$$\varkappa_q = A_q + B_q \cdot \left[\frac{h_m}{r_m}\right] + C_q \cdot \left[\frac{h_m}{r_m}\right]^2 \qquad (21)$$

mit

$$A_q = 0{,}2 \cdot \tan\gamma \qquad (22)$$

$$B_q = 0{,}25 - 1{,}5 \cdot \tan\gamma + 2{,}6 \cdot \tan^2\gamma \qquad (23)$$

$$C_q = 2{,}1 \cdot \tan\gamma - 4 \cdot \tan^2\gamma \qquad (24)$$

(Siehe Gleichung (39))

Die nach Gleichung (20) ermittelten Querspannungen dürfen die Werte in Tabelle 5, Zeilen 3 bzw. 5a, nicht überschreiten.

8.2.3.3 Längsspannungen am inneren bzw. am unteren Trägerrand

Die Längsspannung $\sigma_{\parallel}$ ist mit

$$\max \sigma_{\parallel} = \varkappa_l \cdot \frac{M}{W_m} \quad (25)$$

zu bestimmen. Dabei ist

$$\varkappa_l = A_l + B_l \cdot \left[\frac{h_m}{r_m}\right] + C_l \cdot \left[\frac{h_m}{r_m}\right]^2 + D_l \cdot \left[\frac{h_m}{r_m}\right]^3 \quad (26)$$

mit

$$A_l = 1 + 1{,}4 \cdot \tan\gamma + 5{,}4 \cdot \tan^2\gamma \quad (27)$$

$$B_l = 0{,}35 - 8 \cdot \tan\gamma \quad (28)$$

$$C_l = 0{,}6 + 8{,}3 \cdot \tan\gamma - 7{,}8 \cdot \tan^2\gamma \quad (29)$$

$$D_l = 6 \cdot \tan^2\gamma \quad (30)$$

Die Längsspannungen am äußeren bzw. oberen Trägerrand dürfen mit $\varkappa_l = 1{,}0$ berechnet werden.

Die nach Gleichung (25) ermittelten Längsspannungen dürfen die Werte in Tabelle 5, Zeile 1, nicht überschreiten.

8.2.3.4 Spannungskombination

Verläuft bei Brettschichtholzträgern die Faserrichtung nicht parallel zum Trägerrand, so daß hier zusätzlich zu den Längsspannungen $\sigma_{\parallel}$ noch Querspannungen $\sigma_{\perp}$ und Schubspannungen τ auftreten (siehe Bild 13), so ist

für den Biegezugrand

$$\left[\frac{\sigma_{\parallel}}{\text{zul } \sigma_B}\right]^2 + \left[\frac{\sigma_{Z\perp}}{1{,}25 \text{ zul } \sigma_{Z\perp}}\right]^2 + \left[\frac{\tau}{1{,}33 \text{ zul } \tau_a}\right]^2 \leq 1 \quad (31)$$

für den Biegedruckrand

$$\left[\frac{\sigma_{\parallel}}{\text{zul } \sigma_B}\right]^2 + \left[\frac{\sigma_{D\perp}}{\text{zul } \sigma_{D\perp}}\right]^2 + \left[\frac{\tau}{2{,}66 \text{ zul } \tau_a}\right]^2 \leq 1 \quad (32)$$

einzuhalten. Hierin sind im Nenner die entsprechenden zulässigen Spannungen für Brettschichtholz der Güteklasse I nach Tabelle 5 einzusetzen. Bei schrägen druckbeanspruchten Rändern darf auf die Berücksichtigung der Spannungskombination verzichtet werden, wenn $\alpha \leq 3°$ ist.

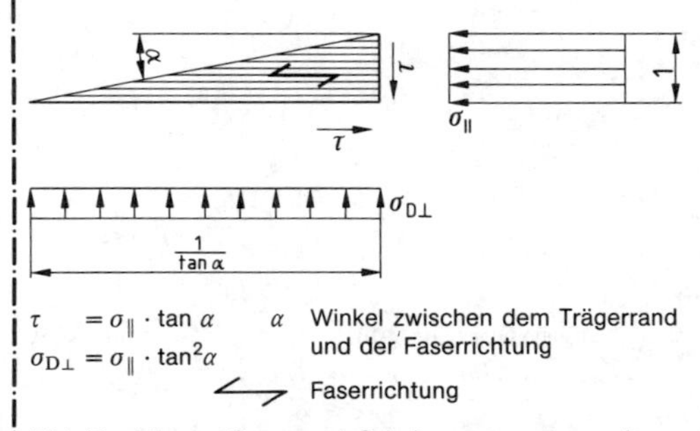

$\tau = \sigma_{\parallel} \cdot \tan\alpha$

$\sigma_{D\perp} = \sigma_{\parallel} \cdot \tan^2\alpha$

α Winkel zwischen dem Trägerrand und der Faserrichtung

Faserrichtung

Bild 13. Längs-, Quer- und Schubspannungen an einem dreiecksförmigen Element des Biegedruckrandes

5.7. Kopfbandbalken

5.7.1. Soweit Pfetten und Balken mit Kopfbändern in allen Feldern eine vorwiegend gleichmäßig verteilte Belastung

8.2.4 Kopfbandbalken

Soweit Pfetten und Balken mit Kopfbändern in allen Feldern eine vorwiegend gleichmäßig verteilte Last oder gleiche,

DIN 1052 Teil 1 Ausgabe Oktober 1969

oder gleiche, in kleineren Abständen stehende Einzellasten (Sparren) aufzunehmen haben und die Stützenabstände l (siehe Bild 6) nicht um mehr als 1/5 voneinander abweichen, darf die größte Feldweite (l_1, l_2 oder l_3) in Rechnung gestellt werden. Für diese Feldweite ist der Bauteil als ein frei drehbar gelagerter Balken auf zwei Stützen zu berechnen. Bei Bauteilen mit feldweise auftretenden Verkehrslasten sowie bei ungleichen Stützenabständen l, die um mehr als 1/5 voneinander abweichen, ist eine genauere Berechnung durchzuführen, die sich auch auf die Stützen erstrecken muß, und die Ausführung entsprechend zu gestalten.

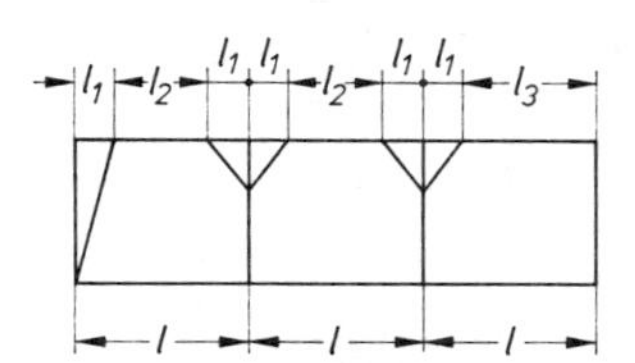

Bild 6. Feldweiten bei Kopfbandbalken

5.7.2. An den Stößen der Balken ist die Aufnahme der waagerechten Kräfte durch bauliche Vorkehrungen zu sichern.

5.7.3. Es muß nachgewiesen werden, daß das Kopfband und seine Anschlüsse für die auf sie entfallende Kraft ausreichen.

5.7.4. Bei Pfetten und Balken mit Sattelhölzern ohne Kopfbänder ist als Stützweite stets der Achsabstand der Unterstützungen in Rechnung zu stellen.

5.4. Verdübelte Balken und genagelte Träger mit durchgehenden Stegen

5.4.1. Die Spannungen verdübelter Balken und genagelter Träger mit durchgehenden Stegen müssen wegen der Nachgiebigkeit der Verbindungsmittel nach den Formeln

$$\sigma_s = \pm \frac{M}{I_w} \cdot \frac{h_s}{2} \cdot \frac{I_s}{I_{sn}} \qquad (2)$$

$$\sigma_1 = \pm \frac{M}{I_w}\left(\gamma \cdot a_1 \cdot \frac{F_1}{F_{1n}} \pm \frac{h_1}{2} \cdot \frac{I_1}{I_{1n}}\right) \qquad (3)$$

$$\sigma_{a_1} = + \frac{M}{I_w} \cdot \gamma \cdot a_1 \cdot \frac{F_1}{F_{1n}} \qquad (4)$$

berechnet werden.

Hierin bedeuten (siehe Bild 3a und b sowie Tabelle 3, Querschnittstyp 1 bis 3):

M Biegemoment in kp/cm

σ_{a_1} Schwerpunktspannungen in kp/cm² in den gezogenen Gurtteilen

σ_s Randspannungen in kp/cm² in den von der maßgebenden Schwerachse geschnittenen Querschnittsteilen (Stege)

σ_1 Randspannungen in kp/cm² in den angeschlossenen Gurtteilen

a_1 Abstand in cm der ungeschwächten Gurtquerschnittsflächen von der maßgebenden Schwerachse

DIN 1052 Teil 1 Ausgabe April 1988

in kleineren Abständen stehende Einzellasten (Sparren) aufzunehmen haben, und benachbarte Stützenabstände l (siehe Bild 14) nicht um mehr als 1/5 voneinander abweichen, darf die größte Feldweite (l_1, l_2, l_3 oder l_4) in Rechnung gestellt werden. Für diese Feldweite ist das Bauteil als ein frei drehbar gelagerter Träger auf zwei Stützen zu berechnen. Bei Bauteilen mit feldweise auftretenden Verkehrslasten sowie bei ungleichen Stützenabständen l, die um mehr als 1/5 vom kleinsten Stützenabstand abweichen, ist eine genauere Berechnung auch der Stützen durchzuführen und die Ausführung entsprechend zu gestalten.

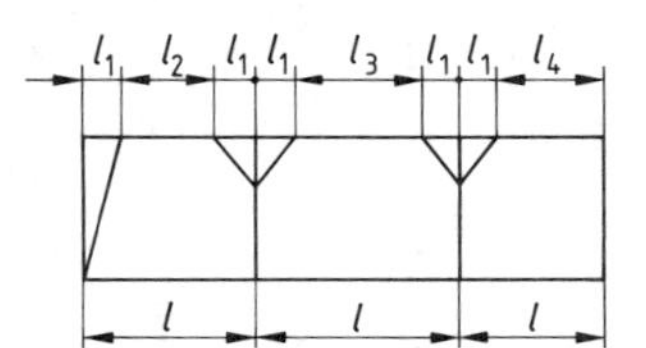

Bild 14. Feldweiten bei Kopfbandbalken

Bei Pfetten und Balken mit Sattelhölzern ohne Kopfbänder ist als Stützweite stets der Achsabstand der Unterstützungen in Rechnung zu stellen.

8.3 Biegeträger aus nachgiebig miteinander verbundenen Querschnittsteilen

8.3.1 Bei der Spannungsberechnung zusammengesetzter Biegeträger muß die Nachgiebigkeit der Verbindungsmittel gegebenenfalls berücksichtigt werden.

Für Träger mit einfach-symmetrischem Querschnitt nach Typ 5 (siehe Tabelle 8 sowie Bild 15d) sind die Spannungen wie folgt zu berechnen:

$$\sigma_{si} = \pm \frac{M}{\mathrm{ef}\, I} \cdot \gamma_i \cdot a_i \cdot \frac{A_i}{A_{in}} \cdot n_i \qquad (33)$$

$$\sigma_{ri} = \pm \frac{M}{\mathrm{ef}\, I} \cdot \left(\gamma_i \cdot a_i \cdot \frac{A_i}{A_{in}} + \frac{h_i}{2} \cdot \frac{I_i}{I_{in}}\right) \cdot n_i \qquad (34)$$

Hierin bedeuten:

M Biegemoment, positiv bei Druckbeanspruchung der oberen und Zugbeanspruchung der unteren Randfaser des Trägers

σ_{si} σ_{ri} Schwerpunktsspannungen bzw. Randspannungen in den einzelnen Querschnittsteilen (Gurte bzw. Steg), die Vorzeichen gehen aus Bild 15d hervor

a_i Abstände der Schwerachsen der ungeschwächten Querschnittsflächen von der maßgebenden Spannungsnullebene y-y, es wird $a_2 \geq 0$ und $\leq h_2/2$ vorausgesetzt

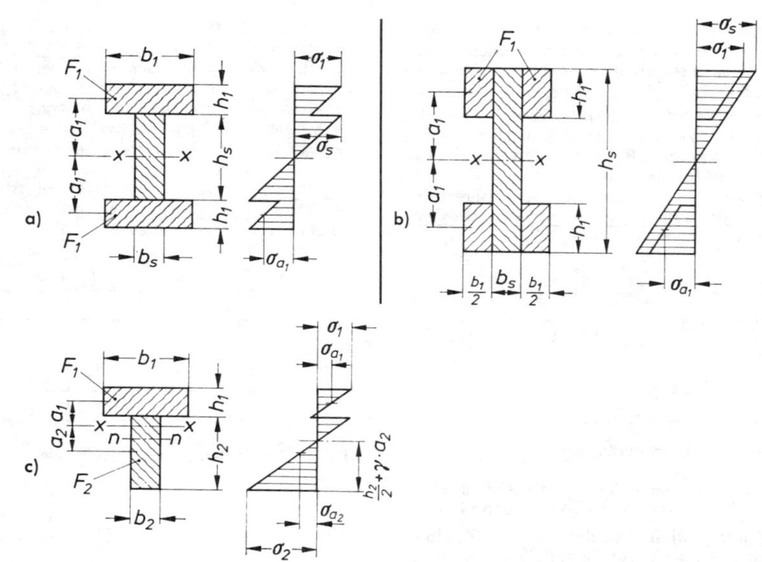

Bild 3. Spannungsverteilung bei verschiedenen Querschnittstypen nachgiebig verbundener Biegeträger

Tabelle 3. **Querschnittstypen und Verschiebungsmoduln C in kp/cm**

Für Biegung bzw. Knickung maßgebende Schwerachse	Verbindungs-mittel	Typ 1	Typ 2	Typ 3	Typ 4
		F_1; x–x; y–y	F_1 (für Achse $x-x$); F_1 (für Achse $y-y$)	F_1 (für Achse $x-x$); F_1 (für Achse $y-y$)	F_1; F_2; x–x; y–y
$x-x$	Nagel, einschnittig	600	600	900	600
	Nagel, zweischnittig	1400	–	1800	–
$y-y$	Nagel, einschnittig	–	900	600	–
	Nagel, zweischnittig	–	1800	1400	–
$x-x$ und $y-y$	Dübel	15 000	für zul. Belastung [1])	bis 1600 kp	
		22 500	für zul. Belastung [1])	über 1600 bis 3000 kp	
		30 000	für zul. Belastung [1])	über 3000 kp	

[1]) als zul. Belastung sind die Werte für den Lastfall H maßgebend

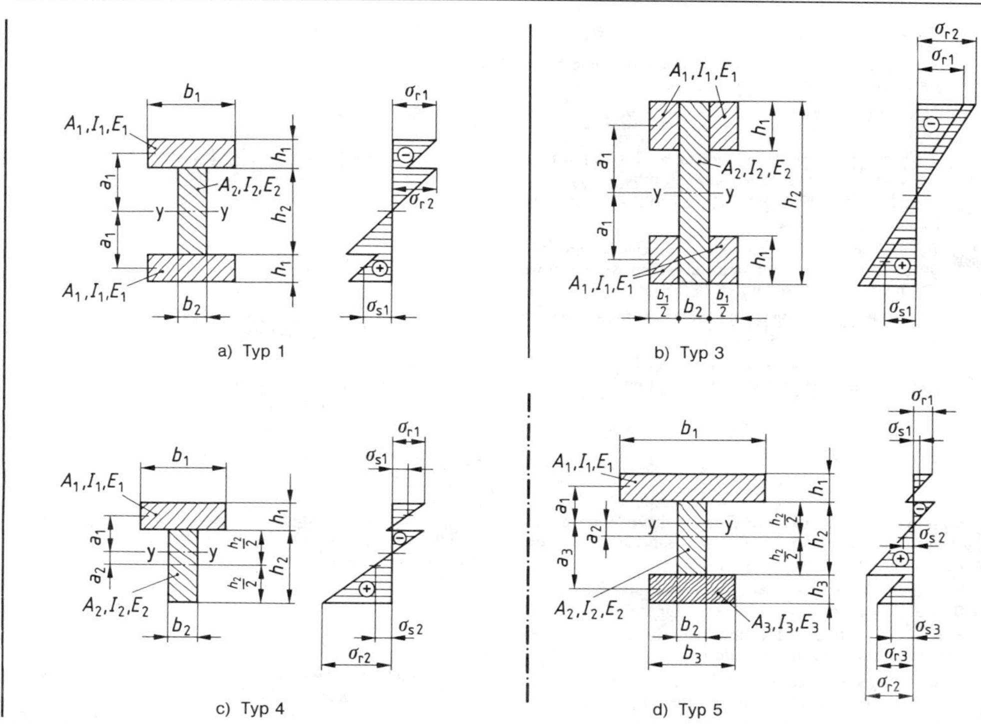

Bild 15. Verschiedene Querschnittstypen zusammengesetzter Biegeträger und Spannungsverteilung (schematisch) bei positivem Biegemoment

Tabelle 8. **Querschnittstypen und Rechenwerte für Verschiebungsmoduln C in N/mm**

Für Biegung bzw. Knickung maßgebende Schwerachse	Verbindungsmittel	Typ 1	Typ 2	Typ 3	Typ 4	Typ 5
		A_1	A_1 (für Achse y-y) A_1 (für Achse z-z)	A_1 (für Achse y-y) A_1 (für Achse z-z)	A_1, A_2	A_1, A_2, A_3
y – y	Nagel (durch eine Fuge)	600	600	900	600	600
	Nagel (durch zwei Fugen)	700	700	900 je Fuge	–	700
z – z	Nagel (durch eine Fuge)	–	900	600	–	–
	Nagel (durch zwei Fugen)	–	900 je Fuge	700	–	–
y – y und z – z	Dübel nach DIN 1052 Teil 2	15 000 für zulässige Belastung [1]) bis 16 kN				
		22 500 für zulässige Belastung [1]) über 16 bis 30 kN				
		30 000 für zulässige Belastung [1]) über 30 kN				
y – y und z – z	Stabdübel, Paßbolzen	0,7 · zul N je Fuge mit zul N = zulässige Belastung in N je Anschlußfuge [2])				

[1]) Als zulässige Belastung sind die Werte je Dübel für den Lastfall H (siehe DIN 1052 Teil 2, Tabellen 4, 6 und 7) maßgebend.
[2]) Für Laubholz, Holzartgruppe C: 1,0 · zul N.

DIN 1052 Teil 1 Ausgabe Oktober 1969

h_1 Gurtdicke bzw. Gurthöhe in cm

h_s Höhe in cm der von der maßgebenden Schwerachse geschnittenen Querschnittsteile (Steghöhe)

γ Abminderungswert zur Berechnung von I_w nach Gl. (6)

I_1 I_{1n} Trägheitsmomente in cm⁴ der ungeschwächten bzw. geschwächten angeschlossenen Gurtteile, bezogen auf die der maßgebenden Schwerachse parallel laufenden Achsen

I_s I_{sn} Trägheitsmomente in cm⁴ der ungeschwächten bzw. geschwächten von der maßgebenden Schwerachse geschnittenen Querschnittsteile (Stege)

I_w wirksames Trägheitsmoment in cm⁴ des ungeschwächten Querschnittes nach Gl. (5)

F_1 F_{1n} Querschnittsflächen in cm² der ungeschwächten bzw. geschwächten angeschlossenen Gurtteile

Trägheitsmomente geschwächter Querschnittsteile dürfen auf die Schwerachsen der ungeschwächten Querschnittsteile bezogen werden.

Für den Querschnittstyp 4 (siehe Tabelle 3 und Bild 3c) ist $h_s = 0$ und $I_s = 0$. In diesem Fall sind für den Spannungsnachweis nur die Gl. (3 und 4) nacheinander für die einzelnen Querschnittsflächen anzuwenden.

Unter Beachtung von Abschnitt 5.3 dürfen die Randspannungen σ_s und σ_1 die zulässigen Werte für Biegung nach Tabelle 6, Zeile 1, und die Schwerpunktspannungen σ_{a_1} die zulässigen Werte für Zug nach Tabelle 6, Zeile 2, nicht überschreiten. Außerdem ist Abschnitt 9.4 zu beachten.

Das wirksame Trägheitsmoment I_w des u n g e s c h w ä c h t e n Querschnittes ist mit

$$I_w = \sum_{i=1}^{n} I_i + \gamma \cdot \sum_{i=1}^{n} \left(F_i \cdot a_i^2\right) \quad (5)$$

mit

$$\gamma = \frac{1}{1+k} \quad (6)$$

der Berechnung zugrunde zu legen.

Bei Querschnitten nach Typ 1 bis 3 (Tabelle 3), die zur maßgebenden Schwerachse symmetrisch sind, ist

$$k = \frac{\pi^2 \cdot E \cdot F_1 \cdot e'}{l^2 \cdot C} \quad (7)$$

und bei Querschnitten nach Typ 4 (Tabelle 3) ist

$$k = \frac{\pi^2 \cdot E \cdot F_1 \cdot F_2 \cdot e'}{l^2 \cdot (F_1 + F_2) \cdot C} \quad (8)$$

DIN 1052 Teil 1 Ausgabe April 1988

h_i Dicken bzw. Höhen der einzelnen Querschnittsteile

γ_i Abminderungswerte zur Berechnung von ef I nach Gleichung (36) bzw. Gleichung (37)

I_i I_{in} Flächenmomente 2. Grades der ungeschwächten bzw. geschwächten Querschnittsteile ($I_i = b_i \cdot h_i^3/12$)

ef I Wirksames Flächenmoment 2. Grades des ungeschwächten Querschnittes nach Gleichung (35)

A_i A_{in} Querschnittsflächen der ungeschwächten bzw. geschwächten Querschnittsteile ($A_i = b_i \cdot h_i$)

b_i Querschnittsbreiten

E_i Elastizitätsmoduln der einzelnen Querschnittsteile

E_v beliebiger Vergleichs-Elastizitätsmodul

n_i $= E_i/E_v$.

Flächenmomente 2. Grades geschwächter Querschnittsteile dürfen auf die Schwerachsen der ungeschwächten Querschnittsteile bezogen werden.

Unter Beachtung von Abschnitt 8.2.1.1 dürfen die Randspannungen σ_{ri} die zulässigen Werte für Biegung nach Tabelle 5, Zeile 1, und die Schwerpunktsspannungen σ_{si} in den gezogenen Querschnittsteilen die zulässigen Werte für Zug nach Tabelle 5, Zeile 2, nicht überschreiten. Außerdem ist Abschnitt 5.1.7 zu beachten.

Das wirksame Flächenmoment 2. Grades ef I des ungeschwächten Querschnittes ist mit

$$\text{ef } I = \sum_{i=1}^{3} (n_i \cdot I_i + \gamma_i \cdot n_i \cdot A_i \cdot a_i^2) \quad (35)$$

mit

$$\gamma_{1,3} = \frac{1}{1 + k_{1,3}} \quad (36)$$

$$\gamma_2 = 1 \quad (37)$$

und

$$k_{1,3} = \frac{\pi^2 \cdot E_{1,3} \cdot A_{1,3} \cdot e'_{1,3}}{l^2 \cdot C_{1,3}} \quad (38)$$

sowie

$$a_2 = \frac{1}{2} \cdot \frac{\gamma_1 \cdot n_1 \cdot A_1 \, (h_1 + h_2) - \gamma_3 \cdot n_3 \cdot A_3 \, (h_2 + h_3)}{\sum_{i=1}^{3} \gamma_i \cdot n_i \cdot A_i} \quad (39)$$

der Berechnung zugrunde zu legen.

Es bedeuten:

$\sum_{i=1}^{n} I_i$	Summe der Trägheitsmomente in cm⁴ sämtlicher Einzelquerschnitte, bezogen auf ihre der maßgebenden Schwerachse parallel laufenden Achsen
F_i	Querschnittsflächen der einzelnen Querschnittsteile in cm²
e'	mittlerer Abstand in cm der in eine Reihe geschobenen Verbindungsmittel (siehe Bild 4)
E	Elastizitätsmodul des Holzes in kp/cm²
C	Verschiebungsmodul des Verbindungsmittels in kp/cm nach Tabelle 3
l	maßgebende Stützweite in cm

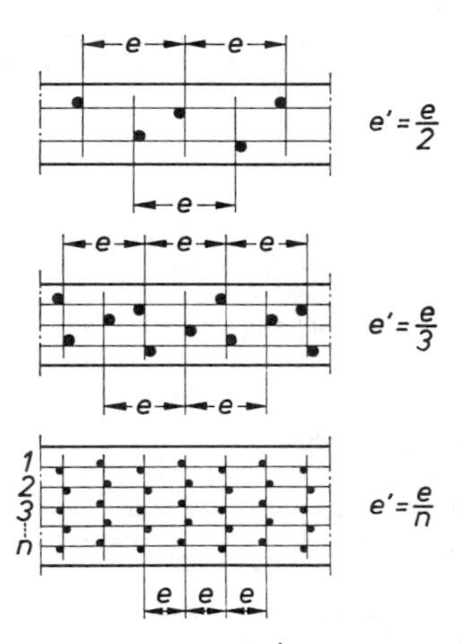

Bild 4. Maßgebender Abstand e' bei mehrreihiger Anordnung der Verbindungsmittel

Bei der Berechnung der k-Werte nach Gl. (7) bzw. (8) sind für den Elastizitätsmodul und den Verschiebungsmodul Ermäßigungen nach Abschnitt 3.1.3 nicht zu berücksichtigen. Für Holzschrauben nach DIN 96, DIN 97 sowie DIN 570 und DIN 571 können als Verschiebungsmoduln die Werte für Nägel nach Tabelle 3 angenommen werden.

5.4.2. **Bei Durchlaufträgern muß bei der Ermittlung von k mit 4/5 der Stützweite l des betreffenden Feldes gerechnet werden, wobei für den Spannungsnachweis über den Zwischenstützen jeweils der kleinere Wert der beiden anschließenden Felder einzuführen ist.**

Bei Kragträgern ist mit $l = 2 \cdot l_K$ zu rechnen; mit l_K als Kraglänge.

Hierin bedeuten insbesondere:

e'_1 e'_3	mittlere Abstände der in eine Reihe geschobenen Verbindungsmittel (siehe Bild 16), mit denen die Gurte an den Steg angeschlossen sind
C_1 C_3	Verschiebungsmoduln der Verbindungsmittel, mit denen die Gurte an den Steg angeschlossen sind, nach Tabelle 8
l	maßgebende Stützweite.

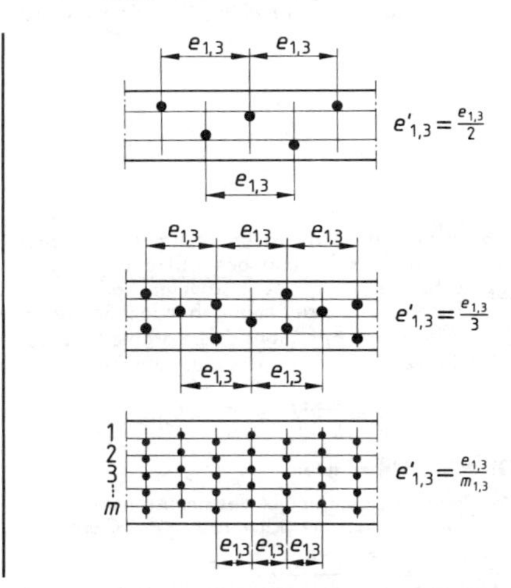

Bild 16. Maßgebender Abstand $e'_{1,3}$ bei mehrreihiger Anordnung der Verbindungsmittel

Bei der Berechnung der k-Werte nach Gleichung (38) sind für den Elastizitätsmodul und den Verschiebungsmodul Abminderungen nach Abschnitt 4.1.2 **nicht** zu berücksichtigen. Für Holzschrauben nach DIN 96, DIN 97 und DIN 571 und für Klammern nach DIN 1052 Teil 2 dürfen als Verschiebungsmoduln die Werte für Nägel nach Tabelle 8 angenommen werden.

Für Träger mit doppelt-symmetrischen Querschnitten nach Typ 1 bis Typ 3 (siehe Tabelle 8 sowie Bild 15a und Bild 15b) ist $A_3 = A_1$, $E_3 = E_1$, $n_3 = n_1$, $e'_1 = e'_3 = e'$ und $C_1 = C_3 = C$. Damit erhält man nach Gleichung (38) bzw. Gleichung (36) $k_1 = k_3 = k$ bzw. $\gamma_1 = \gamma_3 = \gamma$, ferner nach Gleichung (39) $a_2 = 0$. Nunmehr ergeben sich die Spannungen nach Gleichung (33) zu $\sigma_{s1} = \sigma_{s3}$, $\sigma_{s2} = 0$, ferner nach Gleichung (34) $\sigma_{r1} = \sigma_{r3}$.

Für Träger mit einfach-symmetrischem Querschnitt nach Typ 4 (siehe Tabelle 8 und Bild 15c) dürfen die Gleichungen (38) und (39) mit $A_3 = 0$ zugrunde gelegt werden. Die Spannungen ergeben sich sinngemäß aus den Gleichungen (33) und (34).

8.3.2 Bei Durchlaufträgern muß, wenn keine genauere Berechnung durchgeführt wird, bei der Ermittlung von k mit 4/5 der Stützweite l des betreffenden Feldes gerechnet werden, wobei für den Spannungsnachweis über den Zwischenstützen jeweils der kleinere Wert der beiden anschließenden Felder einzuführen ist.

Bei Kragträgern ist mit $l = 2 \cdot l_K$ zu rechnen; mit l_K als Kraglänge.

5.4.3. Die Verbindungsmittel sind unter Berücksichtigung des wirksamen Trägheitsmomentes I_w nach Gl. (5) in der Regel für die größte Querkraft $\max Q$ zu berechnen. Der größte Schubfluß $\max t_w$ in einer Fuge berechnet sich zu

$$\max t_w = \frac{\max Q \cdot \gamma \cdot S_1}{I_w} \quad \text{in kp/cm} \tag{9}$$

und der erforderliche Abstand e der Verbindungsmittel zu

$$\text{erf}\, e = \frac{n \cdot \text{zul}\, N}{\max t_w} \tag{10}$$

Die Verbindungsmittel werden in der Regel unabhängig vom Verlauf der Querkraftlinie gleichmäßig über die Trägerlänge angeordnet.

Die Schubspannungen in neutralen Fasern sind für $\max Q$ ebenfalls unter Berücksichtigung des wirksamen Trägheitsmomentes nachzuweisen. Bei Querschnitten nach Typ 1, 2 und 3 der Tabelle 3 mit der maßgebenden Schwerachse $x - x$ (z. B. Bild 3a und b) ergibt sich die größte Schubspannung in der Schwerachse $x - x$ des Gesamtquerschnittes zu

$$\max \tau = \frac{\max Q}{b_s \cdot I_w} \left(\gamma \cdot S_1 + S_s\right) \tag{11}$$

In den Gl. (9 bis 12) bedeuten:

S_1 statisches Moment in cm³ des anzuschließenden Teiles, bezogen auf die Schwerachse des Gesamtquerschnittes $\left(S_1 = a_1 \cdot F_1\right)$

n Anzahl der Reihen nebeneinander liegender Verbindungsmittel

b_s Stegdicke in cm

S_s statisches Moment in cm³ des halben Stegteiles, bezogen auf die Schwerachse $x - x$ des Gesamtquerschnittes $\left(S_s = b_s \cdot h_s^2/8\right)$

S_2 statisches Moment in cm³ des unterhalb der neutralen Faser $n - n$ liegenden Bereiches des Querschnittsteiles 2 (vgl. Bild 3c), bezogen auf die neutrale Faser $n - n$

$$S_2 = \left(\frac{h_2}{2} + \gamma \cdot a_2\right)^2 \cdot \frac{b_2}{2}$$

zul N zulässige Belastung in kp des verwendeten Verbindungsmittels

b_2 h_2 Dicke bzw. Höhe in cm des Querschnittsteiles 2

a_2 Schwerpunktabstand in cm des Querschnittsteiles 2 von der Schwerachse $x - x$ des Gesamtquerschnittes

Bei zweiteiligen Querschnitten nach Typ 4 der Tabelle 3 mit der maßgebenden Schwerachse $x - x$ (z. B. Bild 3c) ergibt sich die größte Schubspannung in der neutralen Faser $n - n$ des Querschnittsteiles 2 $\left(b_2 \leqq b_1\right)$ zu

$$\max \tau = \frac{\max Q}{b_2 \cdot I_w} \cdot S_2 \tag{12}$$

8.3.3 Die Verbindungsmittel sind unter Berücksichtigung des wirksamen Flächenmomentes 2. Grades ef I nach Gleichung (35) in der Regel für die größte Querkraft max Q zu berechnen. Für Träger mit einfach-symmetrischem Querschnitt nach Typ 5 berechnen sich die größten Schubflüsse ef $t_{1,3}$ in den Anschlußfugen der Gurte zu

$$\text{ef}\, t_{1,3} = \frac{\max Q}{\text{ef}\, I} \cdot \gamma_{1,3} \cdot n_{1,3} \cdot S_{1,3} \tag{40}$$

und die erforderlichen Abstände $e'_{1,3}$ der Verbindungsmittel zu

$$\text{erf}\, e'_{1,3} = \frac{\text{zul}\, N_{1,3}}{\text{ef}\, t_{1,3}} \tag{41}$$

Die Verbindungsmittel sind in der Regel unabhängig vom Verlauf der Querkraftlinie gleichmäßig über die Trägerlänge anzuordnen.

Werden die Verbindungsmittelabstände entsprechend der Querkraftlinie abgestuft und sind die maximalen Abstände max $e'_{1,3}$ höchstens 4 · min $e'_{1,3}$, so darf für $e'_{1,3}$ der jeweilige Verbindungsmittelabstand

$$\bar{e}'_{1,3} = 0{,}75 \cdot \min e'_{1,3} + 0{,}25 \cdot \max e'_{1,3} \tag{42}$$

in Gleichung (38) eingesetzt werden.

Die Schubspannungen in neutralen Fasern sind für max Q ebenfalls unter Berücksichtigung von ef I nachzuweisen. Für Träger nach Typ 5 ergibt sich die größte Schubspannung in der maßgebenden Spannungsnullebene y – y zu

$$\max \tau = \frac{\max Q}{b_2 \cdot \text{ef}\, I} \cdot \sum_{i=1}^{2} \gamma_i \cdot n_i \cdot S_i \tag{43}$$

In den Gleichungen (40) bis (43) bedeuten insbesondere:

S_1 S_3 Flächenmomente 1. Grades der Gurte, bezogen auf die maßgebende Spannungsnullebene y – y ($S_{1,3} = b_{1,3} \cdot h_{1,3} \cdot a_{1,3}$)

S_2 Flächenmoment 1. Grades der oberhalb der maßgebenden Spannungsnullebene y – y liegenden Stegfläche, bezogen auf die Spannungsnullebene y – y ($S_2 = b_2 \cdot (h_2/2 - a_2)^2/2$)

zul N_1 zul N_3 zulässige Belastungen des verwendeten Verbindungsmittels.

Bei Trägern mit doppelt-symmetrischen Querschnitten nach Typ 1 bis Typ 3 (siehe Tabelle 8 sowie Bild 15a und Bild 15b) und ebenso bei Trägern mit einfach-symmetrischem Querschnitt nach Typ 4 (siehe Tabelle 8 und Bild 15c) sind die Gleichungen (40) bis (43) sinngemäß anzuwenden, siehe auch Abschnitt 8.3.1.

Ist bei Querschnitten nach Typ 2 und 3 (Tabelle 3) die Schwerachse $y-y$ maßgebend, so ist sinngemäß zu verfahren.

5.4.4. Für den Durchbiegungsnachweis nach Abschnitt 10 ist das wirksame Trägheitsmoment I_w nach Gl. (5) maßgebend.

5.6. Vollwandträger mit Plattenstegen

Träger, deren Stege aus plattenförmigen Teilen (z. B. aus Furnierplatten oder Blechen) bestehen, müssen unter Berücksichtigung des verschiedenen Elastizitätsmoduls der Steg- und Gurtwerkstoffe berechnet werden. Das Einhalten der zulässigen Spannungen des Stegwerkstoffes ist zu berücksichtigen.

Bei nachgiebigem Anschluß der Gurte an den Steg muß der Träger nach Abschnitt 5.4 berechnet werden.

5.5. Vollwandträger mit Bretterstegen

5.5.1. Bei verbretterten I-Trägern, Hohlträgern oder I-Hohlträgern mit vernagelten, gekreuzten Brettlagen ist der Steg bei der Bestimmung des wirksamen Trägheitsmomentes nicht zu berücksichtigen. Die Stegbretter und deren Anschlüsse an den Gurten müssen für die Aufnahme der Querkräfte be-

Ist bei Trägern nach Typ 2 und Typ 3 (siehe Tabelle 8) die Schwerachse $z-z$ maßgebend, so ist ebenfalls sinngemäß zu verfahren.

8.3.4 Der Durchbiegungsnachweis nach Abschnitt 8.5 ist mit ef I nach Gleichung (35) und E_y zu führen. Dabei darf der jeweils größere Verschiebungsmodul C, der sich aus den 1,25fachen Werten nach Tabelle 8 oder aus den Werten nach DIN 1052 Teil 2, Tabelle 13, ergibt, in Gleichung (38) eingesetzt werden.

8.4 Vollwand- und Fachwerkträger

8.4.1 Vollwandträger mit Plattenstegen

Vollwandträger nach Bild 17, deren Stege aus Bau-Furniersperrholz oder Flachpreßplatten bestehen und ungestoßen oder mit verleimten Stößen hergestellt werden, müssen unter Berücksichtigung der verschiedenen Elastizitätsmoduln der Steg- und Gurtwerkstoffe berechnet werden. Bei genagelten Stößen ist deren Nachgiebigkeit erforderlichenfalls zu berücksichtigen.

Bei nachgiebigem Anschluß der Gurte an den Steg muß der Träger nach Abschnitt 8.3 berechnet werden.

Sofern kein genauerer Beulnachweis geführt wird, ist bei annähernd gleichmäßig belasteten verleimten Vollwandträgern mit Plattenstegen (siehe Bild 17) aus Bau-Furniersperrholz aus mindestens fünf Lagen nach DIN 68 705 Teil 3 oder Teil 5

$$\frac{h_{Sl}}{b_S} \leq 35 \qquad (44)$$

und aus Flachpreßplatten nach DIN 68 763

$$\frac{h_{Sl}}{b_S} \leq 50 \qquad (45)$$

einzuhalten.

Bei genagelten Vollwandträgern mit Plattenstegen ist in den Gleichungen (44) und (45) h_{Sl} durch h_{Sg} zu ersetzen.

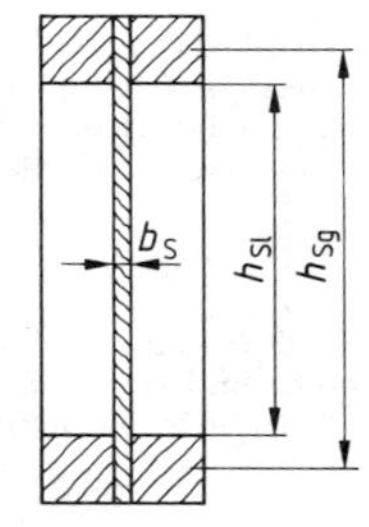

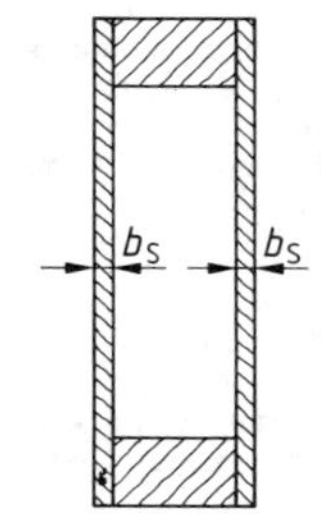

a) I-Querschnitt b) Kasten-Querschnitt

Bild 17. Vollwandträger mit Plattenstegen

Hierin bedeuten:

h_{Sl} lichte Höhe der Plattenstege

h_{Sg} Mittenabstand der Gurtquerschnittsflächen

b_S Dicke der Plattenstege.

Mindestens im Auflager- und im Einleitungsbereich von Einzellasten sind Aussteifungen erforderlich. Bei Trägerhöhen über 500 mm sollte der Steifenabstand die 3fache Trägerhöhe nicht überschreiten.

8.4.2 Vollwandträger mit Bretterstegen

8.4.2.1 Bei verbretterten I-Trägern, Kastenträgern oder I-Kastenträgern mit vernagelten, gekreuzten Brettlagen ist der Steg bei der Bestimmung des wirksamen Flächenmomentes 2. Grades nicht zu berücksichtigen. Die Stegbretter und deren Anschlüsse an den Gurten müssen für die Aufnah-

messen werden. Der Spannungsnachweis in den Gurten ist unter Berücksichtigung der Nachgiebigkeit der Verbindungsmittel zu führen, wobei e' mit dem über die gesamte Trägerlänge gemittelten Abstand der Verbindungsmittel anzunehmen ist.

Die Knicksicherheit der auf Druck beanspruchten Stegbretter muß ebenfalls nachgewiesen werden, soweit diese nicht mit den Zugbrettern ausreichend verbunden sind. Die Aufnahme der beim Hohlquerschnitt mit kreuzweiser Verbretterung aus den Brettkräften entstehenden Drillmomente ist nachzuweisen.

5.5.2. Wird der I-Träger mit kreuzweiser Verbretterung in zwei getrennten Hälften (einschnittig) hergestellt, so muß die Aufnahme der zwischen den beiden Trägerhälften auftretenden Kopplungskräfte nachgewiesen werden.

5.5.3. Für die Aufnahme von zusätzlichen Längskräften (z. B. bei Rahmen) dürfen verbretterte Stege von Vollwandträgern nicht in Rechnung gestellt werden.

5.5.4. Bestehen die Gurtungen aus mehreren Teilen (siehe Bild 5), so sind, falls kein genauerer Nachweis geführt wird, die Querschnitte der Einzelteile mit folgenden Beiwerten ζ in Rechnung zu stellen:

Teil 1: $\zeta = 1{,}0$

Teil 2: $\zeta = 0{,}8$

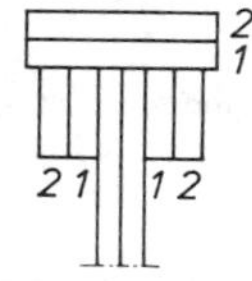

Bild 5. Zusammengesetzter Gurtquerschnitt eines genagelten Vollwandträgers

Mehr als zwei aufeinander liegende Einzelteile sind nicht zu verwenden; bei Gurtungen aus zusammengeleimten Einzelteilen (Brettschichtholz) ist die Anzahl der Einzelteile nicht beschränkt und eine Abminderung innerhalb der Gurtteile nicht vorzunehmen.

5.3.2. Bei parallelgurtigen Fachwerkträgern darf die Gurthöhe bei nachgiebigen Anschlüssen höchstens 1/7 der Trägerhöhe betragen, wenn von einer genaueren Spannungsberechnung abgesehen wird.

10. Zulässige Durchbiegungen

10.3.
Dabei gilt als Nutzlast die Verkehrslast ohne Schwing- und Stoßbeiwerte einschließlich der Wind- und Schneelast.

10.7. Wenn Bauart und Nutzung eines Bauwerkes es erfordern, können auch geringere als in Abschnitt 10.3 bis 10.6 angegebene zulässige Durchbiegungen maßgebend werden.

10.1. Bei der Berechnung der Durchbiegung ist der ungeschwächte Querschnitt einzusetzen. Bei zusammengesetzten Trägern ist das wirksame Trägheitsmoment I_w nach Gl. (5) maßgebend.

me der Querkräfte bemessen werden.Der Spannungsnachweis in den Gurten ist unter Berücksichtigung der Nachgiebigkeit der Verbindungsmittel zu führen. Bei abgestuftem Verbindungsmittelabstand darf Gleichung (41) sinngemäß angewendet werden.

Die Knicksicherheit der auf Druck beanspruchten Stegbretter muß ebenfalls nachgewiesen werden, soweit diese nicht mit den Zugbrettern ausreichend verbunden sind. Die Aufnahme der beim Kastenquerschnitt mit kreuzweiser Verbretterung aus den Brettkräften entstehenden Drillmomente ist nachzuweisen.

8.4.2.2 Wird der I-Träger mit kreuzweiser Verbretterung in zwei getrennten Hälften (einschnittig) hergestellt, so muß die Aufnahme der zwischen den beiden Trägerhälften auftretenden Kopplungskräfte nachgewiesen werden.

8.4.2.3 Für die Aufnahme von zusätzlichen Druck- oder Zugkräften (z. B. bei Rahmen) dürfen verbretterte Stege von Vollwandträgern nicht in Rechnung gestellt werden.

8.4.2.4 Bestehen die Gurte aus mehreren Einzelteilen (siehe Bild 18), so sind, falls kein genauerer Nachweis geführt wird, die Querschnitte der Einzelteile mit folgenden Beiwerten ζ in Rechnung zu stellen:

Teil 1: $\zeta = 1{,}0$

Teil 2: $\zeta = 0{,}8$

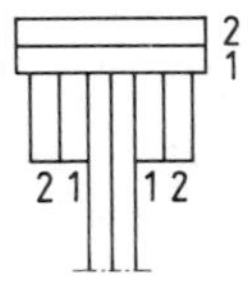

Bild 18. Zusammengesetzter Gurtquerschnitt eines genagelten Vollwandträgers

Mehr als zwei aufeinander liegende Einzelteile sind nicht zu verwenden; bei Gurten aus zusammengeleimten Einzelteilen (Brettschichtholz) ist die Anzahl der Einzelteile nicht beschränkt und eine Abminderung innerhalb der Gurtteile nicht erforderlich.

8.4.3 Fachwerkträger

Bei parallelgurtigen oder trapezförmigen Fachwerkträgern mit nachgiebigen Stabanschlüssen sind die Biegespannungen in den Gurten nachzuweisen, wenn die Gurthöhe mehr als 1/7 der Trägerhöhe beträgt.

8.5 Durchbiegungen und Überhöhungen

8.5.1 Um insbesondere die Gebrauchsfähigkeit der Konstruktion und der Bauteile zu sichern, sind Grenzwerte für die Durchbiegungen aus Verkehrslasten (einschließlich Wind- und Schneelast; ohne Schwing- und Stoßbeiwert) und aus Gesamtlast (ständige Last und Verkehrslasten einschließlich Wind- und Schneelast; ohne Schwing- und Stoßbeiwert) einzuhalten.

Wenn Bauart und Nutzung eines Bauwerkes es erfordern, können auch geringere als in Tabelle 9 oder in Abschnitt 8.5.7 und Abschnitt 8.5.8 angegebene zulässige Durchbiegungen maßgebend werden.

8.5.2 Bei der Berechnung der Durchbiegung darf der ungeschwächte Querschnitt eingesetzt werden. Bei zusammengesetzten Trägern ist der Nachweis nach Abschnitt 8.3.4 zu führen.

DIN 1052 Teil 1 Ausgabe Oktober 1969

10.3. Für die rechnerisch zulässigen Durchbiegungen von Vollwandträgern (genagelt, gedübelt oder geleimt) und von Fachwerkträgern gelten die in Tabelle 9 angegebenen Werte.

Bei der Durchbiegungsermittlung von Fachwerkträgern ist zu unterscheiden zwischen einer Näherungsberechnung, bei der nur die elastische Verformung der Gurtstäbe berücksichtigt wird, und einer genaueren Berechnung, bei der die elastische Verformung sämtlicher Stäbe und die Nachgiebigkeit aller Verbindungen zu berücksichtigen ist. Dies gilt auch für einsinnig verbretterte Vollwandträger.

10.2. Bei Trägern mit Vollholz- oder Plattenstegen ist der Durchsenkungsanteil aus der Schubverformung zu berücksichtigen. Bei Vollwandträgern genügt es dabei im allgemeinen, wenn kein genauerer Nachweis geführt wird, die rechnerische Durchsenkung aus der Schubverformung näherungsweise unter Annahme einer stellvertretenden, gleichmäßig verteilten Last zu ermitteln. Für Vollwandträger auf zwei Stützen mit gleichbleibendem Querschnitt kann diese Durchsenkung in Balkenmitte zu

$$\max f_\tau = \frac{q \cdot l^2}{8 \cdot G \cdot F_{\text{Steg}}} \quad (30)$$

angenommen werden; mit G in kp/cm² als Schubmodul des Stegmaterials.

Bei Durchlaufträgern kann der Anteil $\max f_\tau$ in gleicher Weise berechnet werden, wobei für l die gesamte Feldweite des betrachteten Feldes einzusetzen ist.

10.8. Bei Fachwerkträgern und zusammengesetzten Vollwandträgern ist in der Regel das Gesamtsystem parabelförmig zu überhöhen. Die Überhöhung soll bei geleimten Konstruktionen mindestens der rechnerischen Durchbiegung aus ständiger Last und ruhender Verkehrslast entsprechen, während alle übrigen Konstruktionen in der Regel im Hinblick auf die nachgiebigen Verbindungsmittel mindestens um $l/300$, bei der Verwendung halbtrockenen oder frischen Holzes mit Rücksicht auf das Schwinden mindestens um $l/200$ überhöht werden sollen. Bei Kragträgern und Rahmen ist sinngemäß zu verfahren.

10.4. Bei Kragträgern mit Überhöhung (vgl. Abschnitt 10.8) darf die rechnerische Durchbiegung der Kragenden 1/150 der Kraglänge unter der Nutzlast, ohne Überhöhung unter der Gesamtlast nicht überschreiten.

10.5. Bei Decken unter/über Wohn-, Büro- und Diensträumen sowie unter Fabrik- und Werkstatträumen darf die rechnerische Durchbiegung unter der ständigen Last und der ruhenden Verkehrslast im allgemeinen höchstens $l/300$ betragen.

10.6. Bei Pfetten, Sparren, Balken von Stalldecken, Scheunen und dgl. sowie im landwirtschaftlichen Bauwesen auch bei Vollwand- und Fachwerkträgern ohne Überhöhung darf die rechnerische Durchbiegung 1/200 der Stützweite betragen. Bei der Näherungsberechnung von Fachwerkträgern muß der Wert $l/400$ eingehalten werden.

DIN 1052 Teil 1 Ausgabe April 1988

8.5.3 Für die rechnerisch zulässigen Durchbiegungen von Brettschichtholzträgern, zusammengesetzten Trägern, Vollwandträgern sowie von Fachwerkträgern gelten die in Tabelle 9 angegebenen Werte.

Für Aussteifungskonstruktionen siehe Abschnitt 10.

Bei der Durchbiegungsermittlung von Fachwerkträgern ist zu unterscheiden zwischen einer **Näherungsberechnung**, bei der nur die elastische Verformung der Gurtstäbe berücksichtigt wird, und einer **genaueren Berechnung**, bei der die elastische Verformung sämtlicher Stäbe und die Nachgiebigkeit aller Anschlüsse und Stöße zu berücksichtigen sind. Dies gilt auch für einsinnig verbretterte Vollwandträger. Bei Flachdächern mit Spannweitenverhältnissen $l/h > 10$ ist in der Regel die genauere Berechnung durchzuführen.

8.5.4 Bei Trägern mit Vollholz- oder Plattenstegen ist der Durchsenkungsanteil aus der Schubverformung zu berücksichtigen. Bei Vollwandträgern genügt es dabei im allgemeinen, wenn kein genauerer Nachweis geführt wird, die rechnerische Durchsenkung aus der Schubverformung näherungsweise unter Annahme einer stellvertretenden, gleichmäßig verteilten Last zu ermitteln. Für Vollwandträger auf zwei Stützen mit gleichbleibendem Querschnitt darf diese Durchsenkung in Balkenmitte zu

$$\max f_\tau = \frac{q \cdot l^2}{8\, G \cdot A_{\text{Steg}}} \quad (46)$$

angenommen werden; mit G als Schubmodul des Stegmaterials.

Bei Durchlaufträgern darf der Anteil $\max f_\tau$ in gleicher Weise berechnet werden; wobei für l die gesamte Feldweite des betrachteten Feldes einzusetzen ist.

8.5.5 Bei Brettschichtholzträgern, zusammengesetzten Biegebauteilen und bei Fachwerkträgern ist in der Regel das **Gesamtsystem** parabelförmig zu überhöhen. Die Überhöhung soll mindestens der rechnerischen Durchbiegung aus Gesamtlast unter Berücksichtigung der Kriechverformungen entsprechen. Bei Konstruktionen mit nachgiebigen Verbindungsmitteln soll der Einfluß der Nachgiebigkeit berücksichtigt werden. Ohne Berechnung der Überhöhung muß mindestens um $l/300$, bei Verwendung von halbtrockenem oder frischem Holz mindestens um $l/200$, bei Kragträgern um $l/150$ überhöht werden. Bei Rahmen ist sinngemäß zu verfahren.

8.5.6 Bei auskragenden Bauteilen darf die rechnerische Durchbiegung der Kragenden die Werte in Tabelle 9, bezogen auf die Kraglänge, um 100 % überschreiten.

8.5.7 Bei Decken unter und über Wohn-, Büro- und ähnlichen Räumen sowie unter Fabrik- und Werkstatträumen darf die rechnerische Durchbiegung unter der Gesamtlast im allgemeinen höchstens $l/300$ betragen. Dies gilt in der Regel auch für Pfetten, Sparren und Balken im Bereich des oberen Raumabschlusses von Wohn-, Büro- und ähnlichen Räumen.

8.5.8 Bei Pfetten und Sparren, ferner bei Balken von Stalldecken, Scheunen und dergleichen sowie im landwirtschaftlichen Bauwesen auch bei Vollwand- und Fachwerkträgern ohne Überhöhung darf die rechnerische Durchbiegung unter der Gesamtlast $l/200$ betragen. Bei der Näherungsberechnung von Fachwerkträgern muß der Wert $l/400$ eingehalten werden.

8.5.9 Bei Stützen und Riegeln in den Außenwänden geschlossener Gebäude darf die rechnerische Durchbiegung unter horizontaler Last, z. B. unter Windlast nach DIN 1055 Teil 4, in der Regel nicht mehr als 1/200 der Stützweite betragen.

Tabelle 9. **Zulässige Durchbiegungen**

Belastung	Ausführung mit Überhöhung nach Abschnitt 10.8			Ausführung ohne Überhöhung		
	Vollwandträger	Fachwerkträger [1])		Vollwandträger	Fachwerkträger [1])	
		Näherungsberechnung	genauere Berechnung		Näherungsberechnung	genauere Berechnung
Nutzlast	$l/300$	$l/600$	$l/300$	—	—	—
Gesamtlast	$l/200$	$l/400$	$l/200$	$l/300$	$l/600$	$l/300$

[1]) einschließlich einsinnig verbretterter Vollwandträger.

8.2.

Ist der Druckgurt eines Vollwandträgers mit I- oder Kasten-Querschnitt in einzelnen Punkten, deren Abstand a beträgt, seitlich unverschieblich festgehalten und der auf die maßgebende Schwerachse des Trägers bezogene Trägheitshalbmesser i des Gurtquerschnittes gleich oder größer als $a/40$, so kann ein weiterer Nachweis entfallen.

Ist $i < a/40$, so darf die Schwerpunktspannung des betrachteten Querschnittsteiles den Wert $1{,}26 \cdot \mathrm{zul}\,\sigma_{D}\|/\omega$ nicht überschreiten. Dabei ist ω die dem Schlankheitsgrad $\lambda = a/i$ zugehörige Knickzahl nach Tabelle 4 und $\mathrm{zul}\,\sigma_{D}\|$ die zulässige Druckspannung nach Tabelle 6. Das wirksame Trägheitsmoment des gedrückten Querschnittsteiles ist wie bei kontinuierlich verbundenen Druckstäben nach Abschnitt 7.3.3.1 zu ermitteln.

Bei Rechteckquerschnitten mit einem Seitenverhältnis Höhe zu Breite größer als 4 aber $\leqq 10$ ist in gleicher Weise zu verfahren, wenn ein genauerer Kippnachweis nicht geführt wird. Dieser ist bei einem Seitenverhältnis > 10 stets zu führen.

Tabelle 9. **Zulässige Durchbiegungen von biegebeanspruchten Trägern**

Last	Ausführung mit Überhöhung nach Abschnitt 8.5.5			Ausführung ohne Überhöhung		
	BSH-Träger, zusammengesetzte Träger, Vollwandträger	Fachwerkträger [1])		BSH-Träger, zusammengesetzte Träger, Vollwandträger	Fachwerkträger [1])	
		Näherungsberechnung	genauere Berechnung		Näherungsberechnung	genauere Berechnung
Verkehrslast	$l/300$	$l/600$	$l/300$	–	–	–
Gesamtlast	$l/200$	$l/400$	$l/200$	$l/300$	$l/600$	$l/300$

[1]) Einschließlich einsinnig verbretterter Vollwandträger.

8.5.10 Die rechnerische Durchbiegung von Dach- und unmittelbar belasteten Deckenschalungen sowie von oberen Dach- und Deckenbeplankungen unter Gesamtlast darf höchstens $l/200$, jedoch nicht mehr als 10 mm, unter Eigenlast und Einzellast von 1 kN (Mannlast) höchstens $l/100$, jedoch nicht mehr als 20 mm betragen. Dabei darf der Durchbiegungsanteil aus der Schubverformung vernachlässigt werden. Bei Aussteifungsscheiben aus Holzwerkstoffen ist Abschnitt 10.3.1 zu beachten.

8.6 Stabilisierung biegebeanspruchter Bauteile

8.6.1 Biegebeanspruchte Bauteile müssen gegen seitliches Ausweichen gesichert sein.

Sind Träger mit Rechteckquerschnitt der Höhe h und der Breite b im Abstand s seitlich praktisch unverschieblich festgehalten, so darf für die Biegespannung aus einem in diesem Bereich konstant angenommenen Biegemoment M der Nachweis

$$\frac{\frac{M}{W}}{k_B \cdot 1{,}1 \cdot \text{zul}\,\sigma_B} \leq 1 \qquad (47)$$

geführt werden, wobei für k_B einzusetzen ist:

$$k_B = \begin{cases} 1 & \text{für} \quad \lambda_B \leq 0{,}75 & (48) \\ 1{,}56 - 0{,}75 \cdot \lambda_B & \text{für } 0{,}75 \leq \lambda_B \leq 1{,}4 & (49) \\ 1/\lambda^2_B & \text{für} \quad \lambda_B > 1{,}4 & (50) \end{cases}$$

Dabei ist λ_B der Kippschlankheitsgrad.

$$\lambda_B = \sqrt{\frac{s \cdot h \cdot \gamma_1 \cdot \text{zul}\,\sigma_B}{\pi \cdot b^2 \cdot \sqrt{E_\parallel \cdot G_T}}} \qquad (51)$$

Als Lasterhöhungsbeiwert ist für beide Lastfälle H und HZ $\gamma_1 = 2{,}0$ einzusetzen.

Ist bei Vollwandträgern mit I- oder Kastenquerschnitt der Druckgurt in einzelnen Punkten, deren Abstand s beträgt, seitlich praktisch unverschieblich festgehalten und der auf die maßgebende Schwerachse des Trägers bezogene Trägheitsradius i des Gurtquerschnittes größer als $s/40$, so darf ein weiterer Nachweis entfallen.

Ist $i < s/40$, so darf, sofern kein genauerer Nachweis geführt wird, die Schwerpunktsspannung des gedrückten Querschnittsteiles den Wert $k_S \cdot \text{zul}\,\sigma_k$ nicht überschreiten. Dabei ist zul σ_k nach Gleichung (59) zu ermitteln, wobei ω die dem Schlankheitsgrad $\lambda = s/i$ zugeordnete Knickzahl nach Tabelle 10 ist. Für k_S ist die zum Schlankheitsgrad $\lambda = 40$ zugehörige Knickzahl ω nach Tabelle 10 einzusetzen. Gegebenenfalls ist ef I nach den Gleichungen (35) bis (39) zu bestimmen (siehe auch Abschnitt 9.3.3.2).

8.6.2 Anstelle des Nachweises nach Abschnitt 8.6.1 darf auch der Tragsicherheitsnachweis nach der Spannungstheorie II. Ordnung geführt werden. Die Nachgiebigkeit der Verbindungsmittel sowie die Kriechverformungen sind gegebenenfalls zu berücksichtigen.

Die Schnittgrößen sind für die γ_1-fachen Lasten zu ermitteln. Der Nachweis ausreichender Tragsicherheit ist erbracht, wenn an keiner Stelle des Biegeträgers die γ_1-fachen zulässigen Spannungen und die γ_1-fachen zulässigen Belastungen der Verbindungsmittel überschritten werden.

Bei im Grundriß planmäßig geraden Biegeträgern ist rechnerisch eine seitliche wahlweise sinus- oder parabelförmige Vorkrümmung der Stabachse zu berücksichtigen. Hierbei ist in Stabmitte eine rechnerische seitliche Ausmitte nach Gleichung (73) anzunehmen, wobei für s der Abstand der Kippaussteifungen einzusetzen ist. Zu den übrigen Bezeichnungen siehe Abschnitt 9.6.3.

In diesem Falle darf die Querschnittseckspannung aus nicht planmäßiger Doppelbiegung die zulässige Biegespannung nach Tabelle 5, Zeile 1, um 10 % überschreiten. Der Nachweis für die einfache Biegung ist zusätzlich zu führen.

7. Bemessungsregeln für Druckstäbe

7.1. Knicklängen

7.1.1. Ist der Druckstab an den Enden durch abstützende Bauteile (wie Verbände, Scheiben oder dgl.) gegen seitliches Ausweichen gesichert, so ist gelenkige Führung beider Stabenden anzunehmen (zweiter Euler-Fall). Bei Abstützung von Zwischenpunkten gedrückter Bauglieder gegen festliegende andere Punkte darf als Knicklänge für das Ausknicken in der Richtung, in der die Abstützung wirksam ist, der Abstand der Abstützung in Rechnung gestellt werden. Sind diese Voraussetzungen nicht erfüllt, so sind entsprechend größere Knicklängen in Rechnung zu stellen. Für Vollwandkonstruktionen siehe auch Abschnitt 8.2.

7.1.2. Für das Knicken in der Binderebene darf bei Füllstäben von Fachwerken mit $s_k = 0{,}8 \cdot s$ gerechnet werden; mit s als Länge der Netzlinie. Ist ein Füllstab jedoch nur mittels Versatz oder durch Dübel mit einem Bolzen oder nur durch Bolzen angeschlossen, so gilt für ihn $s_k = s$.

Für das Knicken aus der Binderebene ist als Knicklänge bei Gurtstäben der Abstand der Queraussteifungen und bei Füllstäben stets die Länge der Netzlinie einzusetzen.
Hierzu siehe auch Abschnitt 8.5.

7.1.3. Die Knicklänge der Sparren von Kehlbalkenbindern darf für das Knicken in der Systemebene näherungsweise, wenn kein genauerer Nachweis geführt wird, bei verschieblichem Kehlbalken zu $s_k = 0{,}8 \cdot s$ angenommen werden, wenn die Länge s_u des unteren Sparrenabschnittes kleiner als $0{,}7 \cdot s$ ist; mit s als gesamte Sparrenlänge. Anderenfalls ist mit $s_k = s$ zu rechnen. Bei unverschieblichem Kehlbalken darf die Knicklänge mit $s_k = s_u$ bzw. s_o angenommen werden. Dabei ist der Nachweis mit der jeweils größten Längskraft im unteren bzw. oberen Sparrenabschnitt zu führen.

Für das Knicken aus der Systemebene ist der Abstand der Queraussteifungen maßgebend.
Hierzu siehe auch Abschnitt 8.5.

7.1.4. Bei Stützen von Rahmen mit Fachwerkriegeln nach Bild 7 ist näherungsweise, wenn kein genauerer Nachweis geführt wird, für Knicken in der Rahmenebene die Knick-

9 Bemessungsregeln für Druckstäbe

9.1 Knicklängen

9.1.1 Ist der Druckstab an den Enden durch abstützende Bauteile (wie Verbände, Scheiben oder dergleichen) gegen seitliches Ausweichen gesichert, so ist eine gelenkige Lagerung beider Stabenden anzunehmen. Ist der Druckstab in Zwischenpunkten gegen festliegende andere Punkte abgestützt, darf als Knicklänge für das Ausknicken in der Richtung, in der die Abstützung wirksam ist, der Abstand der Abstützung in Rechnung gestellt werden. Sind diese Voraussetzungen nicht erfüllt, so sind entsprechend größere Knicklängen in Rechnung zu stellen. Für Druckgurte von Vollwandträgern siehe auch Abschnitt 8.6.

9.1.2 Als Knicklänge der Gurtstäbe von Fachwerken ist für das Knicken **in** der Fachwerkebene in der Regel die Länge der Netzlinie einzusetzen. Bei Füllstäben darf mit $s_k = 0{,}8 \cdot s$ gerechnet werden; mit s als Länge ihrer Netzlinie. Ist ein Füllstab jedoch nur mittels Versatz oder durch Dübel mit einem Bolzen oder nur durch Bolzen angeschlossen, so gilt $s_k = s$.

Für das Knicken **aus** der Fachwerkebene ist als Knicklänge bei Gurtstäben der Abstand der Queraussteifungen und bei Füllstäben stets die Länge der Netzlinie einzusetzen.

Hierzu siehe auch Abschnitt 10.5.

9.1.3 Die Knicklänge der Sparren von Kehlbalkenbindern darf für das Knicken **in** der Systemebene näherungsweise, wenn kein genauerer Nachweis geführt wird, bei verschieblichem Kehlbalken zu $s_k = 0{,}8 \cdot s$ angenommen werden, wenn die Länge s_u des unteren Sparrenabschnittes kleiner als $0{,}7 \cdot s$, aber größer als $0{,}3 \cdot s$ ist; hierin ist s die gesamte Sparrenlänge. Andernfalls ist mit $s_k = s$ zu rechnen. Bei unverschieblichem Kehlbalken darf die Knicklänge mit $s_k = s_u$ bzw. s_o angenommen werden. Dabei ist der Nachweis mit der jeweils größten Druckkraft im unteren bzw. oberen Sparrenabschnitt zu führen.

Für das Knicken **aus** der Systemebene ist der Abstand der Queraussteifungen maßgebend.

Hierzu siehe Abschnitt 10.5.

9.1.4 Bei Stützen von Rahmen mit Fachwerkriegeln nach Bild 19 ist näherungsweise, wenn kein genauerer Nachweis geführt wird, für Knicken **in** der Rahmenebene die Knicklänge

länge mit

$$s_k = 2 \cdot h_u + 0{,}7 \cdot h_o \quad (13)$$

einzusetzen. Dabei ist der Nachweis so zu führen, als ob die größere der beiden Stabkräfte N_o und N_u über die gesamte Länge $h = h_o + h_u$ auftreten würde.

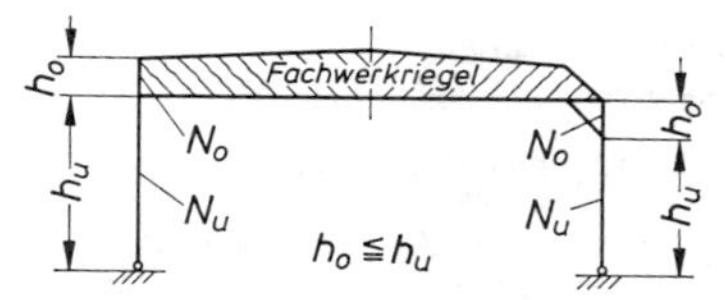

Bild 7. Zweigelenkrahmen mit Fachwerkriegel

7.1.5. Für Drei- und Zweigelenkbogen nach Bild 8 mit einem Pfeilverhältnis f/l zwischen 0,15 und 0,5 und wenig veränderlichem Querschnitt kann, wenn kein genauerer Nachweis geführt wird, für das Ausknicken in der Bogenebene die Knicklänge mit

$$s_k = 1{,}25 \cdot s \quad (14)$$

eingesetzt werden; mit s als halbe Bogenlänge. Hierbei ist für den Knicknachweis die Längskraft im Viertelspunkt anzunehmen. Der Berechnung der Biegespannung ist der an der Stelle des Maximalmomentes vorhandene Querschnitt zugrunde zu legen.

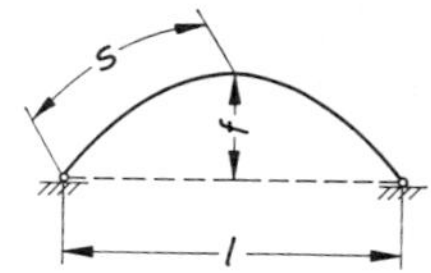

Bild 8. Bogensystem

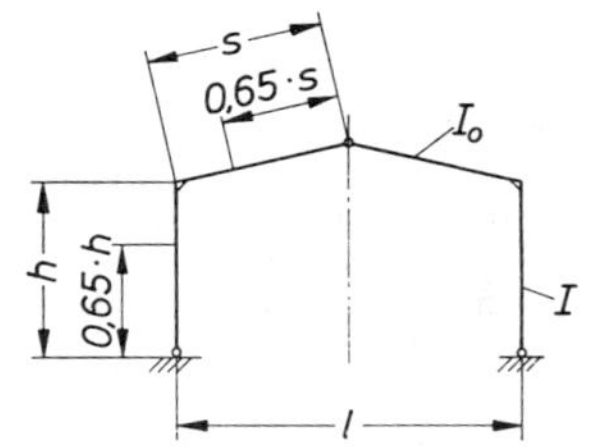

Bild 9. Rahmensystem

7.1.6. Bei symmetrischen Zwei- und Dreigelenkrahmen nach Bild 9 kann für das Knicken in der Binderebene, wenn kein genauerer Nachweis geführt wird, die Knicklänge mit

$$s_k = h \cdot \sqrt{4 + 1{,}6\,c} \quad (15)$$

angenommen werden. Dabei ist

$$c = \frac{I \cdot 2\,s}{I_o \cdot h} \quad (16)$$

Hierin bedeuten:

I Trägheitsmoment des Stieles in cm⁴

I_o Trägheitsmoment des Riegels in cm⁴

h Stielhöhe in cm

s Riegellänge in cm

mit

$$s_k = 2\,h_u \cdot \left(1 + 0{,}35\,\frac{h_o}{h_u}\right) \quad (52)$$

einzusetzen. Dabei ist der Nachweis so zu führen, als ob die größere der beiden Stabkräfte N_o und N_u über die gesamte Länge $h = h_o + h_u$ auftreten würde.

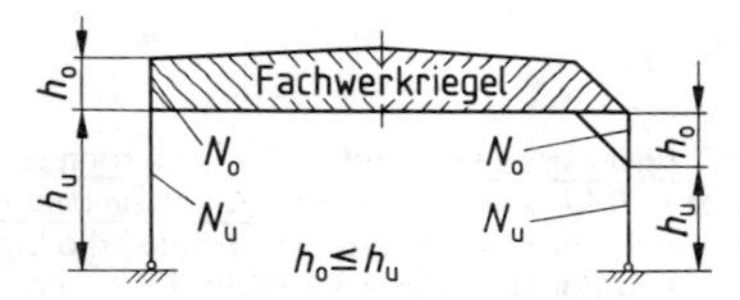

Bild 19. Zweigelenkrahmen mit Fachwerkriegel

9.1.5 Für Drei- und Zweigelenkbogen nach Bild 20 mit einem Pfeilverhältnis f/l zwischen 0,15 und 0,5 und wenig veränderlichem Querschnitt darf, wenn kein genauerer Nachweis geführt wird, für das Ausknicken **in** der Bogenebene die Knicklänge mit

$$s_k = 1{,}25 \cdot s \quad (53)$$

eingesetzt werden; mit s als halbe Bogenlänge.

Hierbei ist für den Knicknachweis die Druckkraft im Viertelspunkt anzunehmen.

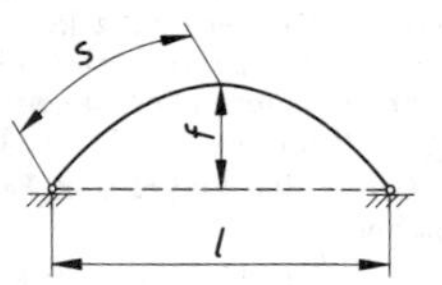

Bild 20. Bogensystem

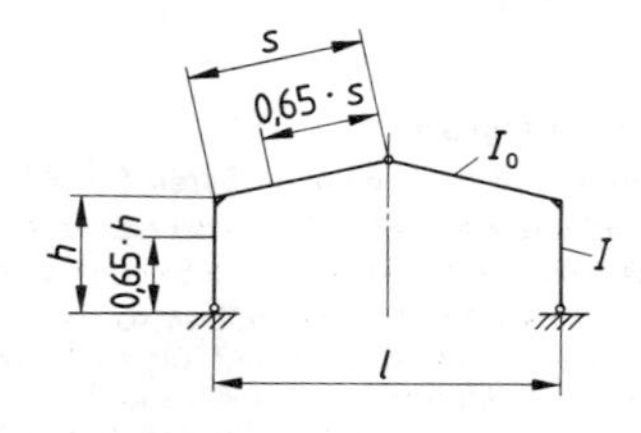

Bild 21. Rahmensystem

9.1.6 Bei symmetrischen Zwei- und Dreigelenkrahmen nach Bild 21 darf für das Knicken **in** der Binderebene, wenn kein genauerer Nachweis geführt wird, die Knicklänge des Stieles mit

$$s_k = 2\,h \cdot \sqrt{1 + 0{,}4\,c} \quad (54)$$

angenommen werden. Dabei ist

$$c = \frac{I \cdot 2\,s}{I_o \cdot h} \quad (55)$$

Hierin bedeuten:

I Flächenmoment 2. Grades des Stieles

I_o Flächenmoment 2. Grades des Riegels

h Stielhöhe

s Riegellänge.

Die Knicklänge des Riegels darf, sofern kein genauerer Nachweis geführt wird, mit

$$s_k = 2\,h \cdot \sqrt{1 + 0{,}4\,c} \cdot \sqrt{k_R} \quad (56)$$

angenommen werden. Dabei ist

$$k_R = \frac{I_o \cdot N}{I \cdot N_o} \quad (57)$$

Hierin bedeuten:

N mittlere Stabkraft des Stieles

N_o mittlere Stabkraft des Riegels.

Sind die Trägheitsmomente veränderlich, so kann mit den in $0{,}65 \cdot h$ bzw. $0{,}65 \cdot s$ vorhandenen Trägheitsmomenten gerechnet werden, aus denen auch der Trägheitshalbmesser i mit der dort vorhandenen Querschnittsfläche zu ermitteln ist.

Sind die Flächenmomente 2. Grades veränderlich, so darf mit den in $0{,}65 \cdot h$ bzw. $0{,}65 \cdot s$ vorhandenen Flächenmomenten 2. Grades gerechnet werden, aus denen auch die Trägheitsradien i mit den dort vorhandenen Querschnittsflächen zu ermitteln sind.

Beim Knicknachweis nach Gl. (26) sind jeweils die im betrachteten Rahmenteil auftretenden Werte max N und max M einzusetzen. Die Knickzahl ω ist der Tabelle 4 für $\lambda = s_k/i$ zu entnehmen, wobei für s_k und i die nach dem Vorstehenden zu ermittelnden Werte einzusetzen sind.

Beim Stabilitätsnachweis nach Gleichung (72) sind jeweils die im betrachteten Rahmenteil auftretenden Werte max N und max M einzusetzen.

9.1.7 Der Einfluß der Nachgiebigkeit der Verbindungen auf die Knicklänge ist erforderlichenfalls zu berücksichtigen.

7.1.7. Für das Knicken von Fachwerkrahmen und Vollwandkonstruktionen mit I-Querschnitt aus der Rahmenebene ist für die gedrückten Gurte der Stiele als Knicklänge der Abstand zwischen dem Fußpunkt und der Unterkante der Dachhaut anzunehmen, wenn der innere Rahmeneckpunkt seitlich nicht gehalten ist. Dabei ist zusätzlich eine Seitenkraft von 1/100 der größten, im inneren Rahmeneckpunkt einlaufenden Stab- bzw. Gurtkraft an dieser Stelle zu berücksichtigen.

Für gedrückte Gurte der Riegel von Fachwerkrahmen gilt sinngemäß Abschnitt 7.1.2.

Bei Riegeln von Vollwandkonstruktionen mit I-Querschnitt oder hohem Rechteckquerschnitt muß eine ausreichende Knicksicherheit der gedrückten Gurtteile nach Abschnitt 8.2 nachgewiesen werden.

9.1.8 Bei Fachwerkrahmen ist für das Knicken **aus** der Rahmenebene für die inneren gedrückten Stäbe der Rahmenstiele als Knicklänge der Abstand zwischen dem Fußpunkt und der Unterkante der Dachhaut anzunehmen, wenn der innere Rahmeneckpunkt seitlich nicht gehalten ist. Dabei ist zusätzlich eine Seitenkraft von 1/100 der größten, im inneren Rahmeneckpunkt einlaufenden Stabkraft an dieser Stelle zu berücksichtigen.

7.2. Schlankheitsgrad

Einteilige Druckstäbe mit einem größeren Schlankheitsgrad als $\lambda = 150$ sind unzulässig. Bei zusammengesetzten nicht geleimten Druckstäben darf der wirksame Schlankheitsgrad λ_w bis zu 175 ansteigen. Bei Verbandstäben sowie bei Zugstäben, die nur aus Zusatzlasten geringfügige Druckkräfte erhalten, dürfen Schlankheitsgrade bis 200 zugelassen werden. Bei fliegenden Bauten (siehe DIN 4112) sind zum Teil größere Schlankheitsgrade zulässig.

9.2 Schlankheitsgrad

Bei einteiligen Druckstäben sind Schlankheitsgrade bis $\lambda = 150$ zulässig, bei zusammengesetzten nicht verleimten Druckstäben bis ef $\lambda = 175$, bei Verbandsstäben sowie bei Zugstäben, die nur aus Zusatzlasten geringfügige Druckkräfte erhalten, bis $\lambda = 200$.

Bei Fliegenden Bauten (siehe DIN 4112) sind für Druckstäbe unter vorwiegend ruhender Beanspruchung Schlankheitsgrade bis $\lambda = 200$ zulässig. Zeltstangen zur Minderung des freien Durchhanges der Zeltplane dürfen Schlankheitsgrade bis $\lambda = 250$ haben.

7.3. Mittiger Druck

7.3.1. Als gerade, mittig gedrückte Stäbe gelten nur die, die nach dem Bauentwurf planmäßig als solche angegeben sind. Für derartige Stäbe ist der Knicknachweis nach den folgenden Abschnitten und, soweit Querschnittsschwächungen nach Abschnitt 4.3.4 vorhanden sind, der gewöhnliche Spannungsnachweis zu führen.

7.3.2. Knicknachweis für einteilige Stäbe

Bei einteiligen Stäben muß

$$\sigma_\omega = \frac{\omega \cdot N}{F} \leqq \text{zul}\,\sigma_{D\|} \quad (17)$$

9.3 Mittiger Druck

9.3.1 Allgemeines

Für planmäßig gerade, mittig gedrückte Stäbe ist der Knicknachweis nach den Abschnitten 9.3.2 bis 9.3.3.4 und, soweit Querschnittsschwächungen nach Abschnitt 6.4 nur im Bereich der Krafteinleitung vorhanden sind, der gewöhnliche Spannungsnachweis zu führen.

9.3.2 Knicknachweis für einteilige Stäbe

Bei einteiligen Stäben muß

$$\frac{\frac{N}{A}}{\text{zul}\,\sigma_k} \leq 1 \quad (58)$$

sein.

Hierin bedeuten:

N die größte im Stab auftretende Druckkraft in kp

F der ungeschwächte Stabquerschnitt in cm²

Hierbei sind für zul σ_{D}ll die Werte der Tabelle 6, Zeile 3, bzw. Tabelle 8, Zeile 4, unter Berücksichtigung der Abschnitte 9.1.6, 9.1.12 und 9.4 einzusetzen.

ω die vom Schlankheitsgrad λ abhängige Knickzahl nach Tabelle 4

λ der maßgebende Schlankheitsgrad des Stabes, d. h. der größere der beiden Verhältniswerte $\lambda_x = s_{kx} / i_x$ und $\lambda_y = s_{ky} / i_y$, wobei s_{kx} und s_{ky} die Knicklängen (siehe Abschnitt 7.1) des Stabes für das Ausknicken rechtwinklig zu den Schwerachsen sowie i_x und i_y die zugeordneten Trägheitshalbmesser sind.

7.3.3. Knicknachweis für mehrteilige Stäbe

Bei mehrteiligen Stäben muß zwischen nicht gespreizten (Querschnittstypen nach Tabelle 3) und gespreizten (Querschnitte nach Bild 10) zusammengesetzten Stäben unterschieden werden (Spreizung = lichter Abstand a/ Einzelstabdicke h_1).

Bei Querschnitten nach Typ 1 und 4 (Tabelle 3) und bei gespreizten Stäben ist für das Ausknicken rechtwinklig zur Schwerachse $y - y$ der mehrteilige Stab wie ein einteiliger zu berechnen, dessen Trägheitsmoment I_y gleich der Summe der Trägheitsmomente der Einzelstäbe ist:

$$I_y = \sum_{i=1}^{n} I_{iy} \qquad (18)$$

Hierin ist I_{iy} das Trägheitsmoment des Einzelstabes, bezogen auf die Schwerachse $y - y$ der Querschnittsfläche.

Für das Ausknicken rechtwinklig zur Schwerachse $x - x$ und bei den Querschnittstypen 2 und 3 (Tabelle 3) auch rechtwinklig zur Schwerachse $y - y$ kann nicht in jedem Fall mit einem vollkommenen Zusammenwirken der Einzelquerschnitte (starre Verbindung), sondern muß mit einem wirksamen Trägheitsmoment $I_w < I_{starr}$ gerechnet werden.

7.3.3.1. Zusammengesetzte, nicht gespreizte Stäbe mit kontinuierlicher Verbindung (Querschnittsformen nach Tabelle 3)

Als Verbindungsmittel kommen Leim, Nägel oder Dübel in Frage. Bei geleimten Stäben kann

$$I_w = I_{starr} \qquad (19)$$

gesetzt werden. Bei nachgiebigen Verbindungsmitteln ist I_w entsprechend wie bei zusammengesetzten Biegeträgern nach den Gl. (5 bis 8), Abschnitt 5.4.1, zu bestimmen, wobei anstelle der Stützweite l die maßgebende Knicklänge s_k (siehe Abschnitt 7.1) einzuführen ist (C-Werte nach Tabelle 3). Mit Hilfe von I_w wird der wirksame Schlankheitsgrad λ_w berechnet.

sein. Hierbei ist

$$\text{zul } \sigma_k = \frac{\text{zul } \sigma_{D\parallel}}{\omega} \qquad (59)$$

Hierin bedeuten:

N größte im Stab auftretende Druckkraft

A ungeschwächter Stabquerschnitt

zul $\sigma_{D\parallel}$ zulässige Druckspannung nach Tabelle 5, Zeile 4, bzw. Tabelle 6, Zeile 4, unter Berücksichtigung der Abschnitte 5.1.6, 5.1.7 und 5.1.9 bzw. 5.2.3

ω vom Schlankheitsgrad λ abhängige Knickzahl nach Tabelle 10; Zwischenwerte dürfen geradlinig interpoliert werden

λ maßgebender Schlankheitsgrad des Stabes, d. h. der größere der beiden Verhältniswerte $\lambda_y = s_{ky}/i_y$ und $\lambda_z = s_{kz}/i_z$, dabei sind s_{ky} und s_{kz} die Knicklängen des Stabes für das Ausknicken rechtwinklig zu den jeweiligen Schwerachsen (siehe Abschnitt 9.1) und i_y bzw. i_z die zugehörigen Trägheitsradien.

9.3.3 Knicknachweis für mehrteilige Stäbe

9.3.3.1 Allgemeines

Bei mehrteiligen Stäben muß zwischen nicht gespreizten (Querschnittstypen nach Tabelle 8) und gespreizten (Bauarten nach Bild 22) zusammengesetzten Stäben unterschieden werden (Spreizung = lichter Abstand a/Einzelstabdicke h_1), ferner auch zwischen den Richtungen des Ausknickens (rechtwinklig zur y- bzw. z-Achse).

Bei nicht gespreizten Stäben mit Querschnitten nach Typ 1, Typ 4 und Typ 5 (siehe Tabelle 8) und bei gespreizten Stäben ist der mehrteilige Stab für das Ausknicken rechtwinklig zur Schwerachse $z - z$ wie ein einteiliger Stab zu berechnen, dessen Flächenmoment 2. Grades I_z gleich der Summe der Flächenmomente 2. Grades der Einzelstäbe ist:

$$I_z = \sum_{i=1}^{n} I_{zi} \qquad (60)$$

Hierin ist I_{zi} das Flächenmoment 2. Grades des Einzelstabes, bezogen auf die Schwerachse $z - z$ der Querschnittsfläche. Bestehen die Einzelstäbe aus unterschiedlichen Werkstoffen, gilt Abschnitt 9.3.3.2 sinngemäß.

Bei nicht gespreizten und bei gespreizten Stäben darf für das Ausknicken rechtwinklig zur Schwerachse $y - y$ nicht in jedem Fall mit einem vollen Zusammenwirken der Einzelstäbe gerechnet werden. Der Knicknachweis ist dann mit dem wirksamen Schlankheitsgrad ef $\lambda < \lambda_{starr}$ zu führen.

Bei nicht gespreizten Stäben mit Querschnitten nach Typ 2 und Typ 3 (siehe Tabelle 8) gilt dies auch für das Ausknicken rechtwinklig zur Schwerachse z - z.

9.3.3.2 Zusammengesetzte, nicht gespreizte Stäbe mit kontinuierlicher Verbindung (Querschnittstypen nach Tabelle 8)

Bei verleimten Stäben darf $\lambda = \lambda_{starr}$ und $I = I_{starr}$ gesetzt werden. Dabei ist I_{starr} sinngemäß mit den Gleichungen (35) und (39) mit $\gamma_i = 1$ zu berechnen.

Bei nachgiebigen Verbindungsmitteln ist ef I gegebenenfalls wie bei zusammengesetzten Biegeträgern nach den Gleichungen (35) bis (39) zu bestimmen, wobei anstelle der Stützweite l die maßgebende Knicklänge s_k (siehe Abschnitt 9.1) einzuführen ist (C-Werte nach Abschnitt 8.3.1). Mit ef I wird der wirksame Schlankheitsgrad ef λ berechnet und die dem wirksamen Schlankheitsgrad ef λ zugehörige

Tabelle 4. **Knickzahlen** ω

λ	0	1	2	3	4	5	6	7	8	9
0	1,00	1,00	1,01	1,01	1,02	1,02	1,02	1,03	1,03	1,04
10	1,04	1,04	1,05	1,05	1,06	1,06	1,06	1,07	1,07	1,08
20	1,08	1,09	1,09	1,10	1,11	1,11	1,12	1,13	1,13	1,14
30	1,15	1,16	1,17	1,18	1,19	1,20	1,21	1,22	1,24	1,25
40	1,26	1,27	1,29	1,30	1,32	1,33	1,35	1,36	1,38	1,40
50	1,42	1,44	1,46	1,48	1,50	1,52	1,54	1,56	1,58	1,60
60	1,62	1,64	1,67	1,69	1,72	1,74	1,77	1,80	1,82	1,85
70	1,88	1,91	1,94	1,97	2,00	2,03	2,06	2,10	2,13	2,16
80	2,20	2,23	2,27	2,31	2,35	2,38	2,42	2,46	2,50	2,54
90	2,58	2,62	2,66	2,70	2,74	2,78	2,82	2,87	2,91	2,95
100	3,00	3,06	3,12	3,18	3,24	3,31	3,37	3,44	3,50	3,57
110	3,63	3,70	3,76	3,83	3,90	3,97	4,04	4,11	4,18	4,25
120	4,32	4,39	4,46	4,54	4,61	4,68	4,76	4,84	4,92	4,99
130	5,07	5,15	5,23	5,31	5,39	5,47	5,55	5,63	5,71	5,80
140	5,88	5,96	6,05	6,13	6,22	6,31	6,39	6,48	6,57	6,66
150	6,75	6,84	6,93	7,02	7,11	7,21	7,30	7,39	7,49	7,58
160	7,68	7,78	7,87	7,97	8,07	8,17	8,27	8,37	8,47	8,57
170	8,67	8,77	8,88	8,98	9,08	9,19	9,29	9,40	9,51	9,61
180	9,72	9,83	9,94	10,05	10,16	10,27	10,38	10,49	10,60	10,72
190	10,83	10,94	11,06	11,17	11,29	11,41	11,52	11,64	11,76	11,88
200	12,00	12,12	12,24	12,36	12,48	12,61	12,73	12,85	12,98	13,10
210	13,23	13,36	13,48	13,61	13,74	13,87	14,00	14,13	14,26	14,39
220	14,52	14,65	14,79	14,92	15,05	15,19	15,32	15,46	15,60	15,73
230	15,87	16,01	16,15	16,29	16,43	16,57	16,71	16,85	16,99	17,14
240	17,28	17,42	17,57	17,71	17,86	18,01	18,15	18,30	18,45	18,60
250	18,75	—	—	—	—	—	—	—	—	—

Die Verbindungsmittel sind in der Regel für eine über die ganze Stablänge als wirksam angenommene Querkraft von

$$Q_i = \frac{\omega_w \cdot \mathrm{vorh}N}{60} \quad (20)$$

Tabelle 10. **Knickzahlen** ω

Schlankheitsgrad	Vollholz aus Nadelhölzern nach Tabelle 1, Zeile 1	Brettschichtholz aus Nadelhölzern nach Tabelle 1, Zeile 1		Vollholz aus Laubhölzern nach Tabelle 1			Bau-Furniersperrholz nach DIN 68 705 Teil 3 und Teil 5, Druckkraft parallel zur Faserrichtung der Deckfurniere		Flachpreßplatten nach DIN 68 763	
	Güteklasse	Güteklasse		Holzartgruppe			Lagenanzahl		Plattendicke mm	
λ	I bis III	I	II	A	B	C	3	≥ 5	≤ 25	> 25
0	1,00	1,00	1,00	1,00	1,00	1,00	1,00	1,00	1,00	1,00
10	1,04	1,00	1,00	1,04	1,03	1,03	1,02	1,01	1,03	1,02
20	1,08	1,00	1,00	1,08	1,08	1,07	1,05	1,04	1,07	1,07
30	1,15	1,00	1,00	1,15	1,15	1,15	1,11	1,12	1,15	1,16
40	1,26	1,03	1,03	1,25	1,27	1,29	1,22	1,28	1,28	1,34
50	1,42	1,13	1,11	1,40	1,45	1,50	1,38	1,54	1,49	1,61
60	1,62	1,28	1,25	1,59	1,69	1,79	1,61	1,91	1,78	1,99
70	1,88	1,51	1,45	1,83	2,00	2,17	1,92	2,53	2,15	2,48
80	2,20	1,92	1,75	2,13	2,38	2,67	2,30	3,30	2,60	3,24
90	2,58	2,43	2,22	2,48	2,87	3,38	2,87	4,18	3,22	4,10
100	3,00	3,00	2,74	2,88	3,55	4,17	3,55	5,16	3,98	5,07
110	3,63	3,63	3,32	3,43	4,29	5,05	4,29	6,24	4,82	6,13
120	4,32	4,32	3,95	4,09	5,11	6,01	5,11	7,43	5,73	7,30
130	5,07	5,07	4,63	4,79	5,99	7,05	5,99	8,72	6,73	8,56
140	5,88	5,88	5,37	5,56	6,95	8,18	6,95	10,11	7,80	9,93
150	6,75	6,75	6,17	6,38	7,98	9,39	7,98	11,61	8,96	11,40
160	7,68	7,68	7,02	7,26	9,08	10,68	9,08	13,20	10,19	12,97
170	8,67	8,67	7,92	8,20	10,25	12,06	10,25	14,91	11,50	14,64
175	9,19	9,19	8,39	8,69	10,86	12,78	10,86	15,80	12,19	15,52
180	9,72	9,72	8,88	9,19	11,49	13,52	11,49	16,71	12,90	16,41
190	10,83	10,83	9,89	10,24	12,80	15,06	12,80	18,62	14,37	18,29
200	12,00	12,00	10,96	11,35	14,18	16,69	14,18	20,63	15,92	20,26
210	13,23	13,23	12,08	12,51	15,64	18,40	15,64	22,75	17,55	22,34
220	14,52	14,52	13,26	13,73	17,16	20,19	17,16	24,97	19,27	24,52
230	15,87	15,87	14,50	15,01	18,76	22,07	18,76	27,29	21,06	26,80
240	17,28	17,28	15,78	16,34	20,43	24,03	20,43	29,71	22,93	29,18
250	18,75	18,75	17,13	17,73	22,16	26,08	22,16	32,24	24,88	31,66

Knickzahl Tabelle 10 entnommen. Bei Verwendung unterschiedlicher Werkstoffe ist, sofern kein genauerer Nachweis geführt wird, die jeweils größte Knickzahl maßgebend.

Bei Stäben mit einfach-symmetrischem Querschnitt nach Typ 5 (siehe Tabelle 8) muß für alle Querschnittsteile

$$\frac{\frac{N}{\overline{A}} \cdot n_i}{\text{zul } \sigma_k} \leq 1 \qquad (61)$$

sein, mit

$$\overline{A} = \sum_{i=1}^{3} n_i \cdot A_i \qquad (62)$$

Hierbei ist zul σ_k für den jeweiligen Querschnittsteil nach Gleichung (59) zu berechnen. Bei Stäben mit Querschnitten nach Typ 1 bis Typ 4 (siehe Tabelle 8) ist sinngemäß zu verfahren.

Die Verbindungsmittel sind in der Regel für eine über die ganze Stablänge als wirksam angenommene Querkraft von

$$Q_i = \frac{\text{ef } \omega \cdot N}{60} \qquad (63)$$

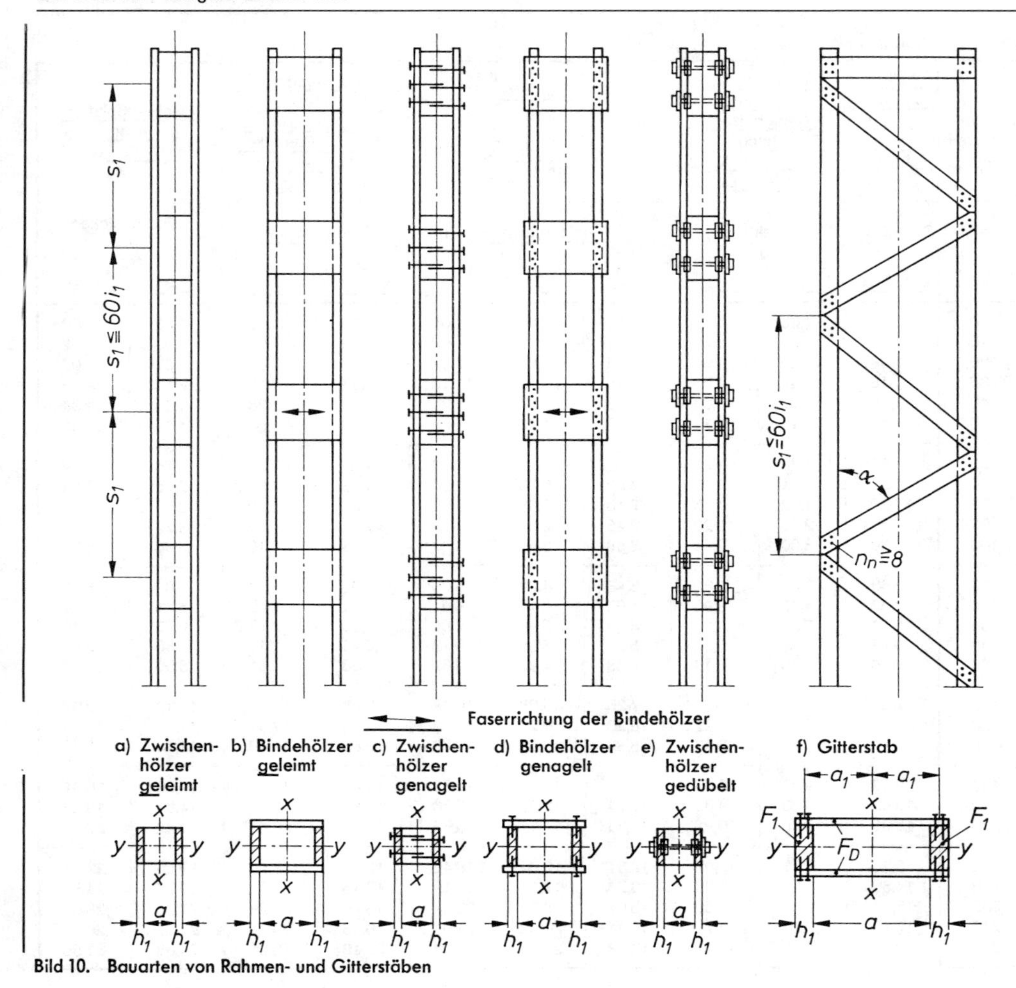

Bild 10. Bauarten von Rahmen- und Gitterstäben

zu bemessen. Für $\lambda_w < 60$ kann dieser Wert mit dem Faktor $\lambda_w/60$, jedoch höchstens mit 0,5 abgemindert werden.

Hierin bedeuten:

ω_w die dem wirksamen Schlankheitsgrad λ_w zugehörige Knickzahl nach Tabelle 4

vorh N die größte vorhandene Druckkraft des Stabes in kp.

Die Berechnung des Schubflusses t_w und des erforderlichen Abstandes e der Verbindungsmittel erfolgt nach den Gl. (9 und 10), Abschnitt 5.4.3.

7.3.3.2. Mehrteilige gespreizte Stäbe (Rahmen- und Gitterstäbe) nach Bild 10

Für das Ausknicken rechtwinklig zur Schwerachse $x - x$ ist bei Rahmenstäben nach Bild 10a bis e der wirksame Schlankheitsgrad

$$\lambda_w = \sqrt{\lambda_x^2 + c \cdot \frac{m}{2} \cdot \lambda_1^2} \qquad (21)$$

zu berechnen.

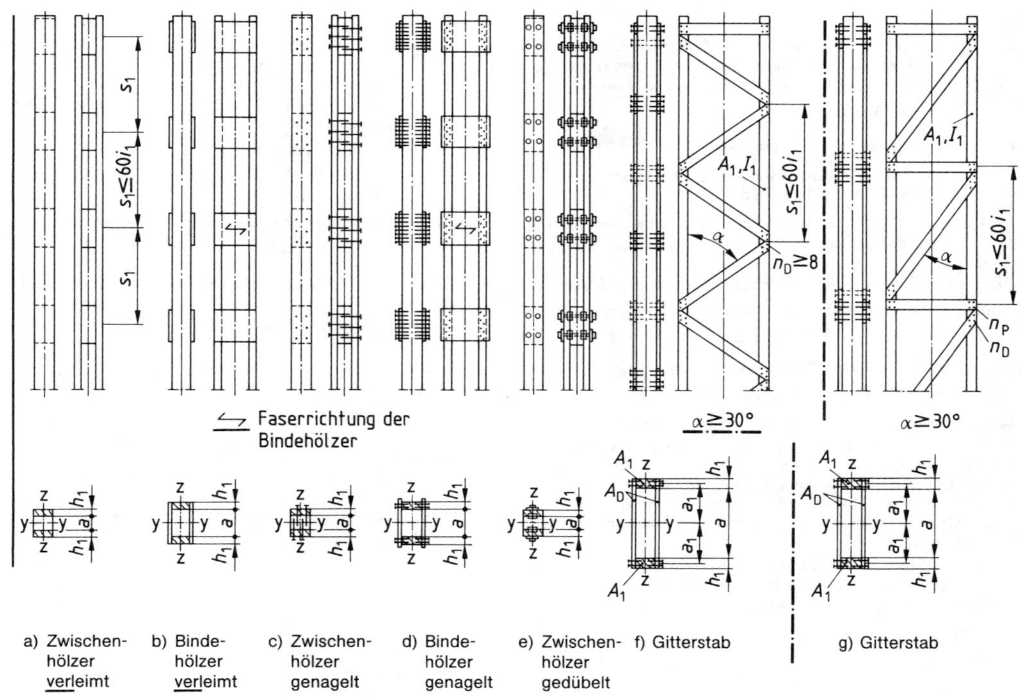

Bild 22. Bauarten von Rahmen- (a bis e) und Gitterstäben (f und g)

zu bemessen. Für ef $\lambda < 60$ darf dieser Wert mit dem Faktor ef $\lambda/60$, jedoch höchstens mit 0,5 abgemindert werden.

Hierin bedeuten:

ef ω die dem wirksamen Schlankheitsgrad ef λ zugehörige Knickzahl nach Tabelle 10

N Druckkraft des Stabes.

Die Berechnung des Schubflusses ef t und des erforderlichen Abstandes $e'_{1,3}$ der Verbindungsmittel erfolgt nach den Gleichungen (40) und (41).

9.3.3.3 Mehrteilige gespreizte Stäbe (Rahmen- und Gitterstäbe)

Für das Ausknicken rechtwinklig zur Schwerachse y – y ist bei Rahmenstäben nach Bild 22a bis Bild 22e der wirksame Schlankheitsgrad

$$\text{ef}\,\lambda = \sqrt{\lambda_y^2 + \frac{m}{2} \cdot c \cdot \lambda_1^2} \qquad (64)$$

zu berechnen.

Es bedeuten:

$\lambda_x = s_{kx} / i_x$ der volle rechnerische Schlankheitsgrad des Gesamtquerschnittes mit dem Trägheitsmoment I_x bezogen auf die Schwerachse $x - x$ sowie der Knicklänge s_{kx}

m Anzahl der Einzelstäbe.

c Faktor je nach Ausbildung der Querverbindungen gemäß Tabelle 5

$\lambda_1 = s_1 / i_1$ der Schlankheitsgrad des Einzelstabes für die der Schwerachse $x - x$ parallele Schwerachse

Als freie Knicklänge s_1 des Einzelstabes ist der Mittenabstand der Querverbindungen zugrunde zu legen. λ_1 darf nicht größer als 60, s_1 höchstens $1/3\ s_{kx}$ sein.

Für Achsabstände der Querverbindungen $s_1 < 30 \cdot i_1$ ist beim Knicknachweis $\lambda_1 = 30$ in Gl. (21) einzusetzen.

Werden Zwischenhölzer nur mit Bolzen angeschlossen, so darf mit $c = 3{,}0$ gerechnet werden, wenn es sich um Bauteile für fliegende Bauten nach DIN 4112 oder für Gerüste handelt. Dabei muß ein Nachziehen der Schrauben möglich sein. In allen anderen Fällen sind verbolzte mehrteilige Druckstäbe als aus nicht zusammenwirkenden Einzelstäben bestehend zu berechnen.

Bei Gitterstäben nach Bild 10f mit genagelten Streben, die bei großen Spreizungen den Bindehölzern vorzuziehen sind, ist für die Ermittlung des wirksamen Schlankheitsgrades λ_w nach Gl. (21) statt $c \cdot \lambda_1^2$ die Hilfsgröße

$$\frac{4\pi^2 \cdot E \cdot F_1}{a_1 \cdot n_n \cdot C \cdot \sin 2\alpha} \qquad (22)$$

einzuführen.

Hierin bedeuten:

F_1 der Vollquerschnitt eines Einzelstabes in cm²

C = 600 kp/cm (Verschiebungsmodul des einschnittigen Nagels)

α der Strebenneigungswinkel

n_n die Gesamtzahl der Nägel, mit denen die Gesamtstrebenkraft angeschlossen ist.

Außerdem müssen λ_1 und λ_y ermittelt werden. Der größte Wert der drei Schlankheitsgrade ist für die Bemessung von Gitterstäben maßgebend.

Tabelle 5. **Faktor c für Rahmenstäbe nach Bild 10a bis e**

Art der Querverbindung	Verbindungsmittel	Faktor c
Zwischenhölzer	Leim	1,0
	Dübel	2,5
	Nägel	3,0
Bindehölzer	Leim	3,0
	Nägel	4,5

Hierin bedeuten:

$\lambda_y = s_{ky}/i_y$ rechnerischer Schlankheitsgrad des Gesamtquerschnittes, der Trägheitsradius i_y wird dabei aus dem vollen Flächenmoment 2. Grades $I_{y,\,starr}$ des Gesamtquerschnittes, bezogen auf die Schwerachse y – y, ermittelt

m Anzahl der Einzelstäbe

c Faktor je nach Ausbildung der Querverbindung nach Tabelle 11

$\lambda_1 = s_1/i_1$ Schlankheitsgrad des Einzelstabes für die zur Schwerachse y – y parallele Schwerachse.

Als Knicklänge s_1 des Einzelstabes ist der Mittenabstand der Querverbindungen zugrunde zu legen. λ_1 darf nicht größer als 60 und s_1 höchstens ⅓ s_{ky} sein.

Für Achsabstände der Querverbindungen $s_1 < 30 \cdot i_1$ ist beim Knicknachweis $\lambda_1 = 30$ in Gleichung (64) einzusetzen.

Werden Zwischenhölzer nur mit Bolzen angeschlossen, so darf mit $c = 3{,}0$ gerechnet werden, wenn es sich um Bauteile für Fliegende Bauten nach DIN 4112 oder für Gerüste handelt. Dabei muß ein Nachziehen der Bolzen möglich sein. In allen anderen Fällen sind verbolzte mehrteilige Druckstäbe als aus nicht zusammenwirkenden Einzelstäben bestehend zu berechnen.

Bei großen Spreizungen sind Gitterstäbe nach Bild 22f und Bild 22g den Rahmenstäben mit Bindehölzern vorzuziehen. Der wirksame Schlankheitsgrad ef λ ist hierfür nach Gleichung (64) zu ermitteln, wobei statt $c \cdot \lambda_1^2$ bei Vergitterung nach Bild 22f die Hilfsgröße

$$\frac{4\pi^2 \cdot E \cdot A_1}{a_1 \cdot n_D \cdot C_D \cdot \sin 2\alpha} \qquad (65)$$

und bei Vergitterung nach Bild 22g die Hilfsgröße

$$\frac{4\pi^2 \cdot E \cdot A_1}{a_1 \cdot \sin 2\alpha} \cdot \left[\frac{1}{n_D \cdot C_D} + \frac{\sin^2 \alpha}{n_P \cdot C_P}\right] \qquad (66)$$

zu setzen ist.

Hierin bedeuten:

A_1 Querschnitt des Einzelstabes

$C_D\ C_P$ Verschiebungsmodul der für den Anschluß der Streben bzw. Pfosten verwendeten Verbindungsmittel nach Tabelle 8

α Strebenneigungswinkel

$n_D\ n_P$ Gesamtanzahl der Verbindungsmittel, mit denen die Gesamtstabkraft der Streben bzw. Pfosten angeschlossen ist.

Tabelle 11. **Faktor c für Rahmenstäbe** nach Bild 22a bis Bild 22e

Art der Querverbindung	Verbindungsmittel	Faktor c
Zwischenhölzer	Leim	1,0
	Dübel	2,5
	Nägel, Holzschrauben, Klammern und Stabdübel	3,0
Bindehölzer	Leim	3,0
	Nägel, Holzschrauben und Klammern	4,5

7.3.3.3. Bauliche Ausbildung und Berechnung der Querverbindungen

Alle Zwischen- und Bindehölzer, die Ausfachungen sowie ihre Anschlüsse sind für die in Abschnitt 7.3.3.1, Gl. (20), angegebene Querkraft Q_i zu bemessen.

Bei Rahmenstäben mit Zwischenhölzern nach Bild 10a, 10c, 10e, die in der Regel bei Spreizungen $\frac{a}{h_1} \leqq 3$ in Frage kommen, und bei Rahmenstäben mit Bindehölzern (Bild 10b, 10d) bei Spreizungen > 3 bis höchstens 6 entfällt auf eine solche Querverbindung eine Schubkraft T, deren Wert, wenn kein genauerer Nachweis geführt wird, angenommen werden kann:

beim zweiteiligen Stab ($m = 2$) mit $T = \frac{Q_i \cdot s_1}{2 a_1}$ (23a)

beim dreiteiligen Stab ($m = 3$) mit $T = \frac{0{,}5 \cdot Q_i \cdot s_1}{2 a_1}$ (23b)

beim vierteiligen Stab ($m = 4$) mit $T' = \frac{0{,}4 \cdot Q_i \cdot s_1}{2 a_1}$ (23c)

$$T'' = \frac{0{,}3 \cdot Q_i \cdot s_1}{2 a_1} \quad (23d)$$

Der in Bild 11 eingezeichnete Verlauf der von den Schubkräften in den Querverbindungen erzeugten Biegemomente und die Lage der Momentennullpunkte ergeben sich rechnerisch aus der angenommenen Querkraftaufteilung.

Die Felderzahl der Rahmenstäbe muß $\geqq 3$ sein, so daß die Querverbindungen zumindest in den Drittelpunkten der Stablängen anzuordnen sind. Rahmen- und Gitterstäbe müssen außerdem an den Enden Querverbindungen erhalten, wenn sie nicht durch mindestens 2 hintereinanderliegende Dübel oder 4 in einer Nagelreihe hintereinanderliegende Nägel angeschlossen sind.

Jede einzelne Querverbindung ist mindestens durch 2 Dübel oder 4 Nägel an jeden Einzelstab anzuschließen. Bei geleimten Zwischenhölzern soll die Länge eines Zwischenholzes mindestens doppelt so groß sein wie der lichte Abstand der Einzelstäbe. Die Aufnahme des Biegemomentes aus der Schubkraft T braucht bei Zwischenhölzern nicht nachgewiesen zu werden, solange die Spreizung $\frac{a}{h_1} \leqq 2$ ist.

Bei Gitterstäben nach Bild 10f ist die unter Q_i auftretende Gesamtstrebenkraft D nach der Formel

$$D = \frac{Q_i}{\sin \alpha} \quad (24)$$

zu berechnen. Jeder Einzelstab eines Querverbandes ist mit mindestens 4 einschnittigen Nägeln anzuschließen (siehe auch Abschnitt 11.3.1).

7.4. Ausmittiger Druck (Druck und Biegung)

Stäbe, deren Druckkraft ausmittig an einem planmäßig bekannten Hebel angreift oder deren Achse schon im lastfreien Zustand eine Krümmung von planmäßig festgelegtem Wert hat, oder Stäbe, die außer durch eine Druckkraft noch zusätzlich quer zur Stabachse beansprucht werden, gelten als planmäßig ausmittig gedrückte Stäbe.

Für derartige Stäbe ist zuerst die gewöhnliche Spannungsuntersuchung auf Druck und Biegung durchzuführen und nachzuweisen, daß die größten im Stab auftretenden Spannungen ohne Berücksichtigung des Einflusses der Ausbiegung den Wert zul σ nicht überschreiten.

9.3.3.4 Bauliche Ausbildung und Berechnung der Querverbindungen

Alle Zwischen- und Bindehölzer, die Ausfachungen sowie ihre Anschlüsse sind für die in Abschnitt 9.3.3.2, Gleichung (63) angegebene Querkraft Q_i zu bemessen.

Bei Rahmenstäben mit Zwischenhölzern nach den Bildern 22a, c und e, die in der Regel bei Spreizungen $a/h_1 \leq 3$ in Frage kommen, und bei Rahmenstäben mit Bindehölzern (siehe Bilder 22b und d) bei Spreizungen > 3 bis höchstens 6 entfällt auf eine solche Querverbindung eine Schubkraft T (siehe Bild 23), deren Wert, wenn kein genauerer Nachweis geführt wird,

beim zweiteiligen Stab ($m = 2$) mit

$$T = \frac{Q_i \cdot s_1}{2 a_1} \quad (67)$$

beim dreiteiligen Stab ($m = 3$) mit

$$T = \frac{0{,}5 \cdot Q_i \cdot s_1}{2 a_1} \quad (68)$$

beim vierteiligen Stab ($m = 4$) mit

$$T' = \frac{0{,}4 \cdot Q_i \cdot s_1}{2 a_1} \quad (69)$$

$$T'' = \frac{0{,}3 \cdot Q_i \cdot s_1}{2 a_1} \quad (70)$$

angenommen werden darf.

Die Felderanzahl der Rahmenstäbe muß ≥ 3 sein, so daß die Querverbindungen zumindest in den Drittelspunkten der Stablängen anzuordnen sind. Rahmen- und Gitterstäbe müssen außerdem an den Enden Querverbindungen erhalten, wenn sie nicht durch mindestens zwei hintereinanderliegende Dübel oder vier in einer Nagelreihe hintereinanderliegende Nägel angeschlossen sind.

Jede einzelne Querverbindung ist mindestens durch zwei Dübel oder vier Nägel an jeden Einzelstab anzuschließen. Bei verleimten Zwischenhölzern soll die Länge eines Zwischenholzes mindestens doppelt so groß sein wie der lichte Abstand der Einzelstäbe. Die Aufnahme des Biegemomentes aus der Schubkraft T braucht bei Zwischenhölzern nicht nachgewiesen zu werden, solange die Spreizung $a/h_1 \leq 2$ ist.

Bei Gitterstäben nach Bild 22f und Bild 22g ist der Querverband für die mit der ideellen Querkraft Q_i nach Gleichung (63) bestimmten Gesamtstrebenkraft ($N_D = Q_i/\sin\alpha$) bzw. Gesamtpfostenkraft ($N_P = Q_i$) zu bemessen. Jeder Einzelstab des Querverbandes ist mit mindestens vier einschnittigen Nägeln anzuschließen (siehe auch DIN 1052 Teil 2, Abschnitt 6.2.1).

9.4 Ausmittiger Druck (Druck und Biegung)

Stäbe, deren Druckkraft ausmittig an einem planmäßigen Hebelarm angreift oder deren Achse schon im lastfreien Zustand eine planmäßig festgelegte Krümmung hat, oder Stäbe, die außer durch eine Druckkraft noch zusätzlich quer zur Stabachse beansprucht werden, gelten als planmäßig ausmittig gedrückte Stäbe.

Für derartige Stäbe ist zuerst die gewöhnliche Spannungsuntersuchung auf Druck und Biegung ohne Berücksichtigung des Einflusses der Ausbiegung durchzuführen:

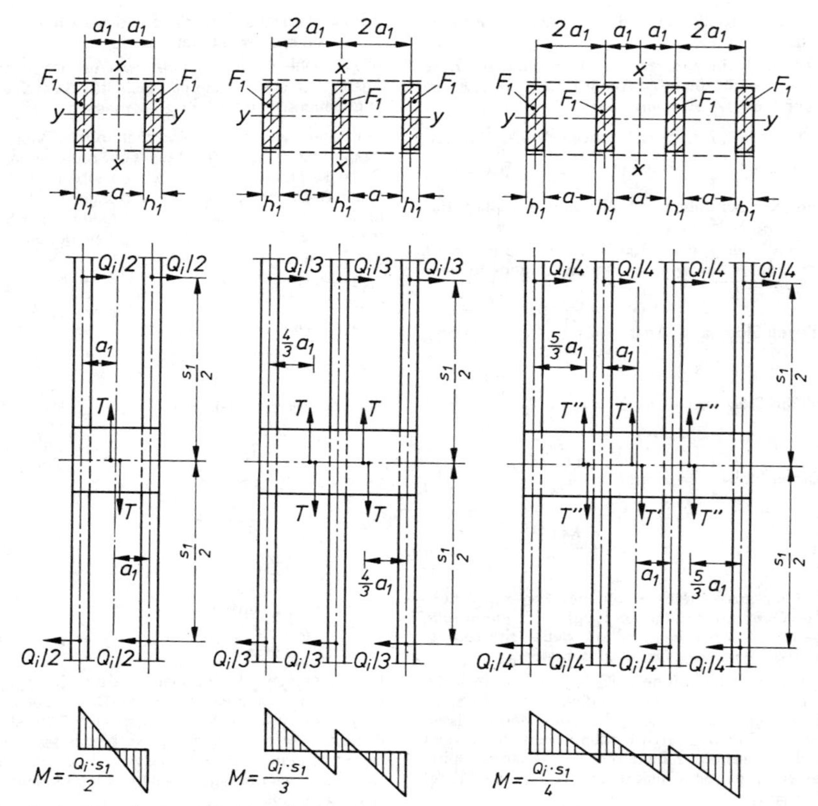

Bild 11. Annahmen über die Angriffspunkte der Quer- und Schubkräfte bei mehrteiligen Rahmenstäben

$$\sigma = \frac{N}{F_n} + \frac{\text{zul}\,\sigma_{D,Z}\,\text{II}}{\text{zul}\,\sigma_B} \cdot \frac{M}{W_n} \leqq \text{zul}\,\sigma_{D,Z}\,\text{II} \qquad (25)$$

Hierbei sind für $\text{zul}\,\sigma_D\,\text{II}$, $\text{zul}\,\sigma_Z\,\text{II}$ bzw. $\text{zul}\,\sigma_B$ die maßgebenden Werte der Tabelle 6 bzw. 8 unter Berücksichtigung der Abschnitte 9.1, 9.2 und 9.4 einzusetzen. Dabei ist zu beachten, daß in besonderen Fällen die Spannungen am gezogenen Rand ausschlaggebend sein können. Das Biegemoment M kann auf die Achse des ungeschwächten Querschnittes bezogen werden. Anschließend ist der Knicknachweis nach der Formel

$$\sigma_\omega = \frac{\omega \cdot N}{F} + \frac{\text{zul}\,\sigma_D\,\text{II}}{\text{zul}\,\sigma_B} \cdot \frac{M}{W} \leqq \text{zul}\,\sigma_D\,\text{II} \qquad (26)$$

zu führen. Dabei ist für ω stets der größte Wert ohne Rücksicht auf die Richtung der Ausbiegung einzusetzen.

Bei zusammengesetzten nachgiebig verbundenen Stäben ist der Betrag der Biegespannung nach Abschnitt 5.4 unter Berücksichtigung des wirksamen Trägheitsmomentes I_w zu berechnen. Rahmen- und Gitterstäbe nach Bild 10 sollen in der Regel nur zentrisch belastet werden. Rechtwinklig zur stofffreien Achse dürfen derartige Stäbe nur aus Wind- oder sonstigen Zusatzlasten, deren Wirkung nachzuweisen ist, beansprucht werden.

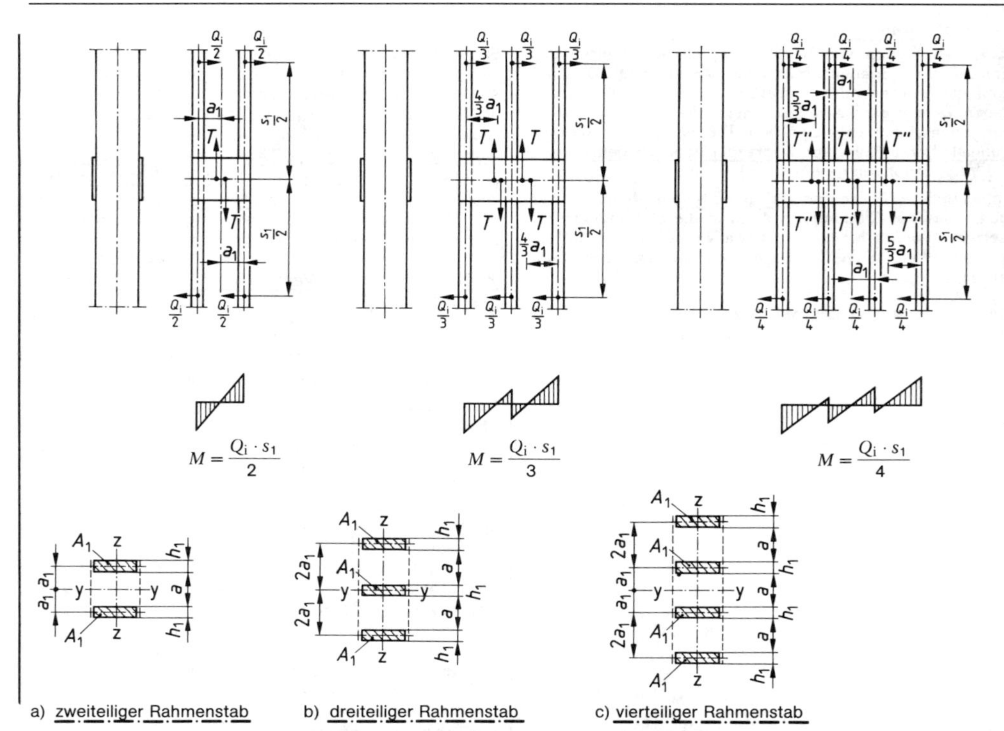

Bild 23. Annahmen über die Angriffspunkte der Quer- und Schubkräfte bei mehrteiligen Rahmenstäben (Beispiel: Rahmenstäbe mit Bindehölzern)

$$\frac{\frac{N}{A_n}}{\text{zul}\ \sigma_{D\parallel}} + \frac{\frac{M}{W_n}}{\text{zul}\ \sigma_B} \leq 1 \qquad (71)$$

Hierbei sind für zul $\sigma_{D\parallel}$ bzw. zul σ_B die maßgebenden Werte in den Tabellen 5 bzw. 6 unter Berücksichtigung der Abschnitte 5.1 und 5.2 einzusetzen. Querschnittsschwächungen sind nach Abschnitt 6.4 zu berücksichtigen.

Sodann ist, falls kein genauerer Nachweis erfolgt, der Stabilitätsnachweis nach der Gleichung

$$\frac{\frac{N}{A}}{\text{zul}\ \sigma_k} + \frac{\frac{M}{W}}{k_B \cdot 1{,}1 \cdot \text{zul}\ \sigma_B} \leq 1 \qquad (72)$$

zu führen, wobei zul σ_k nach Gleichung (59) zu ermitteln ist; dabei ist für ω stets der größte Wert ohne Rücksicht auf die Richtung der Ausbiegung einzusetzen. k_B ist nach den Gleichungen (48) bis (50) zu berechnen.

Bei zusammengesetzten Stäben mit nachgiebigen Verbindungsmitteln ist der Betrag der Biegespannung nach Abschnitt 8.3 unter Berücksichtigung des wirksamen Flächenmomentes 2. Grades ef I zu berechnen. Rahmen- und Gitterstäbe nach Bild 22 sollen in der Regel nur zentrisch belastet werden. Rechtwinklig zur stofffreien Achse dürfen derartige Stäbe nur aus Wind- oder sonstigen Zusatzlasten, deren Wirkung nachzuweisen ist, beansprucht werden.

DIN 1052 Teil 1 Ausgabe Oktober 1969

7.5. Stöße und Anschlüsse

7.5.1. An Stößen von Druckstäben, die einwandfrei als Kontaktstöße, gegebenenfalls unter Anwendung von Einlagen aus Blechen oder Furnierplatten, hergestellt werden können, genügt es, die verbundenen Teile durch Laschen in ihrer gegenseitigen Lage zu sichern. Dies ist aber nur zulässig in unmittelbarer Nähe von Knotenpunkten, die gegen seitliche Verschiebungen gesichert sind.

In allen anderen Fällen sind die Trägheitsmomente des Druckstabes in beiden Richtungen voll durch die Stoßdeckung zu ersetzen. Werden hierbei Paßstöße verwendet, so dürfen die Verbindungsmittel für die halbe Druckkraft bemessen werden.

7.5.2. (Siehe DIN 1052 Teil 2, Abschnitt 12)

DIN 1052 Teil 1 Ausgabe April 1988

9.5 Stöße

Bei Stößen von planmäßig mittig beanspruchten Druckstäben, die als Kontaktstöße (Paßstöße) gegebenenfalls unter Anwendung geeigneter Hilfsmittel hergestellt sind, genügt es, die verbundenen Teile durch Laschen in ihrer gegenseitigen Lage zu sichern. Dies ist aber nur zulässig in den äußeren Viertelteilen der Knicklänge. Dabei sind die Verbindungsmittel für die halbe Druckkraft (ohne Knickzahl) nachzuweisen.

In allen anderen Fällen sind die Flächenmomente 2. Grades des Druckstabes in beiden Richtungen voll durch die Stoßdeckung zu ersetzen und die ganze Druckkraft durch die Verbindungsmittel aufzunehmen. Erforderlichenfalls ist die Nachgiebigkeit der Verbindungsmittel an der Stoßstelle zu berücksichtigen.

9.6 Tragsicherheitsnachweis nach der Spannungstheorie II. Ordnung

9.6.1 Anstelle der Knicksicherheitsnachweise nach den Abschnitten 9.1 bis 9.4 darf für Tragsysteme, die in ihrer Ebene nicht durch Verbände, Scheiben oder dergleichen ausgesteift sind, z. B. Rahmensysteme nach Bild 25, auch der Tragsicherheitsnachweis nach der Spannungstheorie II. Ordnung geführt werden. Es ist ausreichend, wenn **einer** der beiden Nachweise geführt wird.

Die Nachgiebigkeit der Verbindungsmittel sowie die Kriechverformungen sind gegebenenfalls zu berücksichtigen.

Es darf ein linearer Zusammenhang zwischen der Steifigkeit des Tragwerkes und seiner Verformung zugrunde gelegt werden. Die Biege-, Dehn- und Schubsteifigkeiten sind mit den Elastizitäts- und Schubmoduln nach den Tabellen 1 bis 3 zu ermitteln, die Federsteifigkeiten nachgiebiger Anschlüsse mit den 0,8fachen Werten der Verschiebungsmoduln nach DIN 1052 Teil 2, Abschnitt 13.

Die Kriechzahl darf nach Abschnitt 4.3 bestimmt werden. Erforderlichenfalls ist ein angemessener Anteil der Verkehrslast als ständig wirkend anzunehmen.

9.6.2 Die Schnittgrößen nach der Theorie II. Ordnung sind für die γ_1- bzw. γ_2-fachen Lasten zu ermitteln. Dabei sind Vorverformungen nach den Abschnitten 9.6.3 bis 9.6.6 zu berücksichtigen. Die Kriechverformungen dürfen als zusätzliche Vorverformungen in Rechnung gestellt werden.

Der Nachweis ausreichender Tragsicherheit ist erbracht, wenn folgende Bedingungen eingehalten werden:

a) Unter γ_1-fachen Lasten dürfen an keiner Stelle des Stabwerkes die γ_1-fachen zulässigen Spannungen nach Abschnitt 5 und die γ_1-fachen zulässigen Belastungen der Verbindungsmittel nach DIN 1052 Teil 2 überschritten werden.

b) Unter γ_2-fachen Lasten dürfen die maßgebenden Verformungen nicht mehr als die 4,5fachen Werte der entsprechenden Verformungen unter γ_1-fachen Lasten annehmen. Als maßgebende Verformungen gelten dabei im allgemeinen die Höchstwerte von Horizontalverschiebungen und Durchbiegungen.

c) Der kleinste Trägheitsradius des Einzelstabes in Tragwerksebene muß mindestens 1/150, bei zusammengesetzten nicht verleimten Stäben 1/175, bei Verbandsstäben und bei Zugstäben, die nur durch Zusatzlasten geringfügige Kräfte erhalten, 1/200 der Stablänge betragen.

Als Lasterhöhungsbeiwerte sind für beide Lastfälle H und HZ $\gamma_1 = 2{,}0$ und $\gamma_2 = 3{,}0$ einzusetzen.

9.6.3 Bei planmäßig geraden, mittig gedrückten Stäben ist im Hinblick auf baupraktisch unvermeidbare Imperfektionen rechnerisch eine wahlweise sinus- oder parabelförmige Vorkrümmung der Stabachse zu berücksichtigen. Hierbei ist in Stabmitte eine rechnerische Ausmitte

$$e = \eta \cdot k \cdot \frac{s}{i} \qquad (73)$$

anzusetzen (siehe Bild 24).

Hierin bedeuten:

e ungewollte Ausmitte der Stabachse bei unbelastetem Stab

s Netzlänge des Stabes

$i\ k$ Trägheitsradius bzw. Kernweite des Querschnittes, bei zusammengesetzten Stäben ohne Berücksichtigung etwaiger Nachgiebigkeiten der Verbindungsmittel

η Vorkrümmungsbeiwert
$\eta = 0{,}003$ für Stäbe aus Brettschichtholz
$\eta = 0{,}006$ für Vollholz – Stäbe aus Nadelholz der Güteklassen I und II sowie aus Laubholz mittlerer Güte.

Für k ist bei unsymmetrischen Querschnitten der größere Wert einzusetzen.

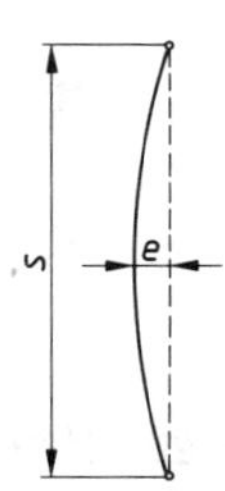

Bild 24. Stab mit ungewollter Ausmitte e im unbelasteten Zustand

9.6.4 Bei Rahmentragwerken ist zusätzlich eine ungewollte Schrägstellung der Stiele des unbelasteten Tragwerkes in ungünstigster Richtung zu berücksichtigen. Entsprechendes gilt auch für einzelne Stützen und Stützenreihen (siehe Bild 25).

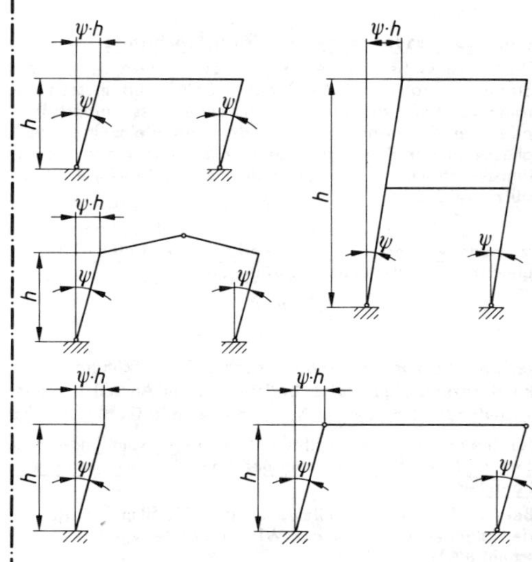

Bild 25. Rahmensysteme, Einzelstützen und Stützenreihen mit ungewollter Schrägstellung der Stiele

8. Abstützungen und Verbände

8.2. Seitliches Ausweichen von Druckgurten

Druckgurte von Fachwerk- und Vollwandträgern müssen gegen seitliches Ausweichen gesichert sein.

Bei Fachwerkträgern ist der Nachweis für den gedrückten Gurt nach Abschnitt 7.3 unter Berücksichtigung des Abschnittes 7.1.2 zu führen.

8.3. Bemessung der Aussteifungsverbände

Wenn Einzelabstützungen gegen feste Punkte oder durch Stäbe, Halbrahmen und dgl. nicht möglich sind, müssen parallel zu den Druckgurten verlaufende Aussteifungsträger oder -verbände angeordnet werden, wobei einzelne Druckglieder in der Regel gleichzeitig die Gurte einer Aussteifungskonstruktion bilden, durch die mehrere Druckglieder gestützt werden.

Zur Bemessung der Aussteifungskonstruktion ist, wenn auf eine eingehende Rechnung verzichtet wird, eine gleichmäßig verteilte Seitenlast in kp/m von

$$q_s = \frac{m \cdot N_{Gurt}}{30 \cdot l} \qquad (28)$$

rechtwinklig zur Trägerebene nach beiden Richtungen wirkend anzunehmen. Dabei bedeutet m die Anzahl der auszusteifenden Druckgurte, N_{Gurt} die mittlere Gurtkraft in kp für den ungünstigsten Lastfall und l die Gesamtlänge in m des auf Druck beanspruchten Bereiches des abzustützenden Bauteiles.

Bei Dachbindern mit Stützweiten unter 12,50 m genügen in der Regel etwa vorhandene Windverbände (vgl. hierzu Abschnitt 8.4.1).

Hierbei ist als rechnerische Abweichung von der Sollage des Stieles anzusetzen

$$\psi = \pm \frac{1}{100 \cdot \sqrt{h}} \qquad (74)$$

Darin ist h die Stiel- oder Stützenhöhe in m, bei mehrgeschossigen Rahmen die gesamte Tragwerkshöhe.

9.6.5 Bei planmäßig ausmittig gedrückten Stäben ist die rechnerische Ausmitte e nach Gleichung (73) zusätzlich zu berücksichtigen. Dies ist nicht erforderlich, wenn die planmäßige Ausmitte M/N, bezogen auf den maßgebenden Querschnitt – am Stabende oder in Stabmitte –, mindestens $20 \cdot e$ beträgt.

9.6.6 Bei Rahmentragwerken, deren Stiele eine planmäßige Ausmitte $\frac{M}{N}$ in m aufweisen, die $\geq \frac{1}{5} \cdot \sqrt{h}$ (h in m) ist, braucht die Schrägstellung der Stiele nach Abschnitt 9.6.4 nicht angesetzt zu werden.

Entsprechendes gilt sinngemäß auch für einzelne Stützen und Stützenreihen.

9.6.7 Die Durchbiegungsnachweise nach Abschnitt 8.5 dürfen für den Gebrauchszustand nach Theorie I. Ordnung geführt werden.

10 Verbände, Scheiben, Abstützungen

10.1 Aussteifung von Druckgurten biegebeanspruchter Bauteile

Biegeträger sowie Druckgurte von Fachwerkträgern müssen gegen seitliches Ausweichen gesichert sein.

Bei Biegeträgern ist der Nachweis gegen seitliches Ausweichen nach Abschnitt 8.6 zu führen. Bei Fachwerkträgern ist der Nachweis für den gedrückten Gurt nach Abschnitt 9.3 unter Berücksichtigung des Abschnittes 9.1.2 oder gegebenenfalls nach Abschnitt 9.4 zu führen.

10.2 Bemessungsgrundlagen

10.2.1 Allgemeines

Wenn keine Einzelabstützungen gegen feste Punkte oder durch Stäbe, Halbrahmen oder dergleichen vorgenommen werden, müssen Aussteifungsträger, -scheiben oder -verbände angeordnet werden.

10.2.2 Druckgurte von Fachwerkträgern

Zur Bemessung der Aussteifungskonstruktion für Druckgurte von Fachwerkträgern ist, wenn ein genauerer Nachweis nicht geführt wird, eine gleichmäßig verteilte Seitenlast von

$$q_s = \frac{m \cdot N_{Gurt}}{30 \cdot l} \qquad (75)$$

rechtwinklig zur Trägerebene nach beiden Richtungen wirkend anzunehmen.

Hierin bedeuten:

m Anzahl der auszusteifenden Druckgurte

N_{Gurt} mittlere Gurtkraft für den ungünstigsten Lastfall

l Stützweite der Aussteifungskonstruktion.

10.2.3 Biegeträger mit Rechteckquerschnitt

Zur Bemessung der Aussteifungskonstruktion für Biegeträger mit Rechteckquerschnitt, bei denen das Verhältnis

Höhe zu Breite $\leq$ 10 ist, darf eine gleichmäßig verteilte Seitenlast von

$$q_s = \frac{m \cdot \max M}{350 \cdot l \cdot b} \qquad (76)$$

rechtwinklig zur Trägerebene nach beiden Richtungen wirkend angenommen werden, wenn ein genauerer Nachweis nicht geführt wird. Dieser ist bei einem Seitenverhältnis $>$ 10 stets zu führen.

Hierin bedeuten:

m Anzahl der auszusteifenden Träger

max M maximales Biegemoment des Einzelträgers aus lotrechter Last

b Trägerbreite

l Stützweite der Aussteifungskonstruktion.

Die Aussteifungskonstruktion muß an die Druckgurte der Träger angeschlossen sein.

8.4. Windverbände

8.4.1. Dienen Windverbände gleichzeitig zur Aussteifung von gedrückten Gurten, dann ist nachzuweisen, daß die sich nach Gl. (28) ergebende Seitenlast kleiner oder gleich der halben Windlast ist. Anderenfalls dürfen die Windverbände nur zur Aufnahme einer der halben Windlast entsprechenden Seitenlast herangezogen werden. Die restliche Seitenlast ist dann durch besondere Aussteifungsverbände aufzunehmen, oder die Windverbände sind entsprechend zu bemessen.

8.4.2. Bei Gebäudelängen über 12 m sind mindestens zwei Wind- oder Aussteifungsverbände anzuordnen, jedoch soll der Mittenabstand der Verbände in der Regel 25 m nicht überschreiten, wenn kein genauerer Nachweis erfolgt. Die der Bemessung der Verbände zugrunde liegende Belastung ist in ihrer Wirkung bis in den tragfähigen Baugrund zu verfolgen.

10.2.4 Gleichzeitige Wirkung von Wind- und Seitenlast

Für Bauteile in Konstruktionen, die zur Aussteifung von gedrückten Fachwerkgurten oder von Biegeträgern dienen und die Windlasten aufzunehmen haben, sind die Wirkungen aus der Seitenlast mit denen aus der vollen Windlast nach DIN 1055 Teil 4 zu überlagern, wenn die Stützweite $\geq$ 40 m ist; bei einer Stützweite $\leq$ 30 m genügt die Überlagerung mit den Wirkungen aus der halben Windlast. Dabei gelten die zulässigen Spannungen im Lastfall HZ. Für Stützweiten zwischen 30 m und 40 m darf geradlinig interpoliert werden.

Unter der Wind- oder Seitenlast allein sind in diesen Bauteilen die zulässigen Spannungen im Lastfall H einzuhalten.

10.2.5 Durchbiegungsbeschränkungen und konstruktive Maßnahmen

Die rechnerische horizontale Ausbiegung der Aussteifungskonstruktion darf bei Anwendung der Gleichung (75) bzw. Gleichung (76) 1/1000 der Stützweite nicht überschreiten. Der Durchbiegungsnachweis ist in der Regel entbehrlich, wenn das Verhältnis Höhe zu Spannweite der Aussteifungskonstruktion $\geq$ 1/6 ist.

Mit Rücksicht auf die Verformungen der Konstruktionsteile zwischen den Aussteifungskonstruktionen und auf die Nachgiebigkeit der dort vorhandenen Verbindungsmittel sind bei Gebäudelängen über 25 m mindestens zwei Aussteifungskonstruktionen anzuordnen; jedoch soll deren lichter Abstand in der Regel 25 m nicht überschreiten, wenn kein genauerer Nachweis erfolgt.

10.3 Scheiben

10.3.1 Allgemeines

Scheiben nach den nachstehenden Festlegungen dürfen zur Aufnahme und Weiterleitung von vorwiegend ruhenden Lasten (einschließlich Windlasten) sowie Erdbebenkräften in Scheibenebene in Rechnung gestellt werden. Sie bestehen entweder aus Platten aus Holzwerkstoffen, die durch die mit ihnen kraftschlüssig verbundene Unterkonstruktion (z. B. Träger oder Binder mit Pfetten) zu einer Scheibe zusammengeschlossen werden, oder aus Tafeln, sofern die Stützweite nicht mehr als 30 m beträgt (siehe Abschnitt 11.3). Die Oberkanten der Unterkonstruktion sollen vorzugsweise in derselben Ebene liegen.

Sind parallel zur Spannrichtung einer Scheibe aus Holzwerkstoffen mehr als zwei nicht unterstützte Stöße vorhanden (siehe Bild 26), so ist die Scheibenstützweite l_s auf 12,50 m zu beschränken.

Die rechnerische Durchbiegung der Platten aus Holzwerkstoffen infolge vertikaler Flächenlast von $(g + s)$ bzw. $(g + p)$ darf 1/400 ihrer Stützweite nicht überschreiten.

Tabelle 12. **Ausführungsbedingungen für Scheiben ohne Nachweis**

Gleichmäßig verteilte Horizontallast q_h kN/m	Scheibenstützweite l_s m	Mindestdicken der Platten		Erforderlicher Nagelabstand e für Nageldurchmesser 3,4 mm 1) bei einer Scheibenhöhe h_s			
		Flachpreßplatten mm	Bau-Furniersperrholz mm	$\geq 0{,}25\ l_s$ mm	$\geq 0{,}50\ l_s$ mm	$\geq 0{,}75\ l_s$ mm	$1{,}0\ l_s$ mm
$\leq 2{,}5$	≤ 25	19	12	60	120	180	200
$\leq 3{,}5$	≤ 30	22	12	40	90	130	180

1) Bei Verwendung anderer Nageldurchmesser bis 4,2 mm ist der erforderliche Nagelabstand e im Verhältnis der zulässigen Nagelbelastungen umzurechnen; der Nagelabstand darf 200 mm nicht überschreiten.

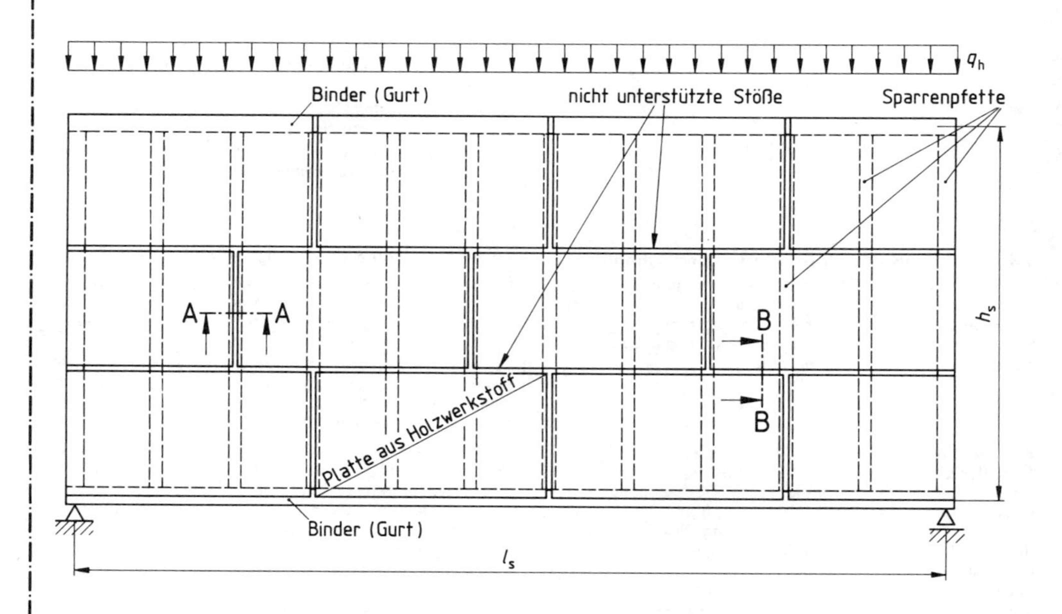

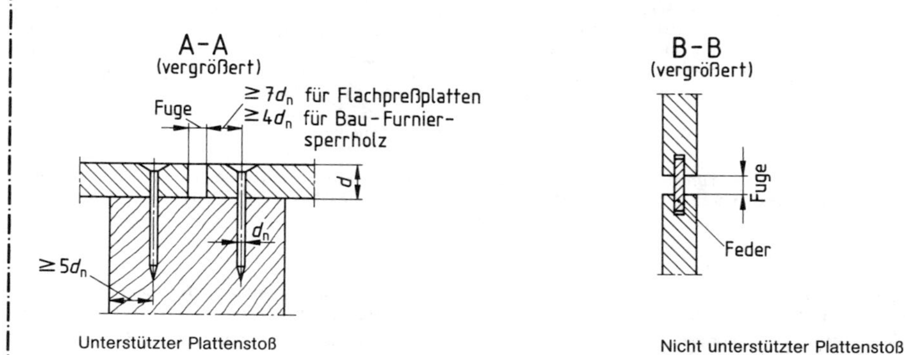

Unterstützter Plattenstoß

Nicht unterstützter Plattenstoß

Bild 26. Aussteifende Scheibe mit unterstützten Plattenstößen in Lastrichtung und nicht unterstützten Plattenstößen parallel zur Spannrichtung

10.3.2 Scheiben mit rechnerischem Nachweis

Beim Spannungsnachweis für Platten aus Holzwerkstoffen und für die Unterkonstruktion sind die Spannungen aus allen Beanspruchungen (d. h. einschließlich Scheibenbeanspruchung) zu berücksichtigen. Die zulässige Durchbiegung der Scheibe beträgt 1/1000 der Scheibenstützweite l_s.

10.3.3 Scheiben ohne rechnerischen Nachweis

Für die Mindestdicken der Platten aus Holzwerkstoffen gilt in Abhängigkeit von der Scheibenstützweite Tabelle 12. Ihre kleinste Seitenlänge muß mindestens 1,0 m betragen.

Für Scheibensysteme mit Seitenverhältnissen $h_s/l_s \geq 0{,}25$ darf ein Durchbiegungsnachweis entfallen.

Bei Einhaltung der in Tabelle 12 und Bild 26 angegebenen Ausführungsbedingungen und unter Beachtung der konstruktiven Anforderungen nach Abschnitt 10.3.1 ist ein rechnerischer Nachweis der Scheibenwirkung und der Durchbiegung in Scheibenebene nicht erforderlich. Beim Nachweis rechtwinklig zur Scheibenebene dürfen die Spannungen aus der Scheibenwirkung in den Holzwerkstoffen und der zugehörigen Unterkonstruktion vernachlässigt werden.

Der Nagelabstand nach Tabelle 12 in der zur Aussteifung in Rechnung gestellten Scheibenfläche ist konstant einzuhalten.

Für den Nagelabstand rechtwinklig zum Plattenrand (Plattenstoß auf Unterkonstruktion) gilt Bild 26.

Die Sparrenpfetten am Scheibenrand (siehe Bild 26) sind mindestens 1,5fach so breit wie die inneren Sparrenpfetten auszuführen.

8.5. Abstützung durch Dachlatten und Schalung

Dachlatten dürfen für die seitliche Stützung gedrückter Gurte nicht als ausreichend angesehen werden, mit Ausnahme der seitlichen Stützung der Sparren von Sparren- und Kehlbalkendächern bis zu 15 m Spannweite, wenn die Sparren an einen Verband angeschlossen sind.

Bei Dachbindern, bei denen die ständige Last weniger als 50 % der Gesamtlast ausmacht, dürfen rechtwinklig zu den auszusteifenden Gurten verlaufende Dachschalungen aus Einzelbrettern zur seitlichen Abstützung herangezogen werden, wenn außerdem die Vernagelung des Einzelbrettes (Breite ≧ 12 cm) durch mindestens 2 Nägel mit jedem Gurt, auch an jedem Brettstoß, einwandfrei ausgeführt werden kann (siehe Abschnitt 11.3.13), der Binderabstand 1,25 m und die Binderspannweite 12,50 m nicht überschreiten und die Länge der Dachfläche mindestens 0,8 der Binderspannweite beträgt. Dabei sind die Brettstöße um mindestens 2 Binderabstände gegeneinander zu versetzen, und die Stoßbreite darf nicht mehr als 1,0 m betragen.

Für die Aufnahme von Windlasten dürfen Dachschalungen nicht in Rechnung gestellt werden.

10.4 Abstützung durch Dachlatten und Schalung

Dachlatten dürfen für die seitliche Stützung gedrückter Gurte nicht als ausreichend angesehen werden mit Ausnahme der seitlichen Stützung von knickgefährdeten Sparren und von Fachwerk-Obergurten mit mindestens 40 mm Breite bei Dächern bis zu 15 m Spannweite und einem maximalen Sparren- bzw. Binderabstand von 1,25 m, wenn die Querschnittshöhe der Sparren nicht mehr als das Vierfache der Querschnittsbreite beträgt.

Bei Dachbindern mit mindestens 40 mm breiten Gurten, bei denen die ständige Last weniger als 50 % der Gesamtlast ausmacht, dürfen rechtwinklig zu den auszusteifenden Gurten verlaufende Dachschalungen aus Einzelbrettern zur seitlichen Abstützung herangezogen werden, wenn die Vernagelung des Einzelbrettes (Breite $b \geq 120$ mm) durch mindestens zwei Nägel mit jedem Gurt, auch an jedem Brettstoß, einwandfrei ausgeführt werden kann (siehe DIN 1052 Teil 2), der Binderabstand 1,25 m und die Binderspannweite 12,50 m nicht überschreiten und die Länge der Dachfläche mindestens das 0,8fache der Binderspannweite, aber höchstens 25 m, beträgt. Dabei sind die Brettstöße um mindestens zwei Binderabstände gegeneinander zu versetzen, und die Stoßbreite darf nicht mehr als 1,0 m betragen. Die Dachschalung ist hierbei kraftschlüssig mit den Windverbänden oder entsprechenden Konstruktionen zu verbinden.

Zur Aufnahme von parallel zur Lattung bzw. Brettrichtung wirkenden Windlasten sind gesonderte Verbände anzuordnen.

8.1. Einzelabstützungen zur Unterteilung der Knicklänge

Teile, welche ein Druckglied zur Unterteilung der Knicklänge in Zwischenpunkten nach Abschnitt 7.1.1 abstützen, sind in der Regel für eine Stützeinzellast in kp von

$$K = N/50 \tag{27}$$

10.5 Einzelabstützungen zur Unterteilung der Knicklänge

Teile, welche ein Druckglied zur Unterteilung der Knicklänge in Zwischenpunkten nach Abschnitt 9.1.1 abstützen, sind in der Regel für eine Stützeinzellast bei Vollholz von

$$K = N/50 \tag{77}$$

DIN 1052 Teil 1 Ausgabe Oktober 1969

zu bemessen. Hierin bedeutet N die größte Stabkraft in kp (ohne Knickzahl) der an die Abstützung angrenzenden Druckstäbe.

Wird ein Teil für die Abstützung mehrerer Druckglieder herangezogen (Bild 13), so müssen die entsprechenden Stützkräfte in den einzelnen Bereichen aufgenommen werden können.

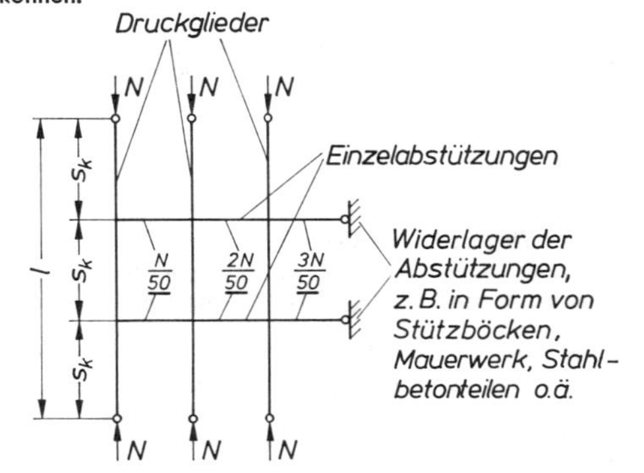

Bild 13. Einzelabstützung von Druckgliedern

Richtlinie Holzhäuser Ausgabe Februar 1979

6.1 Tragende, einteilige Querschnitte von Vollholzbauteilen müssen eine Mindestdicke von 4 cm und mindestens 40 cm² Querschnittfläche haben, soweit nicht bei Bolzen- und Dübelverbindungen eine größere Dicke (vergleiche DIN 1052 Teil 1 bzw. Teil 2 (jeweils Ausgabe Oktober 1969) erforderlich ist.

Für genagelte und für nicht flächenhaft geleimte tragende Holzbauteile gilt dies nicht; hier muß die Mindestdicke des Einzelquerschnitts jedoch 2,4 cm betragen (vergleiche auch Abschnitt 7.2.3).

Bei flächenhaft geleimten Querschnitten (z. B. Brettschichtholz) ist die Dicke der Einzelschichten nach unten nicht begrenzt.

7.2.3 Werden Bretter oder Holzwerkstoffplatten an Pfosten, Riegel und Rippen durch Nagelung an den Schmalseiten angeschlossen, so muß die Mindestdicke dieser Hölzer bei Nägeln mit $d_n \leqq 3{,}1$ mm mindestens 2,4 cm betragen.

(Siehe auch Abschnitt 6.2 und Tabelle 3 auf Seite 164)

DIN 1052 Teil 1 Ausgabe April 1988

und bei Brettschichtholz von

$$K = N/100 \tag{78}$$

zu bemessen. Hierin bedeutet N die größte Stabkraft (ohne Knickzahl) der an die Abstützung angrenzenden Druckstäbe.

Wird ein Teil zur Abstützung mehrerer Druckglieder herangezogen (siehe Bild 27), so müssen die entsprechenden Stützkräfte in den einzelnen Bereichen aufgenommen werden.

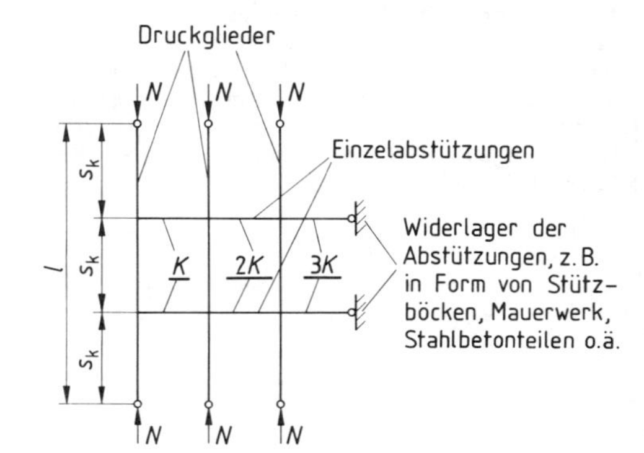

Bild 27. Einzelabstützung von Druckgliedern

Teile, welche ein Druckglied zur Unterteilung der Knicklänge nach Abschnitt 9.1.1 gegen einen Aussteifungsverband nach Abschnitt 10.2 abstützen, sind für die auf sie entfallende anteilige Seitenlast q_s, mindestens aber für **eine** Stützeinzellast nach Gleichung (77) bzw. Gleichung (78) zu bemessen und anzuschließen. Der ungünstigere Wert ist maßgebend.

11 Holztafeln

11.1 Allgemeines

11.1.1 Baustoffe, Mindestdicken und Querschnittsschwächungen

Für die Beplankung von Tafeln darf die Holzwerkstoffklasse 20 nach DIN 68 800 Teil 2 verwendet werden, sofern nicht aus Gründen des Holzschutzes andere Holzwerkstoffklassen erforderlich werden.

Bei Tafeln sind die in Tabelle 13 angegebenen Mindestdicken, örtliche Schwächungen ausgenommen, einzuhalten. Rippen aus Bauschnittholz müssen mindestens der Güteklasse II, Schnittklasse A nach DIN 4074 Teil 1 entsprechen. Sie müssen auf die Mindestdicke von 24 mm frei von Baumkanten sein. Bei Rippen unter Beplankungsstößen muß auf beiden Seiten des Stoßes die Scharfkantigkeit auf je 24 mm Dicke, bei verleimten Tafeln (ausgenommen Nagelpreßleimung) auf je 12 mm Dicke vorliegen.

Tabelle 13. **Mindestdicken bei Tafeln**

Baustoff	Mindestdicken für	
	Rippen [1] mm	Beplankungen mm
Bauschnittholz Brettschichtholz	24	–
Bau-Furniersperrholz	15	6
Flachpreßplatten	16	8

[1]) Querschnittsfläche für Bauschnittholz mindestens 14 cm², bei Holzwerkstoffen mindestens 10 cm².

3.6 Schlitze und Aussparungen in den Beplankungen sind beim Spannungsnachweis zu berücksichtigen, soweit sie mehr als 10 v. H. der Tafelbreite ausmachen und mehr als 20 cm hoch sind (vergleiche auch Abschnitt 8.4).

8.4 Schlitze und Aussparungen dürfen nachträglich in tragenden oder aussteifenden Bauteilen nicht angebracht werden (vergleiche auch Abschnitt 3.6).

4.2 Für Wand- und Deckentafeln dürfen nur gut lufttrockenes Holz und Holzwerkstoffe mit einem Feuchtigkeitsgehalt verarbeitet werden, der etwa dem im Einbauzustand zu erwartenden mittleren Wert (Gleichgewichts-Holzfeuchtigkeit) entspricht (vergleiche DIN 68 800 Teil 2 und DIN 1052 Teil 1, Ausgabe Oktober 1969, Abschnitt 3.2.1).

6.5 Auf Biegung beanspruchte Bauglieder

Die Spannungen bei geleimten Wand- und Deckentafeln sind wie folgt zu berechnen:

Biegerandspannung in den Rippen:

$$\sigma_1 = \pm \frac{M}{I_i} \cdot \left(\frac{d_1}{2} \pm y_1\right) \leqq \text{zul}\,\sigma\,\text{Rippe (Biegung)} \quad (5a)$$

Schwerpunktspannung in der Beplankung:

$$\sigma_2 = \pm \frac{M}{I_i \cdot n_2} \cdot y_2 \leqq \text{zul}\,\sigma\,\text{Beplankung 2 (Zug, Druck)} \quad (5b)$$

$$\sigma_3 = \pm \frac{M}{I_i \cdot n_3} \cdot y_3 \leqq \text{zul}\,\sigma\,\text{Beplankung 3 (Zug, Druck)} \quad (5c)$$

Bei genagelten oder geschraubten Wand- und Deckentafeln berechnen sich die Spannungen zu:

Biegerandspannung in den Rippen:

$$\sigma_1 = \pm \frac{M}{I_w} \cdot \left(\frac{d_1}{2} \pm y_1\right) \leqq \text{zul}\,\sigma\,\text{Rippe (Biegung)} \quad (6a)$$

Schwerpunktspannung in der Beplankung:

$$\sigma_2 = \pm \frac{M}{I_w \cdot n_2} \cdot \gamma \cdot y_2 \leqq \text{zul}\,\sigma\,\text{Beplankung 2 (Zug, Druck)} \quad (6b)$$

Aussparungen in mittragenden Beplankungen dürfen beim Nachweis der Spannungen vernachlässigt werden, wenn auf einer Fläche von 2,5 m^2 einer Tafel die Gesamtfläche aller Aussparungen höchstens 300 cm^2 beträgt. Dabei darf die größte Ausdehnung der einzelnen Öffnung 200 mm nicht überschreiten; dieser Höchstwert gilt auch für die Summe aller Aussparungsbreiten innerhalb des Querschnittes einer Tafel.

11.1.2 Feuchtegehalt

Der Feuchtegehalt des Holzes darf bei der Herstellung der Tafeln 18 %, für zu verleimende Teile 15 % nicht überschreiten.

11.1.3 Tragende Verbindungen

Verbindungen mit Hirnholz sowie mit Schnittflächen von Platten dürfen nicht als tragend in Rechnung gestellt werden, ausgenommen die Verleimung von Holzwerkstoff-Beplankungen mit den Schnittflächen von Holzwerkstoff-Rippen.

Bei Leimverbindungen muß die Breite der Leimfläche zwischen Rippe und Beplankung mindestens 10 mm betragen. Nagelpreßleimung zwischen Vollholzrippen und Beplankung darf angewendet werden, wenn Abschnitt 12.5 eingehalten wird.

11.2 Auf Druck oder Biegung beanspruchte Tafeln

(siehe Bilder 1a, 1c, 1d)

11.2.1 Allgemeines

Mittragende Beplankungen aus Holzwerkstoffen dürfen auch einseitig aufgebracht werden. Aussteifende Beplankungen dürfen einseitig aufgebracht werden, wenn das Seitenverhältnis Höhe zu Breite der auszusteifenden Rippe nicht größer als 4 ist.

Bei Verbundquerschnitten sind die Knickzahlen für den Rippenwerkstoff zugrunde zu legen.

Die Biegerandspannungen in den Rippen dürfen die zulässigen Werte für Biegung, die Schwerpunktsspannungen in den Beplankungen die zulässigen Werte für Druck bzw. Zug nicht überschreiten.

Die Erhöhung der zulässigen Biegespannung nach Abschnitt 5.1.8 gilt nur für Rippen aus Holz.

$$\sigma_3 = \pm \frac{M}{I_w \cdot n_3} \cdot \gamma \cdot y_3 \leqq \text{zul } \sigma \text{ Beplankung 3} \quad (6c)$$
(Zug, Druck)

I_w ist – wie bei den Druckgliedern – nach Abschnitt 6.4.3 zu ermitteln, wobei in der Berechnung für k anstelle der Knicklänge s_{kx} die Stützweite l, bei Durchlaufträgern der Abstand der Momentennullpunkte, einzusetzen ist.

6.6 Auf Druck und Biegung beanspruchte Bauglieder

Für Wandtafeln, die gleichzeitig auf Druck und Biegung (z. B. auch ausmittige Lasteintragung) beansprucht werden, ergeben sich die Spannungen zu:

$$\sigma_1' = \sigma_{\omega 1} \text{ (Formel 3a)} + \frac{\text{zul } \sigma \text{ Druck } \|}{\text{zul } \sigma \text{ Biegung}} \sigma_1 \quad (7a)$$

(Formel 5a bzw. 6a) $\leqq$ zul σ Rippe (Druck)

$$\sigma_2' = \sigma_{\omega 2} \text{ (Formel 3b)} + \sigma_2 \quad (7b)$$

(Formel 5b bzw. 6b) $\leqq$ zul σ Beplankung 2 (Druck)

$$\sigma_3' = \sigma_{\omega 3} \text{ (Formel 3c)} + \sigma_3 \quad (7c)$$

(Formel 5c bzw. 6c) $\leqq$ zul σ Beplankung 3 (Druck)

Der Durchsenkungsanteil aus der Schubverformung darf bei Tafeln mit Rippen aus Holz vernachlässigt werden.

Stumpfe Stöße der Beplankung sind beim Spannungsnachweis zu berücksichtigen. Die Beplankung darf in diesen Fällen bei verleimten Tafeln erst im Abstand b (lichter Abstand der Rippen) von der Stoßstelle, bei nachgiebig angeschlossenen Beplankungen erst ab der Stelle, an der die von der Beplankung aufzunehmende Längskraft eingeleitet ist, in Rechnung gestellt werden. Für den Durchbiegungs- und Knicknachweis dürfen Beplankungsstöße in der Regel vernachlässigt werden.

6.3 Als mitwirkend dürfen je Rippe bei Verbundkonstruktionen Beplankungen nur bis zu einer Breite $b' \leqq 0{,}15\,l + b_1$, aber höchstens mit $b' \leqq 0{,}8\,b + b_1$ bei Randrippen bis zu einer Breite $b'' \leqq 0{,}4\,b + b_1 + ü$, aber höchstens mit $b'' \leqq 0{,}6\,b$ in Rechnung gestellt werden (siehe Bild sowie Abschnitte 6.4 und 6.5).

(Siehe auch DIN 1052 Teil 3, Abschnitt 6.3, Seite 162 und Tabelle 2, Seite 163)

11.2.2 Mitwirkende Beplankungsbreite

Beplankungen aus Holzwerkstoffen dürfen mit den Breiten

$$b_M = b' + b_2 \quad (79)$$

bzw.

$$b_R = b'/2 + b_2 + ü' \quad (80)$$

nach Bild 28 als mitwirkend in Rechnung gestellt werden.

Hierin bedeuten:

- b_M b_R mitwirkende Beplankungsbreite je Rippe im Mittel- bzw. Randbereich
- b lichter Abstand der Rippen
- b' mitwirkende Breite zwischen den Rippen
- b_2 Rippenbreite
- $ü$ seitlicher Überstand der Beplankung
- $ü'$ mitwirkende Breite des seitlichen Überstandes
- h Gesamtquerschnittshöhe
- l Feldlänge bzw. Teilfeldlänge.

l bedeutet bei freiaufliegenden Deckentafeln die Stützweite, bei über mehrere Felder durchlaufenden Tafeln den Abstand der Festpunkte (Momentennullpunkte). Bei auf Knicken beanspruchten Tafeln ist für l die maßgebende Knicklänge einzusetzen.

Als Feldlänge l ist bei Deckentafeln der Abstand der Biegemomentennullpunkte ohne Berücksichtigung der feldweisen Veränderung von Lasten (bei Tafeln auf zwei Stützen ohne Auskragung die Stützweite) und bei knickbeanspruchten Tafeln die maßgebende Knicklänge einzusetzen.

6.4.1 Die Knicklänge ist bei Tafeln im allgemeinen gleich dem Mittenabstand zwischen den horizontalen Aussteifungen anzunehmen.

Bei nicht vernachlässigbaren Aussparungen oder anderen Unterbrechungen der Beplankung quer zur Spannrichtung der Tafel (z. B. Beplankungsstöße) dürfen höchstens die durch die Unterbrechung begrenzten Teilfeldlängen eingesetzt werden.

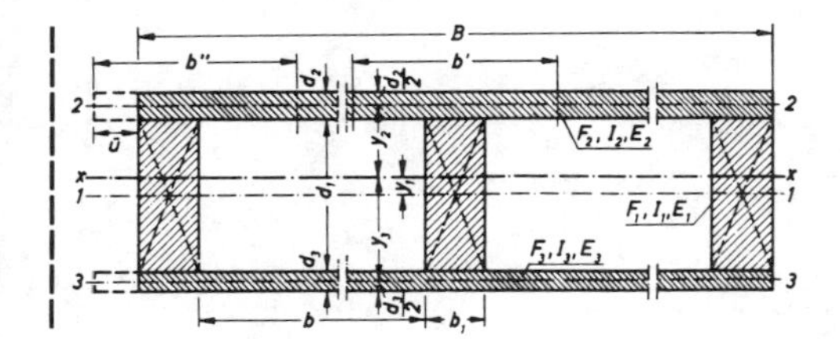

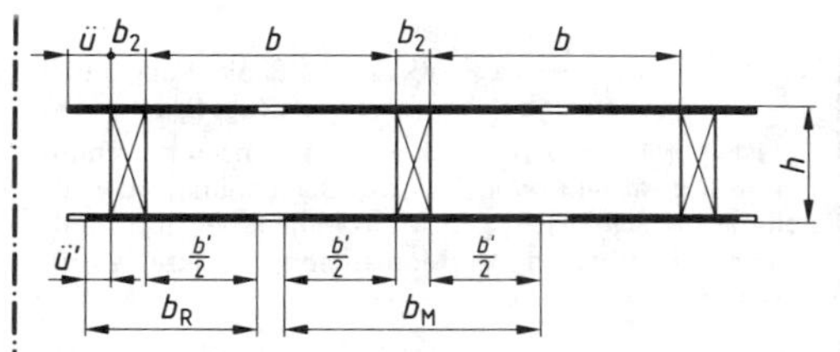

a) beidseitige Beplankung

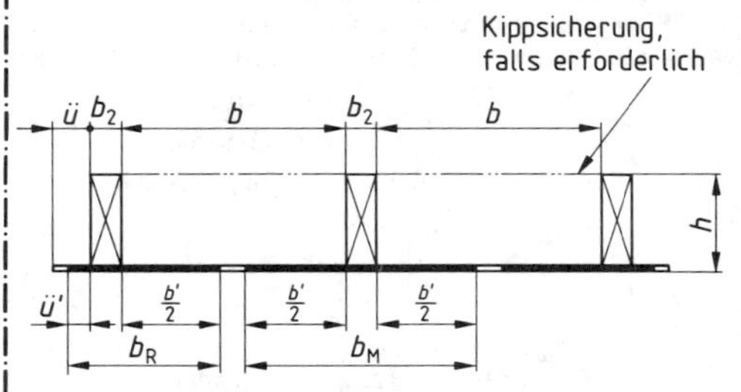

b) einseitige Beplankung

Bild 28. Mitwirkende Beplankungsbreiten

Die Breiten b' und $\ddot{u}'$ sind je Feldlänge l und je lichter Weite b zu ermitteln, wobei zwischen Gleichstreckenlast in Spannrichtung der Tafel und Einzellast (auch Linienlast quer zur Spannrichtung) zu unterscheiden ist.

Bei quer zur Tafelspannrichtung gleichmäßig verteilter Last oder wenn eine gleichmäßige Verteilung angenommen werden kann, z. B. bei Vorhandensein von Querrippen mit annähernd gleichen Querschnittsabmessungen wie die Längsrippen, dürfen die mitwirkenden Rand- und Mittelbereiche einer Tafel zu einem Querschnitt zusammengefaßt werden. Im anderen Falle sind alle Nachweise für jeden Bereich getrennt zu führen.

Bei Gleichstreckenlast darf, sofern kein genauerer Nachweis geführt wird, bei $b/l \leq 0{,}4$

für Bau-Furniersperrholz

$$b'/b = 1{,}06 - 1{,}4 \cdot b/l \qquad (81)$$

und für Flachpreßplatten

$$b'/b = 1{,}06 - 0{,}6 \cdot b/l \qquad (82)$$

angenommen werden; dabei ist stets $b' \leq b$ einzuhalten.

Die mitwirkende Breite b'_F für Einzellast ergibt sich bei $b/l \leq 0{,}4$ annähernd

für Bau-Furniersperrholz zu

$$b'_F/b = 1 - 1{,}8 \cdot b/l \quad \text{für } l/c_F \leq 5 \qquad (83)$$

$$b'_F/b = 1 - 2{,}6 \cdot b/l, \text{ jedoch } \geq 0{,}2 \quad \text{für } 5 < l/c_F \leq 20 \qquad (84)$$

und für Flachpreßplatten zu

$$b'_F/b = 1 - 0{,}9 \cdot b/l \quad \text{für } l/c_F \leq 5 \qquad (85)$$

$$b'_F/b = 1 - 1{,}4 \cdot b/l \quad \text{für } 5 < l/c_F \leq 20 \qquad (86)$$

Überstände $\ddot{u}$, die nicht durch Nachbarelemente gehalten sind, dürfen höchstens mit $\ddot{u}' = b_2$ angesetzt werden; im übrigen ist $\ddot{u}'/\ddot{u}$ wie b'/b zu berechnen, wobei b/l gleich $2 \cdot \ddot{u}/l$ zu setzen ist.

c_F ist die Summe aus der Lastaufstandslänge in Spannrichtung der Tafel und der zweifachen Gesamtquerschnittshöhe h der Tafel.

6.4 Druckglieder (vergleiche auch DIN 1052 Teil 1, Ausgabe Oktober 1969, Abschnitt 7).

6.4.2 Vorgefertigte geleimte Wandtafeln können wie zusammengesetzte Querschnitte behandelt werden.

Das in der Regel maßgebende Trägheitsmoment I_i (je Rippe) im Bezug auf die x-Achse (siehe Bild*)ist zu berechnen):

$$I_i = I_1 + F_1 \cdot y_1{}^2 + \frac{1}{n_2} (I_2 + F_2 \cdot y_2{}^2) + \frac{1}{n_3} (I_3 + F_3 \cdot y_3{}^2) \quad (1)$$

Als Druckquerschnitt ist anzusetzen:

$$F_i = F_1 + \frac{1}{n_2} \cdot F_2 + \frac{1}{n_3} \cdot F_3 \quad (2)$$

Die Spannungen sind wie folgt zu berechnen, sofern die Last in der Schwerlinie des Gesamtquerschnitts eingetragen wird (vergleiche auch Abschnitt 6.6):

$$\sigma_{\omega 1} = \frac{\omega_i \cdot S}{F_i} \leqq \text{zul}\, \sigma_D \parallel \text{Rippe} \quad (3a)$$

$$\sigma_{\omega 2} = \frac{\omega_i \cdot S}{F_i \cdot n_2} \leqq \text{zul}\, \sigma_D \text{ Beplankung 2} \quad (3b)$$

$$\sigma_{\omega 3} = \frac{\omega_i \cdot S}{F_i \cdot n_3} \leqq \text{zul}\, \sigma_D \text{ Beplankung 3} \quad (3c)$$

Hierin ist:

$I_{1,2,3}$ = Trägheitsmomente der Einzelteile für die zur x-Achse parallel laufenden Schwerachsen;

F_1 = Querschnitt der Rippe;

$F_{2,3}$ = nach Abschnitt 6.3 mitwirkende Querschnittsflächen der durch Leimung mit den Rippen verbundenen Beplankungen, bezogen auf eine Rippe;

*) Bild siehe Seite 66

Liegt die Lastwirkungslinie näher als das Maß b an einem Biegemomentennullpunkt oder ist $l/c_F > 20$, so ist $b'_F = 0$ zu setzen.

Im Bereich der Stützmomente durchlaufender oder auskragender Tafeln ist für den Spannungsnachweis immer von Einzellasten auszugehen.

Beim Durchbiegungsnachweis und bei der Ermittlung der Schnittkräfte darf stets die mitwirkende Breite für Gleichstreckenlast eingesetzt werden.

11.2.3 Querschnittswerte

Die Querschnittswerte für den Mittel- oder Randbereich von Tafeln mit ein- oder beidseitiger Beplankung sind unter Berücksichtigung der Verhältnisse $n_i = E_i/E_v$ zu ermitteln (Beispiel für einen dreiteiligen Querschnitt siehe Bild 29).

Hierin bedeuten:

E_1 E_3 Druck- bzw. Zug-Elastizitätsmodul der Beplankung

E_2 Elastizitätsmodul von Voll- oder Brettschichtholzrippen bzw. Biege-Elastizitätsmodul von überwiegend auf Biegung beanspruchten Rippen aus Holzwerkstoffen bzw. Druck-Elastizitätsmodul von überwiegend auf Druck beanspruchten Rippen aus Holzwerkstoffen

E_v beliebiger Vergleichs-Elastizitätsmodul.

Die Beplankungen dürfen mit den Breiten b_M bzw. b_R nach Abschnitt 11.2.2 als mitwirkend in Rechnung gestellt werden.

Werden Beplankungen und Rippen miteinander verleimt, so darf die Verbindung als starr angesehen werden.

F_i = ideelle Querschnittsfläche;

y_1 = Abstand der Schwerachse der Rippen von der Schwerachse des ideellen Querschnitts;

$y_{2,3}$ = Abstand der Schwerachse der Querschnittsflächen $F_{2,3}$ von der Schwerachse des ideellen Querschnitts;

$n_2 = E_1 : E_2$, $n_3 = E_1 : E_3$ } Verhältnis der Elastizitätsmoduln der Rippen und der Beplankungen;

ω_i = Knickzahl nach DIN 1052 Teil 1, Ausgabe Oktober 1969, Tabelle 4.

Die Leimfugen sind für diejenige Schubkraft zu bemessen, die sich aus einer über die ganze Stablänge konstant angenommenen Querkraft

$$Q_i = \frac{\omega_i \cdot \text{vorh } S}{60}$$

ergibt;

hierin ist ω_i die zu λ_i gehörige Knickzahl und vorh S die Stabkraft.

Treten bei der Lasteintragung Druckspannungen senkrecht zur Faserrichtung auf, so sind für Vollholz die zulässigen Spannungen nach DIN 1052 Teil 1, Ausgabe Oktober 1969, Tabelle 6, Zeile 4, maßgebend.

(Siehe auch Abschnitt 9.3.3.2)

6.4.3 Genagelte oder geschraubte Wandtafeln können als nachgiebig zusammengesetzte Querschnitte mit kontinuierlicher Verbindung näherungsweise berechnet werden.

Das wirksame Trägheitsmoment I_w bezogen, auf die x-Achse*)($F_w = F_i$), ergibt sich bei symmetrischer Ausbildung, wenn $F_2/n_2 = F_3/n_3 = F/n$ und $t_2'/C_2 = t_3'/C_3 = t'/C$ gesetzt werden kann, zu:

$$I_w = I_1 + \frac{1}{n} \cdot (I_2 + I_3) + \frac{2}{n} \cdot \gamma \cdot F \cdot y^2 \qquad \text{(4a)}$$

mit $\gamma = \dfrac{1}{1 + k}$;

$$k = \frac{\pi^2 \cdot E_1}{s_{kx}^2} \cdot \frac{F \cdot t'}{n \cdot C}.$$

Bei stark unsymmetrischen Querschnitten kann näherungsweise angenommen werden:

$$I_w = I_1 + \frac{1}{n_2} \cdot I_2 + \frac{1}{n_3} \cdot I_3 + \qquad \text{(4b)}$$

$$\frac{1}{n_2} \cdot \gamma_2 \cdot F_2 \cdot y_2^2 + \frac{1}{n_3} \cdot \gamma_3 \cdot F_3 \cdot y_3^2$$

mit $\gamma_{2,3} = \dfrac{1}{1 + k_{2,3}}$; $k_{2,3} = \dfrac{\pi^2 \cdot E_1}{s_{kx}^2} \cdot \dfrac{F_{2,3} \cdot t_{2,3}'}{n_{2,3} \cdot C_{2,3}}$

Hierin ist:

$t' = \dfrac{t}{\nu}$ = Abstand der in eine Reihe gerückten Verbindungsmittel des betrachteten Querschnitts, wobei t der Abstand der Verbindungsmittel in einer Rißlinie und ν die Anzahl der Rißlinien in der Beplankung bedeuten;

s_{kx} = maßgebende Knicklänge;

Bei Verwendung mechanischer Verbindungsmittel nach DIN 1052 Teil 2 ist deren Nachgiebigkeit zu berücksichtigen. Die Querschnittswerte dürfen, auch für unsymmetrische Querschnitte (siehe Bild 29), nach Abschnitt 8.3 berechnet werden.

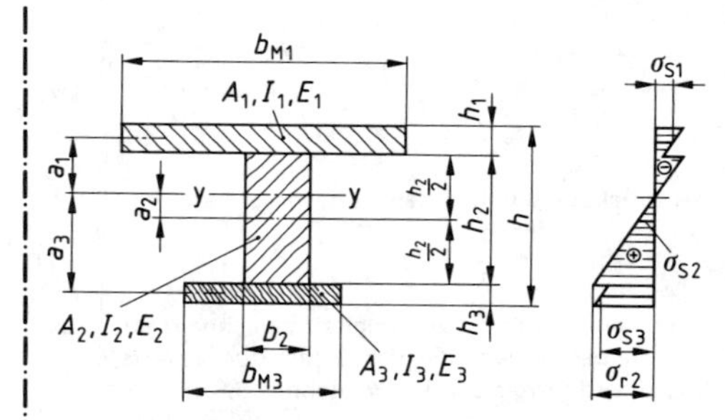

Bild 29. Unsymmetrischer Querschnitt mit beidseitiger Beplankung

*) Bild siehe Seite 66

C = Verschiebungsmodul des Verbindungsmittels (für Nägel und Schrauben darf bei Verbindung Vollholz/Vollholz und Vollholz/Bau-Furnierplatten
C = 600 N/mm, im übrigen
C = 200 N/mm eingesetzt werden).

Die Verbindungsmittel sind unter Berücksichtigung des wirksamen Trägheitsmomentes I_w für eine über die ganze Stablänge als wirksam angenommene Querkraft von

$$Q_i = \frac{\omega_w \cdot \text{vorh}\, S}{60}$$

zu bemessen; hierin ist ω_w die zum wirksamen Schlankheitsgrad λ_w zugehörige Knickzahl und vorh S die auf den ganzen Querschnitt entfallende Druckkraft.

(Siehe auch Abschnitt 9.3.3.2)

8 Konstruktive Maßnahmen

8.1 Beplankungen von Wand- und Deckentafeln, die als mittragend gerechnet werden, sind durch Längsrippen in Abständen von

$$b \leqq 1{,}8\, d_{2,3} \sqrt{\frac{E_v}{\nu_k \cdot \text{vorh}\, \sigma_D}}, \text{ jedoch höchstens}$$

$b \leqq 50\, d_{2,3}$ auszusteifen.

Der Wert $b \leqq 50\, d_{2,3}$ ist bei Tafeln mit nur aussteifender Beplankung allein maßgebend.

Hierin ist:

b = Abstand zwischen den Rippen in cm;
$d_{2,3}$ = Dicke der Beplankungen in cm;
E_v = E-Modul der Beplankungen in MN/m^2 (bei Bau-Furnierplatten E_v = 4580 MN/m^2);
vorh σ_D = vorhandene Druckspannung $\leqq$ zul σ_D in MN/m^2 (vergleiche Abschnitt 5);
ν_k = Beulsicherheit,
ν_a = 2,0 für Holz und Bau-Furnierplatten
ν_b = 3,5 für Flachpreßplatten für das Bauwesen und Harte Holzfaserplatten für das Bauwesen

Werden für Tafeln außen und innen verschieden dicke Beplankungen oder Beplankungen mit verschiedenem E-Modul verwendet, so ist die geringste Dicke $d_{2,3}$ für die Ermittlung des Rippenabstandes maßgebend.

11.2.4 Rippenabstände

Beplankungen aus Holzwerkstoffen sind durch Längsrippen in lichten Abständen von

$$b \leq 1{,}25 \cdot h_{1,3} \cdot \sqrt{E_{Bv}/\sigma_{Dx}} \qquad (87)$$

auszusteifen, höchstens jedoch im Abstand $b = 50 \cdot h_{1,3}$.

Hierin bedeuten:

$h_1\ h_3$ Dicke der Beplankung
$E_{Bv} = \sqrt{E_{Bx} \cdot E_{By}}$ Vergleichsbiege-Elastizitätsmodul der Beplankung
σ_{Dx} Druckspannung in der Beplankung (ohne Knickzahl).

Bei unterschiedlicher Beplankungsdicke ist der kleinere Wert für b maßgebend.

3.5 Decken oder Dachflächen dürfen als Aussteifung nur in Rechnung gestellt werden, wenn die Einzeltafeln untereinander zu einer Scheibe und mit den tragenden Wänden kraftschlüssig verbunden werden. Die Aufnahme der auf sie entfallenden Kräfte ist nachzuweisen.

Bei Gebäuden mit einer Ausbildung entsprechend Abschnitt 3.2 kann der rechnerische Nachweis der räumlichen Steifigkeit entfallen, wenn die Decken als Tafeln entsprechend Abschnitt 8.2 hergestellt werden, die untereinander schubfest verbunden sind; dies gilt auch, wenn bei Balkendecken ein Bretterfußboden hergestellt wird, bei dem zumindest am Rande die Bretterstöße wechselseitig versetzt werden oder ähnlich wirken.

8.2 Bei Wandtafeln mit beiderseits aufgenagelten oder aufgeleimten Platten nach Abschnitt 4 mit höchstens einer waagerechten Stoßfuge der Beplankungen und

11.3 Decken- und Dachscheiben aus Tafeln

11.3.1 Allgemeines

Decken- und Dachscheiben nach den nachstehenden Festlegungen dürfen mit Stützweiten bis 30 m für die Aufnahme und Weiterleitung von vorwiegend ruhenden Lasten (einschließlich Windlasten und Erdbebenkräften) in Scheibenebene in Rechnung gestellt werden. Sie dürfen vereinfachend als Balken berechnet werden.

Die Scheibenhöhe h_s muß mindestens ¼ der Stützweite l_s betragen (siehe Bild 30). Bei Scheiben, deren Höhe h_s größer als die Stützweite l_s ist, darf für h_s höchstens der Wert für l_s zugrunde gelegt werden.

Rippen nach Abschnitt 6.2 erübrigt sich der Nachweis ihrer Schubfestigkeit und Steifigkeit als Scheibe; dies gilt auch für diagonale Verbretterungen mit mindestens einer senkrechten Zwischenrippe oder für diagonal ausgesteifte senkrechte oder waagerechte Verbretterungen, oder wenn die Bretter bei senkrechter Verbretterung mit Hartholzdübeln von mindestens 10 mm Durchmesser oder Doppelnägeln von 3,1 mm Durchmesser in höchstens 20 cm Abstand verbunden werden.

3.3 Die Standsicherheit für lotrechte Belastung muß für Wandtafeln mit Tür- oder Fensteröffnungen in der ungünstigsten Ausführung nachgewiesen werden.

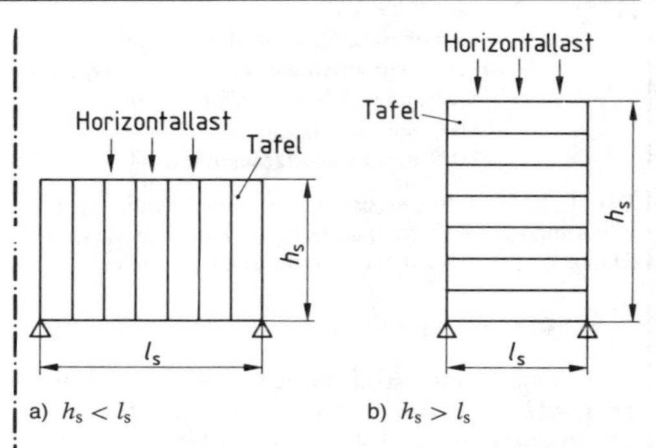

a) $h_s < l_s$ b) $h_s > l_s$

Bild 30. Beispiele für Dach- oder Deckenscheiben aus Tafeln (Draufsicht); Maße, Last

11.3.2 Durchbiegungen

Die zulässige Durchbiegung beträgt 1/1000 der Stützweite l_s. Die Schubverformung ist zu berücksichtigen. Der Nachweis der Durchbiegung darf für Scheiben entfallen, deren Stützweite l_s höchstens gleich der zweifachen Scheibenhöhe h_s ist.

Stoßfugen in den Beplankungen der einzelnen Tafeln brauchen nicht berücksichtigt zu werden, wenn sie parallel zur Lastrichtung liegen und ihr Abstand untereinander sowie vom Scheibenauflager mindestens $l_s/4$ beträgt.

Bei Stoßabständen zwischen $l_s/4$ und $l_s/8$ ist die rechnerische Steifigkeit des Gesamtquerschnittes um 1/3 abzumindern. Stoßabstände kleiner als $l_s/8$ sind unzulässig.

11.4 Wandscheiben aus Tafeln

11.4.1 Allgemeines

Wandscheiben aus Tafeln werden durch waagerechte Lasten in Tafelebene nach Bild 1b, zusätzlich gegebenenfalls durch lotrechte Lasten nach Bild 1a oder waagerechte Lasten nach Bild 1c beansprucht.

Tafeln, die nur nach Bild 1a oder nach Bild 1c belastet werden, sind nach Abschnitt 11.2 zu bemessen.

Die Angaben nach Abschnitt 11.4 gelten für Wandscheiben ohne Öffnungen. Sofern kein genauerer Nachweis erfolgt, sind sie nach den Abschnitten 11.4.2 und 11.4.3 zu bemessen. Sollen Wandscheiben mit Öffnungen, z. B. Fenster, für die Ableitung der Lasten rechnerisch in Ansatz gebracht werden, so muß ihr Tragverhalten unter Berücksichtigung der Öffnungen ermittelt werden.

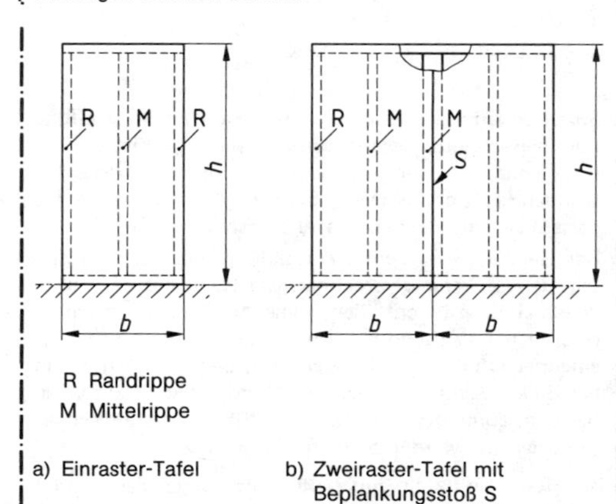

R Randrippe
M Mittelrippe

a) Einraster-Tafel b) Zweiraster-Tafel mit Beplankungsstoß S

Bild 31. Beispiele für Einraster- und Mehrraster-Tafeln

8.5 Die Außenwände sind mit dem Fundament (insbesondere auch im Bereich der Gebäudeecken) durch tragfähige Verbindungsmittel (z. B. Bolzen, Stahllaschen) kraftschlüssig zu verbinden.

8.2 In allen anderen Fällen, z. B. einseitige Beplankung, darf für die Aufnahme der Horizontalkräfte durch die Strebenwirkung (Zug) bei Beplankungen nach Abschnitt 4.3 jeweils ein Plattenstreifen (ohne Stoßfuge) von höchstens $30 \cdot \sqrt{d_{2,3}}$ Breite (cm) in Rechnung gestellt werden.

Man unterscheidet zwischen Einraster-Tafeln (siehe Bild 31a) und Mehrraster-Tafeln (siehe Bild 31b). Die Breite b eines Rasters wird begrenzt durch den Abstand der Randrippen, gegebenenfalls auch durch den Abstand der lotrechten Beplankungsstöße oder durch höchstens etwa 0,5 × Tafelhöhe.

11.4.2 Bemessung von Wandscheiben für die waagerechte Last F_H in Tafelebene

11.4.2.1 Wandscheiben aus Einraster-Tafeln

Die nachstehenden Festlegungen gelten für Tafelbreiten b von mindestens 0,60 m.

Die Aufnahme und Weiterleitung folgender Kräfte sind nachzuweisen:

a) Druckkraft D_1 der Randrippe im Schwellenbereich (nach Bild 32)

$$D_1 = \alpha_1 \cdot F_H \cdot h/b_{s1}, \quad (88)$$

wobei α_1 Tabelle 14 zu entnehmen ist.

b) Anker-Zugkraft

$$Z_A = F_H \cdot h/b_{s1} \quad (89)$$

Endet die Schwelle mit der druckbeanspruchten Randrippe, so ist für die Bemessung Z_A bei Einraster-Tafeln um 10 % zu vergrößern.

c) Bei einseitiger Beplankung ist die Zugkraft Z aus der gedachten Strebenwirkung in der Beplankung zu bestimmen und von dem ideellen Plattenstreifen mit der Breite b_Z nach Bild 33 aufzunehmen. Ohne weiteren Nachweis darf für mindestens 1,20 m breite Tafeln b_Z = 0,50 m angenommen werden. Die Komponenten Z_H und Z_V sind an die umlaufenden Randrippen auf den Längen b und h' anzuschließen.

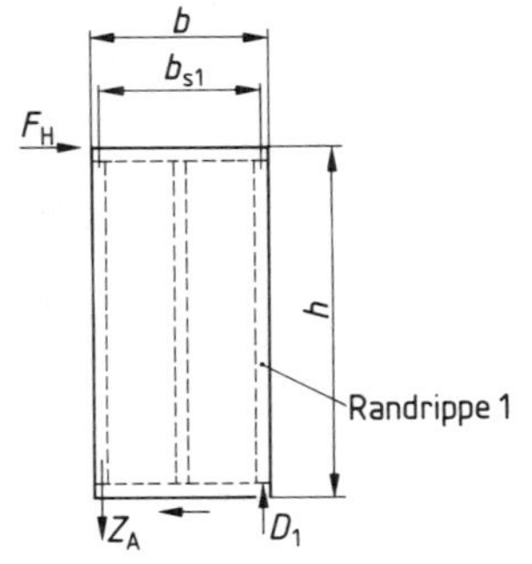

Bild 32. Anker-Zugkraft Z_A und Druckkraft D_1 im Schwellenbereich

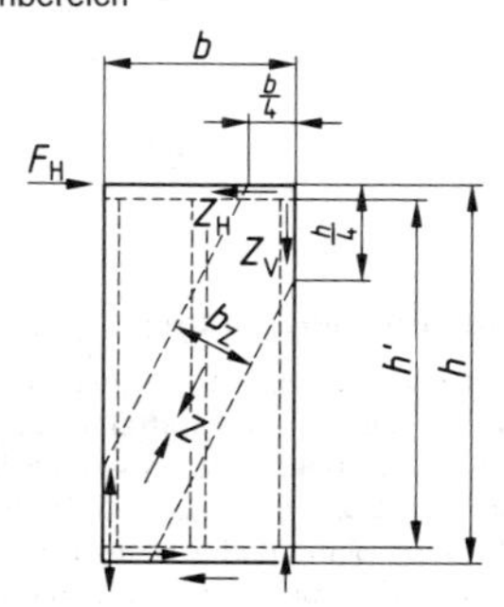

Bild 33. Verteilung und Anschluß der Streben-Zugkraft Z bei einseitiger Beplankung

Die Beplankungen sowie ihr Anschluß brauchen bei beidseitig beplankten Tafeln mit einer Breite b von mindestens 1,0 m nicht nachgewiesen zu werden. Der Höchstabstand der Verbindungsmittel ist einzuhalten.

Die zulässige Auslenkung der Tafeln im Kopfbereich beträgt $1/500$ der Tafelhöhe h. Der Nachweis darf – auch bei Tafeln mit einseitiger Beplankung – entfallen, wenn das Verhältnis Höhe zu Breite der Tafeln $\leq 3{,}0$ ist.

11.4.2.2 Wandscheiben aus Mehrraster-Tafeln

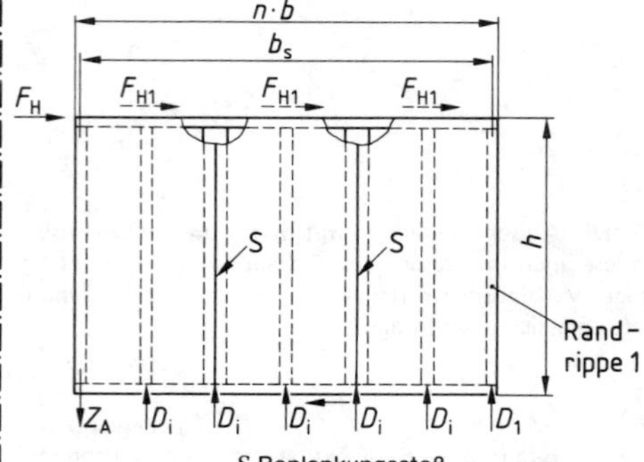

S Beplankungsstoß

a) Anker-Zugkraft Z_A und Rippen-Druckkräfte D_i im Schwellenbereich

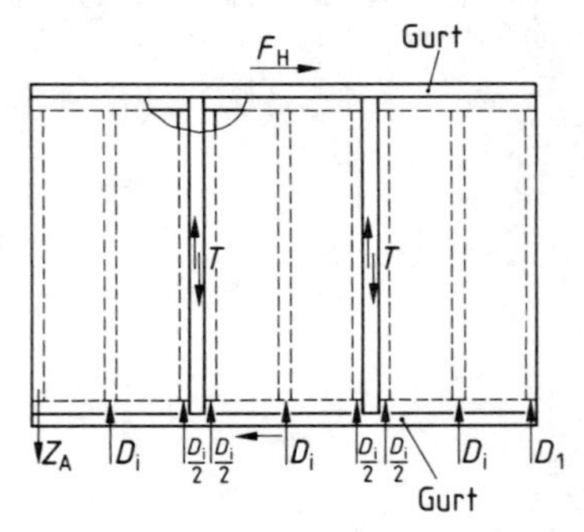

b) Aus Einraster-Tafeln zusammengefügte Tafeln; Z_A, D_i und Schnittkraft T

Bild 34. Mehrraster-Tafeln

Mehrraster-Tafeln mit n Rastern (siehe Bild 34) werden sinngemäß nach Abschnitt 11.4.2.1 bemessen.

Die Druckkräfte D_i der Rippen im Schwellenbereich ergeben sich aus

$$D_i = \alpha_i \cdot F_H \cdot h/b_s, \quad (90)$$

wobei α_i Tabelle 14 zu entnehmen ist.

Die Anker-Zugkraft $Z_A = F_H \cdot h/b_s$ braucht nur am zugbeanspruchten Rand der Gesamttafel aufgenommen zu werden.

Werden Mehrraster-Tafeln durch Zusammenfügen von Einraster-Tafeln gebildet, so ist deren Verbindung schubsteif auszubilden. Sofern kein genauerer Nachweis erfolgt, sind die Verbindungsmittel für die Schubkraft $T = Z_A$ zu bemessen (siehe Bild 34b). Ferner sind im Kopf- und erforderlichenfalls auch im Fußbereich durchgehende Gurte anzuordnen, deren Anschlüsse für die Weiterleitung der waagerechten Last F_H zu bemessen sind.

3 Einzelheiten der Berechnung

3.1 Für die Aufnahme der in der Wandebene wirkenden horizontalen Kräfte dürfen nur Wandtafeln berücksichtigt werden, deren Schubfestigkeit nachgewiesen ist (vergleiche auch Abschnitt 8.2). Sie müssen mit den anderen Tafeln so verbunden sein, daß die auftretenden Zug-, Druck- und Schubkräfte übertragen werden können [z. B. durchgehende Randbalken (Rähm) oder Schwellen, Nagel-, Bolzen-, Schrauben- oder Klammerverbindungen].

Tabelle 14. **Faktoren α_1 und α_i für Tafeln mit einer Rasterbreite $b \geq$ 1,20 m**

Beplankung	Anzahl n der Raster	Randrippe 1 α_1	übrige Rippen α_i
beidseitig	1 2 > 2	2/3 [1]) 2/3 1/2	0 1/5 1/5
einseitig	1 ≥ 2	3/4 [1]) 3/4	0 2/5

1) Für Tafelbreite $b = 0{,}60$ m ist $\alpha_1 = 1{,}0$; Zwischenwerte für Tafelbreiten von 0,60 m bis 1,20 m dürfen geradlinig interpoliert werden.

11.4.3 Nachweis der Schwellenpressung bei Wandtafeln infolge lotrechter Lasten F_V

11.4.3.1 Einraster-Tafeln

An der Abtragung der lotrechten Lasten F_{Vi} in die Unterkonstruktion beteiligen sich die lotrechten Rippen über Schwellenpressung sowie die Beplankungen über ihren unmittelbaren Anschluß an die Schwelle (siehe Bild 35). Zur Ermittlung der einzelnen Rippen-Druckkräfte D_i im Schwellenbereich darf die Gesamtlast ΣF_{Vi} im Verhältnis der jeweiligen zulässigen Rippen-Druckkraft D_i zur zulässigen Gesamtlast zul $D = \Sigma$ (zul D_i) + zul D_{Bepl} aufgeteilt werden. Die zulässige Anschlußkraft der Beplankung zul D_{Bepl} ergibt sich aus der zulässigen Belastung aller in der Schwelle angeordneten Verbindungsmittel. Bei verleimten Tafeln darf dabei die zulässige Druckspannung in der Beplankung nicht überschritten werden.

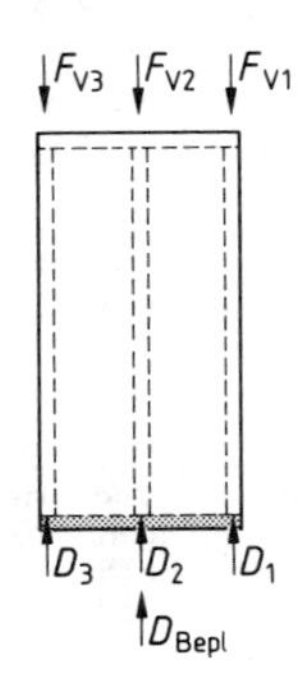

Bild 35. Einraster-Tafel unter lotrechten Lasten F_{Vi}, Rippen-Druckkräfte D_i im Schwellenbereich und Anschlußkraft D_{Bepl} der Beplankung an die Schwelle

11.4.3.2 Mehrraster-Tafeln

Mehrraster-Tafeln mit n Rastern werden rechnerisch in Einraster-Tafeln zerlegt. Die Ermittlung der Rippen-Druckkräfte D_i im Schwellenbereich erfolgt wie in Abschnitt 11.4.3.1 für jede Rasterbreite getrennt. Bei gemeinsamer Rippe zwischen zwei benachbarten Rastern werden Lasten F_{Vi} und Rippenquerschnitt rechnerisch je zur Hälfte auf beide Raster verteilt.

11.4.4 Nachweis der Schwellenpressung bei Wandscheiben infolge gleichzeitig wirkender Lasten F_H und F_V

Die Rippen-Druckkräfte infolge F_H nach Abschnitt 11.4.2 und infolge F_V nach Abschnitt 11.4.3 sind für den Nachweis der Einhaltung der zulässigen Spannungen im Schwellenbereich zu addieren.

3.4 Eine gleichmäßige Lastverteilung auf die Wände darf nur angenommen werden, wenn lastverteilende Decken- oder Dachtafeln verwendet oder hierfür bemessene Randbalken angeordnet werden.

8.3 Stöße tragender Platten sind immer auf Riegeln oder Pfosten anzuordnen.

8.6 Auf eine sorgfältige Verankerung der Dächer gegen Abheben und seitliches Verschieben ist zu achten. Verbindungsmittel für Laschen (z. B. Nägel und Schrauben) sollen nur auf Abscheren, nicht auf Herausziehen beansprucht werden (vergleiche auch DIN 1052 Teil 1, Ausgabe Oktober 1969, Abschnitt 11.3.20).

11.4.5 Verteilung der waagerechten Lasten aus der Decken- oder Dachkonstruktion

Die waagerechten Lasten aus der Decken- oder Dachkonstruktion dürfen anteilmäßig – bei einheitlichem Tafelquerschnitt gleichmäßig – auf die einzelnen Raster verteilt werden (siehe Abschnitt 11.4.2.2). Die Decken- bzw. Dachkonstruktion ist entsprechend anzuschließen.

11.5 Ausführung von Tafeln

Stöße von Beplankungen in Richtung der Tragrippen sind immer auf Rippen aus Vollholz oder Brettschichtholz anzuordnen. Beplankungsstöße auf den Schnittflächen von Rippen aus Holzwerkstoffen sind unzulässig. Die Mindestbreite der Leimfläche zwischen Rippe und Beplankung von 10 mm ist bei Beplankungsstößen beiderseits des Stoßes einzuhalten.

An den freien Plattenrändern im Bereich von Beplankungsstößen sind unterschiedliche Durchbiegungen der Beplankungen bei Lasten rechtwinklig zur Plattenebene zu verhindern, z. B. durch Nut-Feder-Verbindung der Platten.

Im Kopf- und Fußbereich von Wandtafeln für Scheiben sind waagerechte Rippen anzuordnen.

Während der Herstellung des Bauwerkes ist dafür zu sorgen, daß die übrige Konstruktion auch vor Fertigstellung der Decken- oder Dachscheibe standsicher ist.

(Siehe auch DIN 1052 Teil 2, Abschnitt 6.3.1, Seite 126)

DIN 1052 Teil 1 Ausgabe Oktober 1969

11.5. Leimverbindungen

11.5.1. Nachweis der Befähigung zum Leimen

Betriebe, die geleimte, tragende Holzbauteile herstellen, müssen den Nachweis erbringen, daß eine von der zuständigen obersten Bauaufsichtsbehörde dazu anerkannte Stelle ihre Werkeinrichtung und ihr Fachpersonal überprüft und als geeignet befunden hat.

11.5.2. Holzgüte

Die Güteanforderungen nach DIN 4074 brauchen bei verleimten Holzbauteilen, die aus Einzelteilen kleinerer Querschnitte bestehen, im allgemeinen nur auf den Verbundkörper, nicht auf die einzelnen Teile bezogen zu werden. Die in der Zugzone liegenden Teile (Bretter) müssen jedoch für sich betrachtet ebenfalls der vorgesehenen Güteklasse entsprechen. Bei auf Biegung beanspruchten Brettschichtträgern mit Rechteckquerschnitt gilt dies für alle Bretter im Bereich der äußeren 15 % der Trägerhöhe und mindestens für die beiden äußeren Bretter in der Zugzone.

12 Leimverbindungen

12.1 Herstellungsnachweis

Verleimte tragende Holzbauteile dürfen nur verwendet werden, wenn sie von Betrieben hergestellt worden sind, die eine bestimmungsgemäße Herstellung nachgewiesen haben (siehe Anhang A).

Anmerkung: Ein Verzeichnis der Betriebe, die einen solchen Nachweis geführt haben, wird beim Institut für Bautechnik, Reichpietschufer 74–76, 1000 Berlin 30, geführt und in den Mitteilungen des Instituts für Bautechnik veröffentlicht.

Bei allgemein bauaufsichtlich zugelassenen Holzbauteilen sind außerdem die entsprechenden Bestimmungen der Zulassung zu beachten, gegebenenfalls auch ein zusätzlicher Überwachungsnachweis.

11.5.3. Holzfeuchtigkeitsgehalt im Zeitpunkt der Verleimung

Für Leimverbindungen dürfen nur Hölzer mit weniger als 15 % Feuchtigkeitsgehalt verwendet werden. Grundsätzlich müssen jedoch die Bauteile mit dem Feuchtigkeitsgehalt verleimt werden, der im Regelfall dem im eingebauten Zustand zu erwartenden mittleren Wert (Normalwert) entspricht. In der Mehrzahl der Anwendungen wird es sich hiernach um den Bereich des Holzfeuchtigkeitsgehaltes von (12 ±3) % handeln (siehe Abschnitt 3.2.1). Es empfiehlt sich, die Verleimung bei einem Feuchtigkeitsgehalt durchzuführen, der im unteren Bereich des zu erwartenden Normalwertes liegt.

Die Ermittlung des Feuchtigkeitsgehaltes ist durch ein für die Bauholzleimung zugelassenes elektrisches Meßgerät vorzunehmen, dessen Zuverlässigkeit durch Darrproben (nach DIN 52 183) in gewissen Abständen zu überprüfen ist.

12.2 Holzfeuchte zum Zeitpunkt der Verleimung

Für Leimverbindungen dürfen nur Hölzer mit höchstens 15 % Feuchte verwendet werden.

11.5.4. Beschaffenheit der Leimflächen; Paßgenauigkeit

Zum Erzielen möglichst guter Passung der Leimflächen müssen diese gehobelt, gefräst oder mit einwandfrei arbeitenden Kreissägen bearbeitet sein. An den Leimflächen anstehende Harztaschen sind auszukratzen. Schwere Laubhölzer sind nach dem Hobeln mit grobem Schleifpapier oder mit dem Zahnhobel zu bearbeiten.

Vor dem Aufbringen des Leimes sind die Leimflächen einwandfrei von anhaftenden Sägespänen, Staub und dgl. zu reinigen.

11.5.6. Längsstöße

Längsstöße sind durch Schäftung mit einer Leimflächenneigung von höchstens 1/10 oder durch Keilzinkung der Form A nach DIN 68 140 auszuführen.

Beim Bemessen von Keilzinkungen ist der Nachweis mit dem reduzierten Querschnitt

$$\text{red}\,F = (1 - v) \cdot F \qquad (37)$$

zu führen; mit v als Verschwächungsgrad nach DIN 68 140.

Bei Trägern aus Brettschichtholz darf die Schwächung in den Keilzinkungen unberücksichtigt bleiben, wenn die Bretter einzeln gezinkt sind und die Zinkverbindung in einem besonderen Arbeitsgang vor dem endgültigen Aushobeln der einzelnen Bretter auf die Solldicke hergestellt wird. Bei biegebeanspruchten Brettschichthölzern müssen die oberen und unteren Lagen auf je mindestens 1/5 der Querschnittshöhe, jedoch mindestens bei zwei Brettlagen, aus ungestoßenen Brettern oder solchen mit geschäfteten oder keilgezinkten Längsstößen bestehen.

Stöße im Innern eines vorwiegend auf Biegung oder Druck beanspruchten Bauteiles aus Brettschichtholz dürfen stumpf sein. Diese Stöße sind in benachbarten Lagen um mindestens 50 cm gegeneinander zu versetzen.

12.3 Längsstöße

Längsstöße sind durch Schäftung mit einer Leimflächenneigung von höchstens 1/10 oder durch eine Keilzinkenverbindung der Beanspruchungsgruppe I nach DIN 68 140 auszuführen.

Der Spannungsnachweis für den keilgezinkten Querschnitt des Bauteiles ist mit dem reduzierten Querschnitt

$$\text{red}\,A = (1 - v) \cdot A \qquad (91)$$

mit v als Verschwächungsgrad nach DIN 68 140 zu führen.

Abweichend davon darf bei Vollholz nach Tabelle 1, Zeile 1, und Brettschichtholz nach Tabelle 1, Zeile 2, mindestens der Güteklasse II mit Querschnittsmaßen bis 300 mm der Spannungsnachweis ohne Berücksichtigung des Verschwächungsgrades v geführt werden, wenn

a) die rechnerisch ermittelten Spannungen die zulässigen Spannungen für die Güteklasse II nicht überschreiten und

b) der die Keilzinkung ausführende Betrieb den Nachweis der bestimmungsgemäßen Herstellung der Keilzinkenverbindung im Rahmen des Nachweises nach Abschnitt 12.1 geführt hat.

Bei Bauteilen aus Brettschichtholz darf die Schwächung durch die Keilzinkungen der Einzelbretter unberücksichtigt bleiben.

11.5.8. Leime

Leime für tragende Bauteile müssen die Prüfungen nach DIN 68 141 bestanden haben. Für Bauteile, die überdacht

12.4 Leime

Leime für tragende Bauteile müssen die Prüfungen nach DIN 68 141 bestanden haben.

und der Nässe nicht ausgesetzt werden, können bewährte Kasein-Leime und Kunstharzleime verwendet werden, Kasein-Leime allerdings nur dann, wenn die Leimfugen bis zum Aufbringen der Dachhaut gegen Eindringen freien Wassers geschützt sind.

Für Bauteile, die kurzzeitig, jedoch nicht öfter wiederkehrend der Nässe oder Feuchtigkeit ausgesetzt sein können, dürfen Kunstharzleime auf Basis Harnstoff-Formaldehyd oder Resorcinformaldehyd verwendet werden.

Für Bauteile, die der Nässe, sehr feuchtwarmen oder tropenähnlichen Klimabedingungen ausgesetzt sein können, dürfen nur Kunstharzleime auf Basis Resorcinformaldehyd verwendet werden.

Für Bauteile, die im Gebrauchszustand unmittelbar der Witterung oder in Gebäuden Klimabedingungen ausgesetzt sind, bei denen eine Gleichgewichtsfeuchte von 20% oder langfristig oder häufig wiederkehrend eine Temperatur im Bauteil von 50 °C überschritten werden kann, dürfen nur Kunstharzleime verwendet werden, die auf ihre Beständigkeit gegen alle Klimaeinflüsse geprüft sind (z. B. Resorcin- oder Melaminharzleim).

Es sind Leime zu verwenden, die in dicken Fugen beständig sind (z. B. gefüllte Harnstoffharzleime, Leime auf Resorcin-Basis), jedoch jeweils nur für den zugelassenen Klimabereich. Zur Überwachung der Eigenschaften der verwendeten Leime sind vor jedem Bauvorhaben Probeleimungen auszuführen, besonders auch vor dem Verarbeiten jeder neuen Sendung von Leim, Härter usw., und die hergestellten Proben nach entsprechender Kennzeichnung fünf Jahre lang aufzubewahren.

Richtlinie Holzhäuser Ausgabe Februar 1979

7.4 Leimverbindungen

7.4.1 Für die Herstellung der Tafeln dürfen nur härtbare Kunstharzleime auf der Grundlage von Harnstoff-Formaldehyd oder Resorcin-Formaldehyd, bei Heißverleimung auch auf der Grundlage von Melamin-Formaldehyd oder Phenol-Formaldehyd verwendet werden.

11.5.9. Preßdruck

Der Preßdruck muß gleichmäßig wirken. Er wird zweckmäßig durch Spindelpressen, hydraulische Pressen o. ä. erzeugt; Schraubzwingen genügen in der Regel nicht. Zur gleichmäßigen Druckverteilung sind unter den örtlich wirkenden Pressen genügend dicke Zulagen anzuordnen. Preßnagelung, d. h. Aufbringen des Preßdruckes mit Hilfe von Drahtnägeln, ist bei Vollwandträgern für die Verbindung der aus Lamellen von höchstens 30 mm Dicke bestehenden Gurthölzer mit einem vorgefertigten mehrlagigen Steg bei Anordnung nach Bild 26a und der gleichwertig aufgebauten Stegverstärkungen mit dem Steg zulässig. Dazu sind Drahtnägel mindestens der Größe 34 × 90 nach DIN 1151 zu verwenden; sie sind als einschnittig wirkend anzusehen, obwohl sie im allgemeinen mehr als zwei Brettlagen durchdringen. Die Anordnung der Drahtnägel muß den Bildern 26a bis c entsprechen; der Abstand e_n der Drahtnägel ist in Abhängigkeit von der Gurtbreite h_1 nach Tabelle 19 zu wählen.

Tabelle 19. **Angaben für die Gurt-Preßnagelung**

Gurtbreite h_1 cm	Nagelabstand e_n cm	Anzahl der Nagelreihen
10	10	2
12	8,5	2
14	7	3
16	6	3
18	5,5	3

12.5 Verleimen und Preßdruck

Der Preßdruck muß möglichst gleichmäßig verteilt auf alle Leimflächen wirken.

Nagelpreßleimung, d. h. Aufbringen des Preßdruckes mit Hilfe von Nägeln, ist für das Aufleimen von Brettlamellen bis zu einer Dicke von 33 mm oder Platten aus Holzwerkstoffen bis zu einer Dicke von 50 mm zulässig. Dazu sind Nägel nach DIN 1052 Teil 2 mit Längen von etwa 2,5 × Lamellen- bzw. Plattendicke zu verwenden, wobei mindestens ein Nagel je 65 cm^2 Lamellen- bzw. Plattenfläche angeordnet werden muß und der Nagelabstand höchstens 100 mm betragen darf. Hierbei sind die Löcher im Bau-Furniersperrholz bei Plattendicken über 20 mm mit etwa 85% des Nageldurchmessers vorzubohren. Das Vorbohren darf entfallen, wenn geeignete Nageleinschlaggeräte verwendet werden.

Bei mehreren Lagen ist jede Lage für sich zu nageln, wobei die Nägel versetzt angeordnet werden müssen.

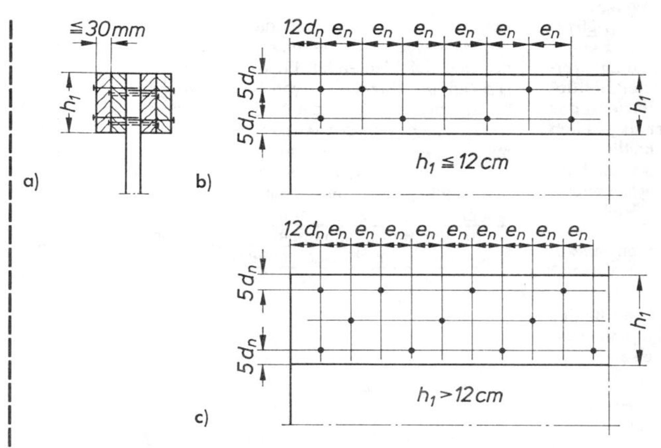

Bild 26. Nagelabstände bei der Nagel-Preßleimung

Beim Nageln ist darauf zu achten, daß an allen Fugen seitlich Leimperlen austreten; wo das nicht der Fall ist, müssen weitere Drahtnägel eingeschlagen werden. Die Preßnagelung darf für andere Leimbauarten nicht angewendet werden.

11.5.10. Temperatur beim Pressen

Die Raumtemperatur beim Pressen soll im Regelfall mindestens 20 °C betragen und darf 18 °C nicht unterschreiten, da sonst die Gefahr von Fehlleimungen besteht. Die Leime sowie die zum Verleimen zu verwendenden Hölzer müssen ebenfalls diese Temperaturen, auch im Innern, aufweisen, weshalb sie ausreichend lange vor Beginn der Leimung bei der genannten Temperatur zu lagern sind.

11.5.5. Gestaltung und Aufbau der Bauteile aus Brettschichtholz

Bauteile aus nur zwei Teilhölzern sollen so aufgebaut werden, daß die von der Markröhre am weitesten entfernten Brettseiten („linke" Seiten) die Leimflächen bilden. Bei Brettschichtholz (mehr als zwei Teilhölzer) ist jeweils eine „linke" mit einer „rechten" Seite zu verleimen; an den Außenseiten sollen jedoch nur „rechte" Seiten liegen. Die Dicke der zu Brettschichtholz verwendeten Einzelbretter ist nach unten nicht begrenzt, darf jedoch in der Regel 30 mm nicht überschreiten. Sie kann auf 40 mm erhöht werden, wenn Trocknung und Holzauswahl besonders sorgfältig erfolgen und die Bauteile keinen extremen klimatischen Wechselbeanspruchungen ausgesetzt sind.

12.6 Gestaltung und Aufbau der Bauteile aus Brettschichtholz

Die Dicke der zu Brettschichtholz verwendeten Einzelbretter beträgt mindestens 6 mm und darf 33 mm nicht überschreiten. Sie darf bei geraden Bauteilen auf 40 mm erhöht werden, wenn die Bauteile keinen extremen klimatischen Wechselbeanspruchungen ausgesetzt sind.

11.5.7. Gekrümmte Bauteile

Bei gekrümmten, aus mehreren Schichten zusammengeleimten Bauteilen muß der Biegehalbmesser R_1 mindestens $200 \cdot a$ sein. Hierbei ist R_1 der Biegehalbmesser des Einzelbrettes und a dessen Dicke. Biegehalbmesser zwischen $200 \cdot a$ und $150 \cdot a$ sind zulässig, wenn die Brettdicke nach der Zahlenwertgleichung

$$a \leqq 10 + 0{,}4 \left(\frac{R_1}{a} - 150 \right) \text{ in mm} \quad (38)$$

ist. Die durch das Krümmen der einzelnen Schichten vor dem Verleimen verursachten Biegespannungen dürfen vernachlässigt werden.

Bei gekrümmten Bauteilen muß der Biegeradius r_1 mindestens $200 \cdot a$ sein. Hierbei ist r_1 der Biegeradius des Einzelbrettes und a dessen Dicke. Biegeradien zwischen $200 \cdot a$ und $150 \cdot a$ sind zulässig, wenn die Brettdicke der Zahlenwertgleichung

$$a \leq 13 + 0{,}4 \left[\frac{r_1}{a} - 150 \right] \text{ in mm} \quad (92)$$

genügt. Die durch das Krümmen der einzelnen Schichten vor dem Verleimen verursachten Biegespannungen dürfen vernachlässigt werden.

DIN 1052 Teil 1 Ausgabe Oktober 1969

11.5.5. Bei Bauteilen mit mehr als 20 cm Breite müssen die Bretter auf beiden Seiten mit je zwei in Brettlängsrichtung durchlaufenden Entlastungsnuten versehen werden. Der gegenseitige Abstand der Nuten beträgt etwa 2/5 der Brettbreite. Die Nuten auf der Unterseite des Brettes sind um den halben Abstand gegenüber den Nuten auf der Oberseite zu versetzen. Die Nuttiefe (Schnittiefe von Säge oder Fräser) beträgt 1/5 bis 1/6 der Brettdicke, die Nutbreite höchstens 3,5 mm. Bei Verwendung von nicht genuteten Brettern muß bei Bauteilen mit mehr als 20 cm Breite jede Brettlage aus mindestens zwei Teilen bestehen. Dabei müssen die Längsfugen übereinander liegender Lagen mindestens um die doppelte Brettdicke gegeneinander versetzt sein.

Überwiegend auf Biegung beanspruchte Träger und Binder aus verleimtem Brettschichtholz dürfen in der Zugzone Anschnitte mit folgenden größten Neigungen aufweisen:

Tabelle 18.

	a/l
Güteklasse II	1/10
Güteklasse I	1/14

Dabei bedeutet a die Brettdicke und l die Länge des Anschnittes. In der Druckzone kann die Anschnittsneigung frei gewählt werden.

Größere Neigungen der Anschnitte sind unerheblich, wenn die zugehörigen Bretter bei der Querschnittsbemessung unberücksichtigt bleiben. Sind bei wechselnder Querschnittshöhe größere Neigungen nicht zu umgehen und soll der Gesamtquerschnitt voll in Rechnung gestellt werden, so müssen auf der Zugseite durchlaufende Bretter auf eine Gesamthöhe von mindestens 15 % der größten Trägerhöhe (Binderhöhe), jedoch mindestens 2 Brettlagen, angeordnet werden.

Bei Bauteilen, die ganz oder teilweise im Freien stehen, müssen, ungeachtet eines aufzubringenden Schutzanstriches, mindestens die in der Zug- und Druckzone im Freien außen liegenden Brettlagen durchlaufen bzw. nach dem Zuschnitt solche durchlaufenden Brettlagen angebracht werden.

11.5.11. Oberflächenschutz

Geleimte Bauteile, die den Witterungseinflüssen ausgesetzt sind, bedürfen eines wirksamen Oberflächenschutzes, damit bei Regen das Eindringen von Wasser vermieden und bei Sonnenbestrahlung die Gefahr des Aufreißens vermindert wird.

11.5.12. Schutzmittelbehandlung

Werden Hölzer zu Bauteilen mit einem Holzschutzmittel behandelt, so muß die Verträglichkeit des zur Verwendung kommenden Leimes mit dem Holzschutzmittel amtlich nachgewiesen sein. Die Schutzmittelbehandlung von Leimbauteilen soll im allgemeinen nach dem Verleimen durchgeführt

DIN 1052 Teil 1 Ausgabe April 1988

Bei Brettschichtholzquerschnitten mit mehr als 220 mm Breite müssen die Bretter mit mindestens einer in Brettlängsrichtung durchlaufenden Entlastungsnut versehen werden. Die Nuttiefe (Schnittiefe von Säge oder Fräser) beträgt ¼ bis ⅕ der Brettdicke, die Nutbreite höchstens 4 mm. Bei Verwendung von nicht genuteten Brettern muß bei Bauteilen mit mehr als 220 mm Breite jede Brettlage aus mindestens zwei Teilen bestehen. Dabei müssen die Längsfugen übereinanderliegender Lagen mindestens um die Brettdicke, jedoch nicht unter 25 mm gegeneinander versetzt sein, sofern die Bretter innerhalb der Brettlagen nicht an den Schmalseiten miteinander verleimt sind.

Bei Bauteilen, die unmittelbar der Witterung ausgesetzt sind, müssen, ungeachtet eines aufzubringenden Schutzanstriches, mindestens die in der Zug- und Druckzone außenliegenden Brettlagen parallel zur Außenseite der Bauteile verlaufen, oder es müssen nach dem Zuschnitt entsprechende Brettlagen angebracht werden.

12.7 Transport und Montage

Beim Transport, bei der Lagerung und bei der Montage der Bauteile ist durch geeignete Maßnahmen sicherzustellen, daß sich ihre Feuchte durch länger einwirkende Einflüsse aus Bodenfeuchte, Niederschlägen sowie infolge Austrocknung nicht unzuträglich verändert (siehe auch DIN 68 800 Teil 2).

werden. Muß in Sonderfällen die Schutzmittelbehandlung vor dem Verleimen vorgenommen werden, so kommen hierfür nur wenige Mittel in Betracht.[3])

Richtlinie Holzhäuser Ausgabe Februar 1979
7.4.2 Werden Bauteile vor dem Verleimen mit einem Holzschutzmittel behandelt, so muß die Verträglichkeit mit dem Leim durch eine Bestätigung der Amtlichen Forschungs- und Materialprüfungsanstalt für das Bauwesen – Otto-Graf-Institut – Universität Stuttgart, nachgewiesen sein.

12. Bauliche Durchbildung

12.1. Abbund und Richten

12.1.1. Alle Teile eines Tragwerkes sind auf unverschieblichen Unterlagen planmäßig derart zusammenzufügen, daß kein Teil unbeabsichtigte Spannungen erleidet.

12.1.2. Die Flächen von Überblattungen, Versatzungen, Stoßverbindungen und Gelenkpunkten sind passend herzurichten. Hölzer dürfen in der Regel nicht künstlich gebogen werden (Überhöhungen ausgenommen), wenn nicht die Zulässigkeit des Verfahrens besonders nachgewiesen wird. Gekrümmte Stäbe dürfen also im allgemeinen nur aus geraden Stücken größeren Querschnittes herausgeschnitten werden. Hölzer, die beim Aufstellen nicht ausreichend genau in die Verbindungen passen oder sich nachträglich windschief verzogen haben, sind auszuwechseln.

Die Bohrlöcher für die verschiedenen Holzverbindungen der Stöße und Knotenpunkte dürfen erst nach vollständigem Zusammenfügen der Tragwerke auf dem Reißboden gebohrt werden, sofern nicht die gleiche Genauigkeit mit anderen Bearbeitungsmethoden erreicht wird.

12.1.3. (Siehe Seite 89)

12.1.4. Alle Verbindungen sind mit Berücksichtigung der Überhöhung anzuzeichnen und herzustellen.

12.1.5. Schraubenbolzen sind nachzuziehen, insbesondere wenn mit einem Schwinden des Holzes gerechnet werden muß. Sie müssen daher genügende Gewindelänge aufweisen und bis zur Beendigung des Schwindens zugänglich bleiben.

12.2. Lager

12.2.1. Für Lager weitgespannter Tragwerke ist im allgemeinen Gußeisen, Stahl oder Hartholz zu verwenden. Lagerteile aus Holz sind mit einem Holzschutzmittel satt zu tränken und durch geeignete Zwischenlagen gegen aufsteigende Feuchtigkeit zu schützen. Die Lager sind gegen Verschieben zu sichern.

12.2.2. Alle Holzteile müssen dauernd ausreichenden Luftzutritt haben.

[3]) Auskünfte hierzu nach dem neuesten Stand erteilt der Prüfausschuß für Holzschutzmittel, 2101 Meckelfeld, Höpenstraße 75

13 Ausführung

13.1 Abbund und Montage

13.1.1 Alle Teile eines Tragwerkes sind so zusammenzufügen und zu montieren, daß kein Teil durch Zwängungen oder sonstige Zustände unzulässig beansprucht wird.

13.1.2 Tragende Bolzen und Klemmbolzen von Dübelverbindungen sind nachzuziehen, wenn mit einem erheblichen Schwinden des Holzes gerechnet werden muß. Sie müssen hierzu genügend Gewindelänge aufweisen und bis zur Beendigung des Schwindens zugänglich bleiben.

13.1.3 Bei mit Paßbolzen angeschlossenen außenliegenden Metallteilen ist darauf zu achten, daß zur Aufnahme von Loch-Leibungskräften der volle Schaftquerschnitt auf der erforderlichen Länge vorhanden ist.

13.2 Dachschalungen

13.2.1 Dachschalungen unter Dachdeckungen

Für Schalungen als Träger von Dachdeckungen dürfen Holz mindestens der Güteklasse II nach DIN 4074 Teil 1 und Holzwerkstoffe der Holzwerkstoffklasse 100 bzw. 100 G (siehe DIN 68 800 Teil 2) verwendet werden.

Parallel zu den Auflagern verlaufende Stöße dürfen nur auf den unterstützenden Bauteilen (z. B. Pfetten oder Sparren) angeordnet werden. Die Auflagertiefe muß mindestens 20 mm betragen.

Die rechtwinklig zu den Auflagern verlaufenden freien Ränder von Brettern, Bohlen oder Holzwerkstoffen müssen bei einem Verhältnis lichte Weite l_w zur Plattendicke d größer als 30 miteinander durch Nut und Feder oder gleichwertige Maßnahmen verbunden werden.

13.2.2 Dachschalungen unter Dachabdichtungen

Zusätzlich zu den Festlegungen nach Abschnitt 13.2.1 sind die folgenden Anforderungen zu erfüllen:

Es sind Holzwerkstoffe der Holzwerkstoffklasse 100 G zu verwenden.

Fugen sind unter Berücksichtigung der zu erwartenden Längen- und Breitenänderungen infolge Quellens auszubilden. Diese sind in der Regel bei Flachpreßplatten mit 2 mm/m und bei Bau-Furniersperrholz mit 1 mm/m zu berücksichtigen.

Die rechtwinklig zu den Auflagern verlaufenden freien Ränder müssen stets miteinander durch Nut und Feder oder gleichwertige Maßnahmen verbunden sein.

Die Dachneigung soll mindestens 2 % betragen. Kleinere Neigungen dürfen nur unter folgenden Bedingungen ausgeführt werden:

a) Die Dachabdichtung muß auch für vorübergehend stehendes Wasser dauerhaft dicht sein.

b) Bei der Bemessung der Dachschalung einschließlich Unterkonstruktion ist eine Wassersackbildung erforderlichenfalls zu berücksichtigen.

14 Kennzeichnung von Voll- und Brettschichtholz

Folgende Bauteile sind dauerhaft, eindeutig und deutlich lesbar zu kennzeichnen:

a) Bauteile aus den Holzarten nach Tabelle 1, Zeile 1, der Güteklassen I und III mit der Güteklasse, dem Zeichen des Sortierwerkes und des dort verantwortlichen Fachmannes; bei aus mehreren Einzelhölzern vorgefertigten Bauteilen darf sich die Kennzeichnung der Güteklasse I auf die Bereiche beschränken, in denen die Rechenwerte der Güteklasse I in Rechnung gestellt sind,

b) Brettschichtholz nach Tabelle 1, Zeile 2, der Güteklasse I und bei Bauteilen über 10 m Länge auch der Güteklasse II mit der Güteklasse, dem Herstelltag und dem Zeichen des Herstellwerkes,

c) Bauteile aus Laubholz nach Tabelle 1, Zeile 3, mit dem Zeichen der Holzartgruppe (A, B oder C), dem Zeichen des Sortier- bzw. Herstellwerkes und des dort verantwortlichen Fachmannes.

Als Verbundquerschnitte verleimte tragende Holzbauteile sind auch bei Verwendung von Voll- oder Brettschichtholz der Güteklasse II stets mit dem Herstelltag und dem Zeichen des Herstellwerkes zu kennzeichnen.

Anhang A

Nachweis der Eignung zum Leimen von tragenden Holzbauteilen

A.1 Der Nachweis einer bestimmungsgemäßen Herstellung nach Abschnitt 12.1 gilt als erbracht, wenn der Betrieb eine Bescheinigung nach Abschnitt A.3 über seine Eignung zum Leimen von tragenden Holzbauteilen vorlegt.

A.2 Die Bescheinigung wird von Prüfstellen, die dafür anerkannt und in einem Verzeichnis des Instituts für Bautechnik geführt werden, ausgestellt, wenn nach Überprüfung der verantwortlichen Fachkräfte und der Werkseinrichtungen die Eignung des Betriebes festgestellt ist. Die Bescheinigung wird für fünf Jahre widerruflich erteilt. Auf Antrag kann die Geltungsdauer der Bescheinigung um jeweils fünf Jahre verlängert werden. Vor jeder Verlängerung ist eine weitere Betriebsprüfung durchzuführen. Der Inhaber der Bescheinigung muß jeden Wechsel der verantwortlichen Fachkräfte sowie Änderungen wesentlicher Teile der Werkseinrichtungen oder des Leimverfahrens der Prüfstelle anzeigen.

A.3 Die Bescheinigung wird für folgende Gruppen erteilt:

a) **Bescheinigung A** für Betriebe, die den Nachweis ihrer Eignung zum Leimen tragender Holzbauteile aller Art erbracht haben.

b) **Bescheinigung B** für Betriebe, die den Nachweis ihrer Eignung zum Leimen von einfachen tragenden Holzbauteilen (z. B. Balken und Träger mit Stützweiten bis zu 12 m, Dreigelenkbinder bis zu 15 m Spannweite und einhüftige Binder mit einer Abwicklungslänge bis 12 m) erbracht haben; dabei ist anzugeben, wenn auch die Voraussetzungen der Gruppe C erfüllt sind.

c) **Bescheinigung C** für Betriebe, die ihre Eignung zum Leimen von Sonderbauarten nach den Bestimmungen der entsprechenden allgemeinen bauaufsichtlichen Zulassung erbracht haben.

d) **Bescheinigung D** für Betriebe, die nur den Nachweis ihrer Eignung zum Leimen von Holztafeln für Holzhäuser in Tafelbauart erbracht haben. Betriebe der Gruppe A und B erfüllen die Voraussetzungen der Gruppe D ohne weiteren Nachweis.

In den Bescheinigungen A, B, C oder D ist außerdem anzugeben, wenn der Betrieb auch den Nachweis für die Herstellung von Keilzinkenverbindungen nach Abschnitt 12.3 erbracht hat.

1.2. Hinweis auf weitere Normen und Vorschriften

1.2.1. Neben dieser Norm gelten auch folgende Normen:

DIN 96	Halbrundholzschrauben mit Längsschlitz
DIN 97	Senkholzschrauben mit Längsschlitz
DIN 104 Blatt 1	Holzbalkendecken, Balken auf zwei Stützen; Berechnung
DIN 104 Blatt 2	Holzbalkendecken, Durchlaufbalken auf drei Stützen
DIN 570	Vierkant-Holzschrauben
DIN 571	Sechskant-Holzschrauben
DIN 1050	Stahl im Hochbau; Berechnung und bauliche Durchbildung
DIN 1052 Blatt 2	Holzbauwerke; Bestimmungen für Dübelverbindungen besonderer Bauart
DIN 1055 Blatt 1 bis Blatt 6	Lastannahmen für Bauten
DIN 1080	Zeichen für statische Berechnungen im Bauingenieurwesen
DIN 4074 Blatt 1	Bauholz für Holzbauteile; Gütebedingungen für Bauschnittholz (Nadelholz)
DIN 4074 Blatt 2	Bauholz für Holzbauteile; Gütebedingungen für Baurundholz (Nadelholz)
DIN 4112	Fliegende Bauten; Richtlinien für Bemessung und Ausführung
DIN 4420	Gerüstordnung
DIN 17 100	Allgemeine Baustähle; Gütevorschriften
DIN 52 183	Prüfung von Holz; Bestimmung des Feuchtigkeitsgehaltes

(DIN 436, DIN 440: Siehe Seite 150)

(DIN 1151: Siehe Seite 150)

(DIN 4110 Blatt 8: Siehe Seite 150)

(DIN 4115: Siehe Seite 150)

(DIN 7961: Siehe Seite 150)

Zitierte Normen und andere Unterlagen

DIN 96	Halbrund-Holzschrauben mit Schlitz
DIN 97	Senk-Holzschrauben mit Schlitz
DIN 571	Sechskant-Holzschrauben
DIN 1052 Teil 2	Holzbauwerke; Mechanische Verbindungen
DIN 1052 Teil 3	Holzbauwerke; Holzhäuser in Tafelbauart, Berechnung und Ausführung
DIN 1055 Teil 3	Lastannahmen für Bauten; Verkehrslasten
DIN 1055 Teil 4	Lastannahmen für Bauten; Verkehrslasten, Windlasten bei nicht schwingungsanfälligen Bauwerken
DIN 1055 Teil 5	Lastannahmen für Bauten; Verkehrslasten, Schneelast und Eislast
DIN 1074	Holzbrücken; Berechnung und Ausführung
DIN 4074 Teil 1	Bauholz für Holzbauteile; Gütebedingungen für Bauschnittholz (Nadelholz)
DIN 4074 Teil 2	Bauholz für Holzbauteile; Gütebedingungen für Baurundholz (Nadelholz)
DIN 4112	Fliegende Bauten; Richtlinien für Bemessung und Ausführung
DIN 4113 Teil 1	Aluminiumkonstruktionen unter vorwiegend ruhender Belastung; Berechnung und bauliche Durchbildung
DIN 4149 Teil 1	Bauten in deutschen Erdbebengebieten; Lastannahmen, Bemessung und Ausführung üblicher Hochbauten
DIN 4420 Teil 1	Arbeits- und Schutzgerüste (ausgenommen Leitergerüste); Berechnung und bauliche Durchbildung
DIN 4420 Teil 2	Arbeits- und Schutzgerüste; Leitergerüste
DIN 4421	Traggerüste; Berechnung, Konstruktion und Ausführung
DIN 18 800 Teil 7	Stahlbauten; Herstellen, Eignungsnachweise zum Schweißen
DIN 50 049	Bescheinigungen über Materialprüfungen
DIN 52 183	Prüfung von Holz; Bestimmung des Feuchtigkeitsgehaltes
DIN 55 928 Teil 1	Korrosionsschutz von Stahlbauten durch Beschichtungen und Überzüge; Allgemeines
DIN 55 928 Teil 2	Korrosionsschutz von Stahlbauten durch Beschichtungen und Überzüge; Korrosionsschutzgerechte Gestaltung
DIN 55 928 Teil 4	Korrosionsschutz von Stahlbauten durch Beschichtungen und Überzüge; Vorbereitung und Prüfung der Oberflächen
DIN 55 928 Teil 5	Korrosionsschutz von Stahlbauten durch Beschichtungen und Überzüge; Beschichtungsstoffe und Schutzsysteme
DIN 55 928 Teil 6	Korrosionsschutz von Stahlbauten durch Beschichtungen und Überzüge; Ausführung und Überwachung der Korrosionsschutzarbeiten
DIN 55 928 Teil 8	Korrosionsschutz von Stahlbauten durch Beschichtungen und Überzüge; Korrosionsschutz von tragenden dünnwandigen Bauteilen (Stahlleichtbau)

DIN 68 140	Holzverbindungen; Keilzinkenverbindungen als Längsverbindung
DIN 68 141	Prüfung von Leimen und Leimverbindungen für tragende Holzbauteile (z. Z. noch Entwurf)
DIN 68 705 Blatt 1	Sperrholz; Begriffe, allgemeine Anforderungen, Prüfung
DIN 68 705 Blatt 3	–; Bau-Furnierplatten, Gütebedingungen

DIN 68 800	Holzschutz im Hochbau

Frühere Ausgaben: DIN 1052:
7.33, 5.38, 10.40 ×, 10.47, 8.65

Änderung Oktober 1969:

DIN 1052 aufgeteilt in DIN 1052 Blatt 1 und Blatt 2. Vollständig neu bearbeitet, entsprechend der technischen Entwicklung ergänzt und berichtigt. Wichtige Änderungen enthalten die Bemessungsregeln für Biegeglieder (Abschnitt 5) und Druckstäbe (Abschnitt 7) sowie die Festlegungen für Nagel- und Leimverbindungen. Neu aufgenommen wurden Festlegungen über den Schubmodul (Abschnitt 3.1) und Schwindmaße (Abschnitt 3.2), Knicklängen bei Kehlbalken, Bogen, Rahmen und Bindern (Abschnitt 7.1), zulässige Spannungen für Rundholz (Abschnitt 9.1) und Furnierplatten (Abschnitt 9.2), Holzschrauben (Abschnitt 11.4). Der Inhalt des Anhanges „Bestimmungen für Dübelverbindungen besonderer Bauart" wurde nach Überarbeitung als DIN 1052 Blatt 2 herausgegeben.

DIN 68 140	Keilzinkenverbindung von Holz
DIN 68 141	Holzverbindungen; Prüfung von Leimen und Leimverbindungen für tragende Holzbauteile, Gütebedingungen
DIN 68 705 Teil 3	Sperrholz; Bau-Furniersperrholz
DIN 68 705 Teil 5	Sperrholz; Bau-Furniersperrholz aus Buche
Beiblatt 1 zu DIN 68 705 Teil 5	Bau-Furniersperrholz aus Buche; Zusammenhänge zwischen Plattenaufbau, elastischen Eigenschaften und Festigkeiten
DIN 68 754 Teil 1	Harte und mittelharte Holzfaserplatten für das Bauwesen; Holzwerkstoffklasse 20
DIN 68 763	Spanplatten; Flachpreßplatten für das Bauwesen, Begriffe, Eigenschaften, Prüfung, Überwachung
DIN 68 800 Teil 2	Holzschutz im Hochbau; Vorbeugende bauliche Maßnahmen
DIN 68 800 Teil 3	Holzschutz im Hochbau; Vorbeugender chemischer Schutz von Vollholz

Frühere Ausgaben

DIN 1052: 07.33, 05.38, 10.40X, 10.47, 08.65

DIN 1052 Teil 1: 10.69

Änderungen

Gegenüber der Ausgabe Oktober 1969 wurden folgende Änderungen vorgenommen:

Neben einer vollständigen Überarbeitung wurden insbesondere geändert und ergänzt:

a) Zusätzlich aufgenommen wurden einige außereuropäische Holzarten und Flachpreßplatten sowie Bestimmungen über Holztafeln, Beplankungen und Dachschalungen.

b) Angaben über Materialkennwerte entsprechend erweitert, Berücksichtigung von Kriechverformungen bei auf Biegung beanspruchten Bauteilen.

c) Erhöhung von zul σ um 25 % im Lastfall HZ, bei Stoß- und Erdbebenlasten um 100 %, bei Transport- und Montagezuständen um 50 %.

d) Angabe von zulässigen Torsionsspannungen und Querzugspannungen für Voll- und Brettschichtholz (Reduzierung von 0,25 auf 0,2 MN/m^2). Bei Bau-Furniersperrholz höhere zul τ-Werte für Abscheren rechtwinklig zur Plattenebene und teilweise auch für Bau-Furniersperrholz aus Buche.

e) Bemessung von Biegeträgern mit abgeminderter Querkraft möglich; Regelungen für
- Torsion und Querkraft
- Ausklinkungen
- Trägerdurchbrüche
- gekrümmte Träger und Satteldachträger und Spannungskombination am schrägen Rand.

f) Erweiterung der Berechnungsformeln für zusammengesetzte Träger (einfach-symmetrischer Querschnitt und Teile mit verschiedenen E-Moduln).

g) C-Werte für Stabdübel.

h) Tragsicherheitsnachweis nach der Spannungstheorie II. Ordnung.

i) Die Grundgleichungen zur Bemessung von Zug-, Druck- und Biegestäben sind mit Rücksicht auf eine bessere Transparenz und Systematik formal umgestellt worden.

j) Neue Regelung für den Stabilitätsnachweis von Biegeträgern mit Rechteckquerschnitt.

k) Angabe der ω-Zahlen nunmehr gesondert für Vollholz aus verschiedenen Holzarten, für Brettschichtholz und Holzwerkstoffe zur Ermittlung der jeweils zulässigen Knickspannung.

l) Angaben zur Bemessung der Aussteifungskonstruktion für biegebeanspruchte Vollwandträger mit Rechteckquerschnitt abweichend von den Angaben für Fachwerkträger.

m) Regelungen für aussteifende Decken-, Dach- und Wandscheiben aus Holzwerkstoffen und aus Holztafeln.

Erläuterungen

Die in dieser Norm verwendeten Formelzeichen weichen teilweise von den in DIN 1080 Teil 5/03.80 festgelegten Formelzeichen ab. Es ist daher vorgesehen, DIN 1080 Teil 5 zu überarbeiten.

DK 694.28 : 674.028.2 : 624.011.1 : 694.011.1

Oktober 1969

Holzbauwerke

Bestimmungen für Dübelverbindungen besonderer Bauart

DIN 1052 Blatt 2

Timber structures, specifications for special dowal joints

Mit DIN 1052 Blatt 1 Ersatz für DIN 1052

Fachnormenausschuß Bauwesen im Deutschen Normenausschuß (DNA)
Arbeitsgruppe Einheitliche Technische Baubestimmungen (ETB)

DK 694.12:624.011.1:621.882 April 1988

Holzbauwerke

Mechanische Verbindungen

DIN 1052 Teil 2

Timber structures; mechanical joints

Ouvrages en bois; assemblages méchaniques

Ersatz für Ausgabe 10.69
und mit DIN 1052 T 1/04.88
Ersatz für DIN 1052 T 1/10.69

Die Normen der Reihe DIN 1052 sind gegliedert in

DIN 1052 Teil 1 Holzbauwerke; Berechnung und Ausführung

DIN 1052 Teil 2 Holzbauwerke; Mechanische Verbindungen

DIN 1052 Teil 3 Holzbauwerke; Holzhäuser in Tafelbauart, Berechnung und Ausführung

Verweise in dieser Norm auf DIN 1052 Teil 1 beziehen sich auf die Ausgabe 04.88.

Normenausschuß Bauwesen (NABau) im DIN Deutsches Institut für Normung e.V.

Inhalt

1. Geltungsbereich

Diese Norm gilt in Verbindung mit DIN 1052 Blatt 1 für die Bemessung und Ausführung von Dübelverbindungen, die nach den bauaufsichtlichen Bestimmungen aufgrund durchgeführter Prüfungen als ausreichend brauchbare und zuverlässige Verbindungsmittel im Holzbau anerkannt sind. Sie gilt für die Verbindung von europäischen Nadelhölzern mindestens der Güteklasse II nach DIN 4074 Blatt 1 „Bauholz für Holzbauteile; Gütebedingungen für Bauschnittholz" sowie bei Einlaßdübeln auch für Eiche und Buche.

Die Materialgüte der Dübel nach dieser Norm muß mindestens den Bedingungen der früheren Zulassungen entsprechen.

Bei Anwendung dieser Norm ist die Schutzrechtfrage zu prüfen.

1 Anwendungsbereich

Diese Norm gilt in Verbindung mit DIN 1052 Teil 1 und Teil 3 für die Berechnung und Ausführung von tragenden mechanischen Verbindungen im Holzbau. Sie gilt für die Verbindung von Nadelhölzern, Laubhölzern und Holzwerkstoffen nach DIN 1052 Teil 1 und Teil 3 untereinander und mit Stahl, soweit nachstehend nichts anderes festgelegt ist.

2 Begriff

Mechanische Verbindungen im Holzbau sind im Gegensatz zu Leimverbindungen solche, bei denen unter Scherbelastung lastabhängige Verschiebungen der miteinander verbundenen Teile auftreten. Diese Verschiebungen werden durch Lochleibungsverformungen der verbundenen Teile im Bereich der Leibungsflächen der Verbindungsmittel und zusätzlich durch die Verformung der Verbindungsmittel verursacht.

Die hierfür verwendeten Verbindungsmittel werden als mechanische Verbindungsmittel bezeichnet. Sie können je nach Bauart auch in Axialrichtung beansprucht werden.

DIN 1052 Teil 1 Ausgabe Oktober 1969

11. Holzverbindungen

Bei allen Holzverbindungen sind die zulässigen Belastungen in den Fällen nach Abschnitt 9.4 auf 5/6 bzw. 2/3 zu ermäßigen.

Im Lastfall HZ (siehe Abschnitt 4.1.2) können die zulässigen Belastungen um 15 % erhöht werden.

12.1.3. Alle Verbindungsmittel sind möglichst symmetrisch zur Stabachse und in Faserrichtung gegeneinander versetzt anzuordnen, damit sich bei Lufttrissen nicht gleichzeitig alle Befestigungsmittel lockern und an Tragkraft einbüßen. Offene Ringdübel aus Metall sind so einzubauen, daß der Schlitz rechtwinklig zur Kraftrichtung liegt.

3 Allgemeines

3.1 Bei allen Verbindungen im Holzbau mit mechanischen Verbindungsmitteln sind die zulässigen Belastungen, wenn in den Abschnitten 4 bis 10 nichts anderes bestimmt ist, bei Feuchteeinwirkungen nach DIN 1052 Teil 1, Abschnitt 5.1.7 bzw. Abschnitt 5.2.3, abzumindern.

3.2 Im Lastfall HZ dürfen, wenn in den Abschnitten 4 bis 10 nichts anderes bestimmt ist, die zulässigen Belastungen der Verbindungsmittel um 25 %, bei waagerechten Stoßlasten nach DIN 1055 Teil 3 und Erdbebenlasten nach DIN 4149 Teil 1 um 100 % und für Transport- und Montagezustände um 25 % erhöht werden.

Bei der Berücksichtigung von Windsogspitzen nach DIN 1055 Teil 4 darf die Tragkraft der Verbindungsmittel mit dem 1,8fachen Wert der zulässigen Belastung für den Lastfall H in Rechnung gestellt werden.

3.3 Verbindungsmittel sind möglichst symmetrisch zur Stabachse anzuordnen.

Nägel, Schrauben und Stabdübel sind in der Regel in Faserrichtung um $d/2$ gegenüber der Rißlinie versetzt anzuordnen.

11.3.2.
Nagelverbindungen in Hirnholz dürfen nicht als tragend in Rechnung gestellt werden.

11.3.20. In Hirnholz eingeschlagene Nägel dürfen auf Herausziehen nicht in Rechnung gestellt werden.

11.4.
Holzschrauben in Hirnholz dürfen nicht als tragend in Rechnung gestellt werden.

11.1.3. Dübel aus Metall müssen ausreichend korrosionsbeständig sein.

11.3.12. Wenn die Nägel in Bauteilen der Korrosionsgefahr besonders ausgesetzt sind, darf die Belastung der Nagelverbindung nur dann die zulässigen Werte erreichen, wenn die Nägel durch einen Überzug aus Zink, Blei, Kadmium oder dgl. entsprechend der Art der Korrosionsgefahr geschützt werden, oder wenn es sich um Bauten zu vorübergehenden Zwecken handelt.

Richtlinie Holzhäuser Ausgabe Februar 1979
7.2. Die Nägel müssen bei Wand- und Deckentafeln verzinkt oder anderweitig gegen Rost geschützt sein. 7.3.2 Die Schrauben für Wand- und Deckentafeln müssen verzinkt oder anderweitig gegen Rost geschützt sein.

11.3.8.

Bei Blechdicken unter 5 mm ist Korrosionsschutz I nach DIN 4115 stets erforderlich.

3.4 Mechanische Verbindungsmittel in Hirnholz dürfen mit Ausnahme der in Abschnitt 4.3.2 für Einlaßdübel des Dübeltyps A getroffenen Regelung als tragende Verbindungsmittel nicht in Rechnung gestellt werden.

3.5 In besonderen Fällen ist die zulässige Beanspruchung einer mechanischen Verbindung auch unter Berücksichtigung der im Holz auftretenden Zugspannungen rechtwinklig zur Faserrichtung zu ermitteln.

3.6 Mechanische Verbindungsmittel bedürfen je nach den Umweltbedingungen eines ausreichenden Korrosionsschutzes (siehe Tabelle 1).

Anstelle des Korrosionsschutzes nach Tabelle 1 ist auch ein anderer gleichwertiger Korrosionsschutz zulässig.

Verbindungsmittel aus korrosionsbeständigem Material dürfen in allen Anwendungsbereichen nach Tabelle 1 verwendet werden.

Tabelle 1. **Mindestanforderungen an den Korrosionsschutz für tragende Verbindungsmittel aus Stahl**

Art des Verbindungsmittels	Anwendungsbereiche		
	In Räumen mit einer mittleren relativen Luftfeuchte ≤ 70 %, ferner bei überdachten Bauteilen, zu denen die Außenluft ständig Zugang hat, bei vergleichsweise geringer korrosiver Beanspruchung 1)	Bei überdachten Bauteilen, zu denen die Außenluft ständig Zugang hat, bei mittlerer korrosiver Beanspruchung 2)	Im Freien sowie in Räumen mit einer mittleren relativen Luftfeuchte > 70 %, ferner bei überdachten Bauteilen, zu denen die Außenluft ständig Zugang hat, bei besonders starker korrosiver Beanspruchung 3)
	mittlere Mindestzinkauflage g/m^2		
Dübel Bolzen Stabdübel Nägel Holzschrauben	Korrosionsschutz nicht erforderlich 4) 5)		400 6)
Klammern	50	nichtrostende Stähle nach DIN 17 440	
Stahlbleche ≤ 3 mm 7)	275 8)	275 8) und Beschichtung nach DIN 55 928 Teil 5 und Teil 8 oder 350 8) und geeignete Chromatierung 9)	nichtrostende Stähle nach DIN 17 440 oder Korrosionsschutz nach DIN 55 928 Teil 8
Stahlbleche > 3 mm bis 5 mm	100	400	nichtrostende Stähle nach DIN 17 440 oder Korrosionsschutz nach DIN 55 928 Teil 5
Nagelplatten	275 8)	350 8) und geeignete Chromatierung 9)	nichtrostende Stähle nach DIN 17 440

1) Siehe DIN 55 928 Teil 8; entsprechend der Landatmosphäre nach DIN 55 928 Teil 1.

2) Siehe DIN 55 928 Teil 8; entsprechend der Stadtatmosphäre nach DIN 55 928 Teil 1.

3) Siehe DIN 55 928 Teil 8; entsprechend der Industrieatmosphäre nach DIN 55 928 Teil 1.

4) Bei einseitigen Dübeln Dübeltyp C (siehe Abschnitt 4.3.3) muß eine mittlere Mindestzinkauflage von 400 g/m^2 aufgebracht werden.

5) Bei Stahlblech-Holzverbindungen mit außenliegenden Blechen müssen die Nägel bzw. Schrauben eine mittlere Mindestzinkauflage von 50 g/m^2 aufweisen.

6) Bei außergewöhnlicher klimatischer Beanspruchung sind zusätzliche, auf die Beanspruchung abgestimmte Maßnahmen erforderlich.

7) Stahlbleche ≤ 3 mm dürfen auch mit geschnittenen unverzinkten Kanten eingesetzt werden.

8) Mittlere Zinkauflage beidseitig; Wert entspricht der Zinkauflagegruppe nach DIN 17 162 Teil 1.

9) Mit der gewählten Chromatierung muß eine wesentliche Verbesserung des Korrosionsschutzes erreicht werden (z. B. Farbchromatierung).

11.1. Dübelverbindungen

11.1.1. Unter die Festlegungen für Dübelverbindungen fallen alle überwiegend auf Druck und Abscheren beanspruchten Verbindungsmittel, wie rechteckige Dübel, Scheiben-, Teller-, Ring- und Krallendübel, Krallenplatten usw. Man unterscheidet Einlaßdübel, die in vorbereitete passende Vertiefungen des Holzes eingelegt, und Einpreßdübel, die ohne Benutzung von Bohr-, Nut- oder Fräswerkzeugen in das Holz eingepreßt werden, ferner Dübel, die teils eingelassen, teils eingepreßt werden (Einlaß-/Einpreßdübel).

11.1.2. Gerade, aufrechtstehende Dübel aus Flachstahl dürfen zur Kraftübertragung nicht verwendet werden.

11.1.4. Dübel dürfen nur in Holz mindestens der Güteklasse II nach DIN 4074, Einpreßdübel nur in Nadelholz verwendet werden.

11.1.5. Alle Dübelverbindungen müssen durch in der Regel nachspannbare Schraubenbolzen zusammengehalten werden, wobei alle Dübel durch Bolzen gesichert sein müssen (siehe Bild 16). Bei Verbindungen mit Dübeldurchmessern bzw. -seitenlängen ≧ 120 mm sind an den Enden der Außenhölzer oder -laschen Klemmbolzen anzuordnen (siehe Bild 16).

Die Bolzen sind so anzuziehen, daß die Scheiben geringfügig, jedoch höchstens 1 mm in das Holz eingedrückt werden.

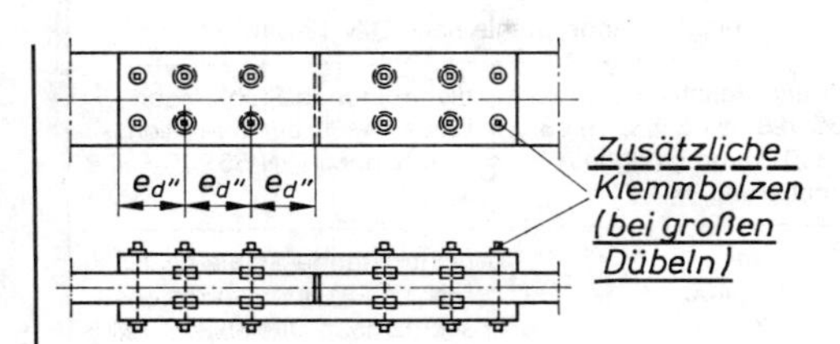

Bild 16. Anordnung der Bolzen bei Dübelverbindungen

Tabelle 10. **Zulässige Leibungsspannung in kp/cm² gleichgerichtet zur Faser im Lastfall H**

Zeile	Verhältnis der Dübellänge l_d zur Einschnittiefe t_d	Anzahl der in Kraftrichtung hintereinanderliegenden Dübel	
		1 und 2 und in verdübelten Balken	3 und 4
1	$l_d / t_d \geqq 5$	85	75
2	$l_d / t_d < 5$	40	35

4 Dübelverbindungen mit Einlaß- und Einpreßdübeln

4.1 Allgemeines

4.1.1 Unter die Festlegungen für Dübelverbindungen fallen alle überwiegend auf Druck und Abscheren beanspruchten Verbindungsmittel, die in vorbereitete, passende Vertiefungen des Holzes eingelegt (Einlaßdübel) oder die in das Holz eingepreßt werden (Einpreßdübel mit oder ohne Ausfräsungen), ferner Dübel, die teils eingelassen, teils eingepreßt werden (Einlaß-Einpreßdübel).

Nicht unter diese Bestimmungen fallen Stabdübel (siehe Abschnitt 5).

4.1.2 Dübel nach Abschnitt 4.1.1 dürfen nur für die Verbindung von Vollholz und Brettschichtholz aus Nadelhölzern nach DIN 1052 Teil 1, Tabelle 1, mindestens der Güteklasse II nach DIN 4074 Teil 1, Einlaßdübel auch für die Verbindung von Laubhölzern angewendet werden. Dübel entsprechender Bauart sind für die Verbindung von Stahllaschen oder Stahlteilen mit Vollholz und Brettschichtholz geeignet.

4.1.3 Alle Dübelverbindungen müssen durch in der Regel nachziehbare Schraubenbolzen aus Stahl zusammengehalten werden, wobei jeder Dübel durch einen Bolzen gesichert sein muß (siehe Bild 1). Bei Verbindungen mit Dübeldurchmessern bzw. -seitenlängen ≥ 130 mm sind, wenn zwei oder mehr Dübel in Kraftrichtung hintereinander angeordnet sind, an den Enden der Außenhölzer oder -laschen zusätzliche Schraubenbolzen als Klemmbolzen anzuordnen (siehe Bild 1). Alle Bolzen sind so anzuziehen, daß die Scheiben geringfügig (etwa 1 mm) in das Holz eingedrückt werden.

Bezüglich des Ersatzes der Bolzen siehe Abschnitt 4.3.5.

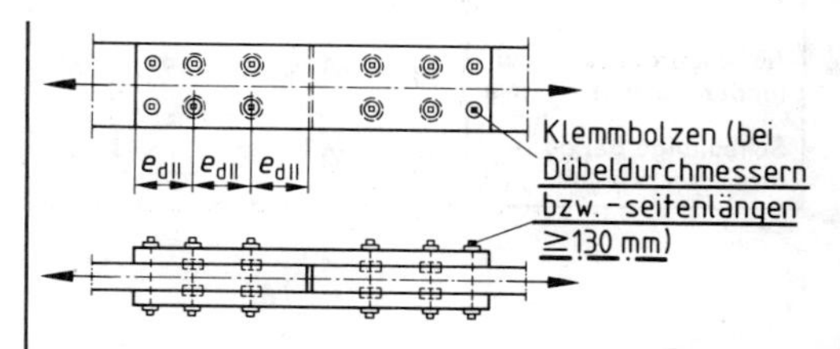

Bild 1. Anordnung der Bolzen bei Dübelverbindungen

Tabelle 2. **Zulässige Leibungsspannungen in MN/m² parallel zur Faser im Lastfall H**

	Verhältnis der Dübellänge l_d zur Einschnittiefe t_d	Anzahl der in Kraftrichtung hintereinanderliegenden Dübel			
		1 und 2 und in verdübelten Balken		3 und 4	
		Nadelhölzer	Laubhölzer	Nadelhölzer	Laubhölzer
		nach DIN 1052 Teil 1, Tabelle 1		nach DIN 1052 Teil 1, Tabelle 1	
1	$l_d/t_d \geq 5$	8,5	10,0	7,5	9,0
2	$3 \leq l_d/t_d < 5$	4,0	5,0	3,5	4,5

11.1.7. Rechteckige Dübel nach Bild 17 dürfen nur aus trockenem Hartholz oder aus Metall hergestellt werden. Ihre zulässige Belastung ist rechnerisch zu ermitteln.

11.1.6. Rechteckige Holzdübel sind so einzulegen, daß ihre Fasern und die der zu verbindenden Hölzer gleichgerichtet sind (siehe Bild 17).

11.1.7.
Es dürfen in einem Anschluß höchstens 4 hintereinanderliegende Rechteck- oder Flachstahldübel in Rechnung gestellt werden (das gilt nicht für Rechteckdübel in verdübelten Balken). Die zulässige, als gleichmäßig verteilt angenommene Leibungsspannung gleichgerichtet zur Faser im Lastfall H ist der Tabelle 10 zu entnehmen.

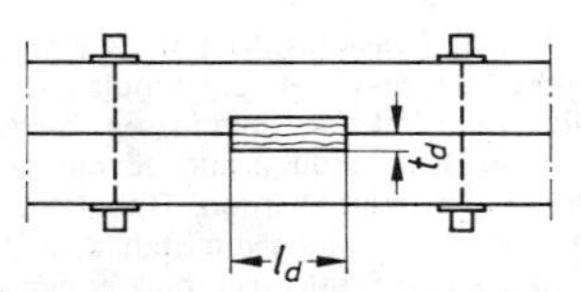

Bild 17. Anordnung eines rechteckigen Holzdübels

Es ist nachzuweisen, daß die Scherspannung in den Holzdübeln sowie in den zu verbindenden Hölzern die nach Tabelle 6, Zeile 5, zulässigen Werte nicht überschreitet.

Tabelle 11. **Maße der Scheiben für Dübelverbindungen und tragende Bolzenverbindungen**

Bolzendurchmesser	M 12	M 16	M 20	M 22	M 24
Dicke der Scheibe mm	6	6	8	8	8
Außendurchmesser bei runder Scheibe mm	58	68	80	92	105
Seitenlänge bei quadratischer Scheibe mm	50	60	70	80	95

Flachstahldübel, die auf durchgehende Stahlbleche oder -profile geschweißt (nur durch Flankenkehlnähte zulässig, nicht durch Stirnkehlnähte) oder aus dem vollen Material herausgearbeitet sind (z. B. bei Stützenverankerungen) können mit den zulässigen Leibungsspannungen nach Tabelle 10, Zeile 1, berechnet werden, auch wenn das Verhältnis $l_d/t_d < 5$ ist, wenn durch genügende Stahlblechdicke und eine ausreichende Sicherung durch Bolzen ein Kippen der Dübel verhindert wird. Dabei sind bei einer Stahlblechbreite $\leqq$ 18 cm die Bolzen einreihig und bei einer Stahlblechbreite > 18 cm zweireihig anzuordnen.

4.2 Rechteckige Dübel

Rechteckige Dübel nach Bild 2 dürfen nur aus trockenem Hartholz oder aus Stahl hergestellt werden. Hölzerne Dübel sind so einzulegen, daß die Fasern der Dübel und der zu verbindenden Hölzer gleichgerichtet sind. Ihre zulässige Belastung ist rechnerisch zu ermitteln.

In Stabanschlüssen und Stößen dürfen höchstens vier hintereinanderliegende Rechteckdübel in Rechnung gestellt werden. Die zulässige, als gleichmäßig verteilt angenommene Leibungsspannung im Holz parallel zur Faser im Lastfall H ist Tabelle 2 zu entnehmen.

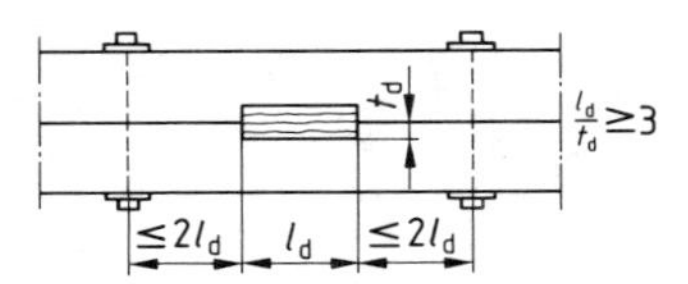

Bild 2. Anordnung eines rechteckigen Holzdübels

Es ist nachzuweisen, daß die Scherspannung in den Holzdübeln sowie in den zu verbindenden Hölzern die nach DIN 1052 Teil 1, Tabelle 5, Zeile 6, zulässigen Werte nicht überschreitet. Die Bolzen (siehe Bild 2) werden zur Aufnahme des Kippmomentes benötigt und sind beidseitig mit Unterlegscheiben aus Stahl nach Tabelle 3 einzubauen.

Tabelle 3. **Maße der Scheiben für Dübelverbindungen und tragende Bolzenverbindungen**

Bolzendurchmesser		M 12	M 16	M 20	M 24
Dicke der Scheibe [1]	mm	6	6	8	8
Außendurchmesser bei runder Scheibe	mm	58	68	80	105
Seitenlänge bei quadratischer Scheibe	mm	50	60	70	95

[1]) Das untere Grenzabmaß für die Dicke der Scheiben darf höchstens 0,5 mm betragen.

Flachstahldübel, die auf durchgehende Stahlbleche oder -profile geschweißt (nur Flankenkehlnähte zulässig, **nicht** Stirnkehlnähte) oder aus dem vollen Material herausgearbeitet sind (z. B. Stützenverankerungen), dürfen auch bei $l_d/t_d < 5$ mit den zulässigen Leibungsspannungen nach Tabelle 2, Zeile 1, berechnet werden, wenn durch ausreichende Laschendicke (Flachstahl $\geq$ 10 mm oder U-Profil) und durch zusätzliche Sicherung mit Bolzen ein Kippen der Dübel verhindert wird. Dabei sind bei einer Dübelbreite > 180 mm die Bolzen zweireihig anzuordnen.

4.3 Dübel besonderer Bauart

4.3.1 Allgemeines

Es dürfen nur Dübel besonderer Bauart (ausgenommen Dübeltyp B) verwendet werden, deren bestimmungsgemäße Herstellung durch eine Bescheinigung DIN 50 049 – 2.1

(Werksbescheinigung) mit Angabe des Werkstoffes, gegebenenfalls des Korrosionsschutzes und der Maße nach dieser Norm sowie des Zeichens des Herstellers nachgewiesen ist. Außerdem ist die Liefereinheit mit den gleichen Angaben zu kennzeichnen.

Die Dübel dürfen auch aus einem mindestens gleichwertigen anderen Material der jeweils angegebenen Norm hergestellt werden.

2. Formen, zulässige Belastungen und Anordnung der Dübel

2.1. Wenn in den folgenden Abschnitten nichts anderes festgelegt, gilt DIN 1052 Blatt 1 Ausgabe Oktober 1969 (und dort besonders der Abschnitt 11.1).

2.2. Soweit nicht ausdrücklich vermerkt, dürfen Dübel ohne besonderen Nachweis nicht für die Verbindung von Vollholz mit Metallaschen verwendet werden.

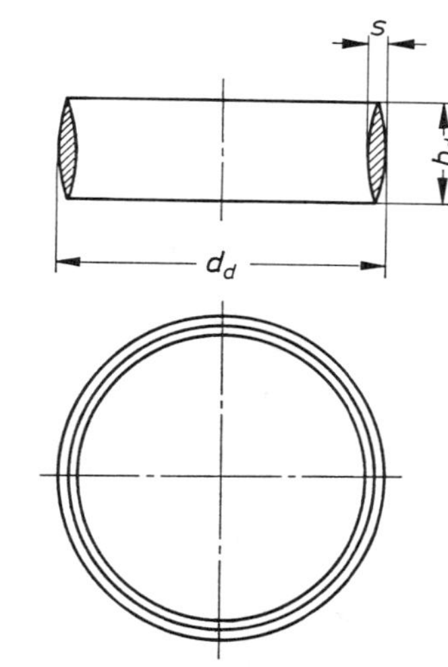

Zweiseitiger Ringkeildübel System Appel

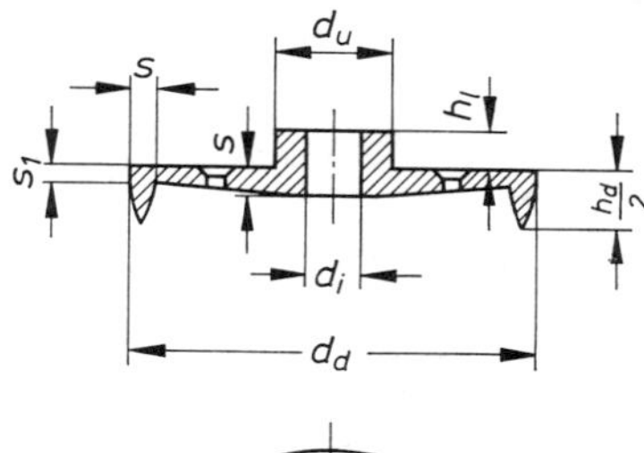

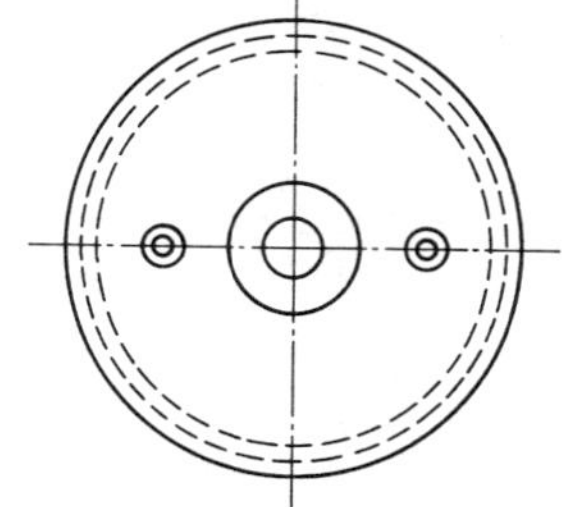

Einseitiger Ringkeildübel System Appel

Bild 1. Dübelformen

4.3.2 Einlaßdübel

Als Einlaßdübel gelten zwei- und einseitige Ringkeildübel nach Bild 3 (Dübeltyp A), die aus der Leichtmetall-Gußlegierung GD-AlSi9Cu3 (Werkstoffnummer 3.2163.05) nach DIN 1725 Teil 2 bestehen, sowie Rundholzdübel aus fehlerfreiem Eichenholz nach Bild 4 (Dübeltyp B). Die Dübel werden in passende Vertiefungen der Hölzer eingelegt.

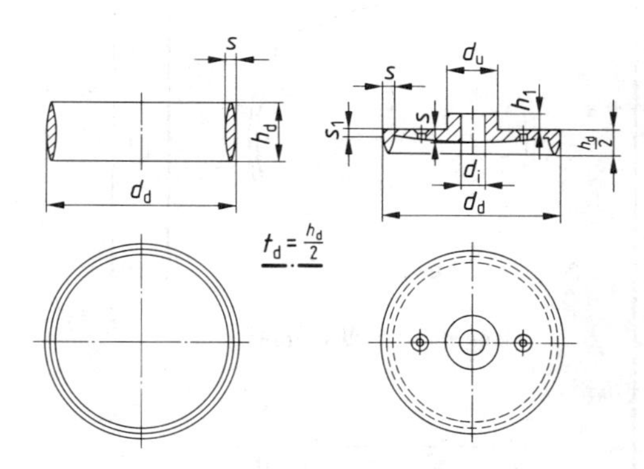

Bild 3. Zwei- und einseitiger Ringkeildübel (Dübeltyp A)

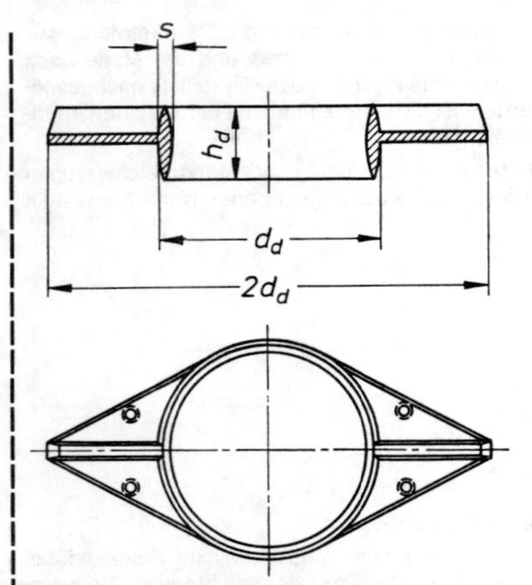

Ringdübel System Beier

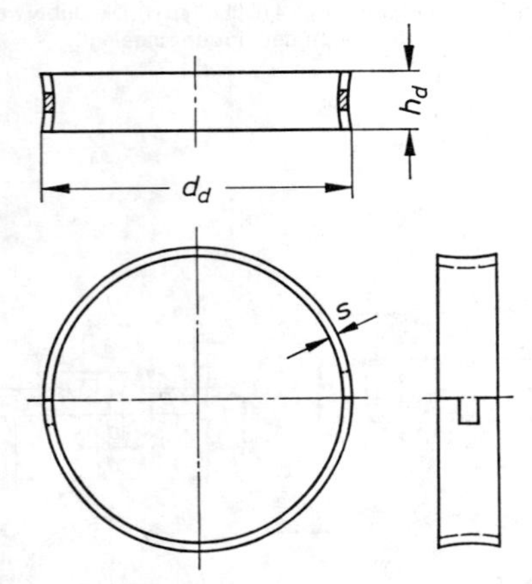

Rippendübel System Appel

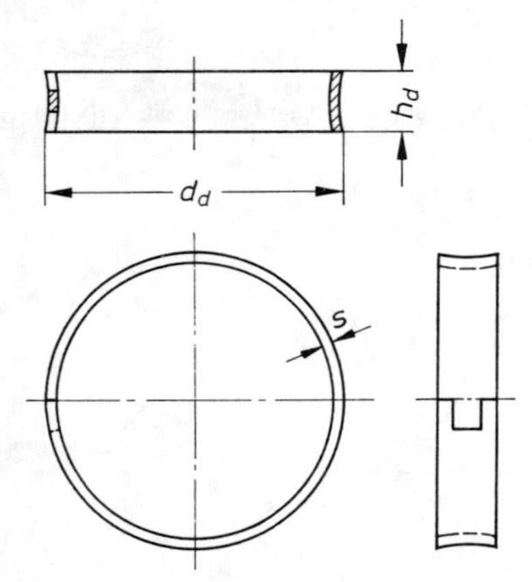

Ringdübel System Tuchscherer
(Zu Bild 1.)

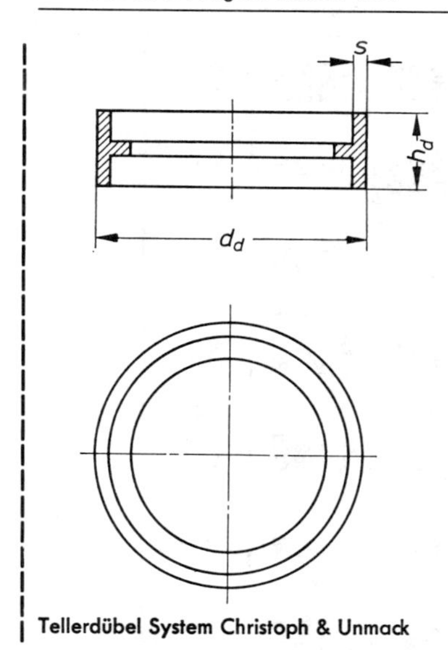

Tellerdübel System Christoph & Unmack

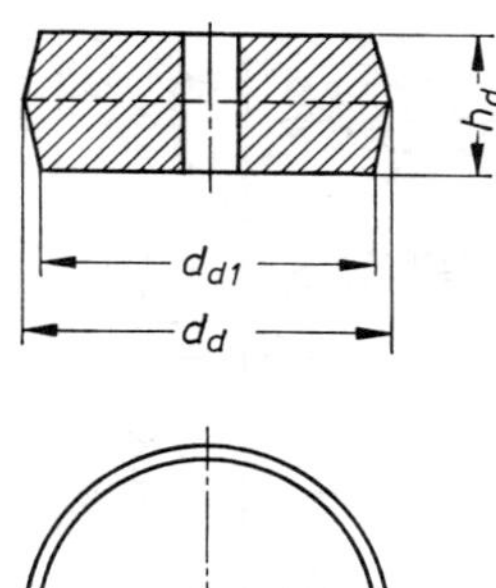

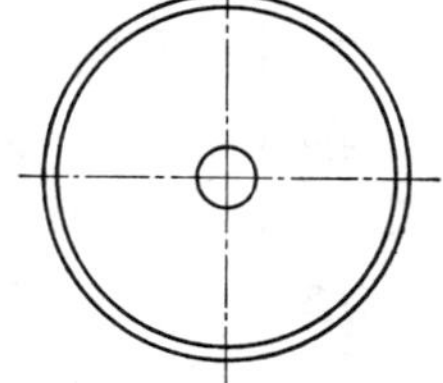

Hartholzrunddübel System Kübler
(Zu Bild 1.)

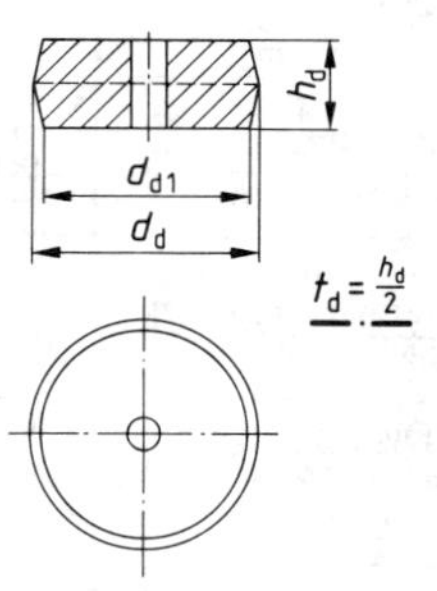

Bild 4. Rundholzdübel aus Eiche (Dübeltyp B)

Für Verbindungen mit Einlaßdübeln gilt Tabelle 4, auch bei Laubhölzern. Einseitige Einlaßdübel des Dübeltyps A sind für die Verbindung von Holz mit Stahlbauteilen zulässig, wenn die Stahllaschen mindestens die Dicke h_1 nach Tabelle 4 besitzen und die Löcher in den Laschen höchstens auf den Durchmesser d_u + 1,0 mm (d_u nach Tabelle 4) gebohrt sind.

Einlaßdübel des Dübeltyps A mit Außendurchmesser 65, 80, 95 und 126 mm dürfen auch in rechtwinklig oder schräg ($\varphi \geq 45°$) zur Faserrichtung verlaufenden Hirnholzflächen von Brettschichtholz nach Bild 5 eingebaut und zur Übertragung von Auflagerkräften herangezogen werden. Als Schraubenbolzen nach Abschnitt 4.1.3 sind Sechskantschrauben M 12 mit Mutter und Unterlegscheibe rund 58 mm/6 mm oder vierkant 50 mm/6 mm zulässig. Anstelle der Mutter mit Unterlegscheibe darf auch ein Rundstahl mit einem Durchmesser von 24 bis 40 mm, Länge jeweils mindestens 90 mm, oder ein entsprechendes Formstück verwendet werden, der bzw. das in eine Querbohrung des Trägers 2 eingeführt wird. Der Abstand zwischen der Hirnholzfläche und der Unterlegscheibe bzw. dem Rundstahl muß mindestens 120 mm betragen. Die Dübel sind mittig in der Trägerbreite b so anzuordnen, daß der Randabstand $v_d = b/2$ und der Dübelabstand $e_{d\perp} = d_d + t_d$ nicht unterschritten wird. Die zulässigen Belastungen sind Tabelle 5 zu entnehmen.

Tabelle 1.

1	2	3	4	5	6	7	8	9	10	11	12	13	14	15	16	17
Dübelform (siehe Bild 1)	Abmessungen der Dübel					Verbolzung			Mindestabmessungen der Hölzer bei einer Dübelreihe und Neigung der Kraft- zur Faserrichtung		Mindestdübelabstand und -vorholzlänge e_d ll bei einer Dübelreihe	Zulässige Belastung eines Dübels im Lastfall H bei Neigung der Kraft- zur Faserrichtung				
												0 bis 30°			über 30 bis 60°	über 60 bis 90°
												Anzahl der in der Kraftrichtung hintereinander liegenden Dübel				
	Außendurchmesser[1] d_d	Höhe[2] h_d	Dicke s	Anzahl der Zähne	Dübel-Fehlfläche ΔF	Sechskantschrauben nach DIN 601 Blatt 1 d_b	Runde Scheiben Durchmesser / Dicke d_s	Vierkantscheiben Seitenlänge / Dicke	0 bis 30° b/a	über 30 bis 90° b/a	e_d ll	1 oder 2	3 oder 4	5 oder 6	1 oder 2	1 oder 2
	mm	mm	mm		cm²	mm	mm	mm	cm	cm	cm	kp	kp	kp	kp	kp
Zwei- und einseitige[3]) Ringkeildübel sowie Rippendübel[4]) System Appel	65	30	5	—	7,8	M 12	58/6	50/6	10/4	11/4	14	1150	1050	900	1000	900
	80	30	6	—	10,1	M 12	58/6	50/6	11/5	13/5	18	1400	1250	1100	1250	1100
	95	30	6	—	12,3	M 12	58/6	50/6	12/6	15/6	22	1700	1550	1350	1450	1250
	126	30	6	—	17,0	M 12	58/6	50/6	16/6	20/6	25	2000	1800	1600	1700	1400
	128	45	8	—	25,9	M 12	58/6	50/6	16/6	20/6	30	2800	2500	2250	2350	1900
	160[5])	45	10	—	32,2	M 16	68/6	60/6	20/10	24/10	34	3400	3050	2700	2750	2150
	190[6])	45	10	—	39,0	M 16	68/6	60/6	23/10	28/10	43	4800	4300	3850	3850	2900
Ringdübel System Beier	108	20	4	—	9,1	M 16	68/6	60/6	15/8	18/8	22	1700	1550	1350	1500	1350
	130	26	5	—	14,7	M 16	68/6	60/6	17/8	20/10	24	2200	2000	1750	1900	1550
	153[5])	29	6,5	—	19,8	M 16	68/6	60/6	19/8	23/10	30	3000	2700	2400	2550	2150
	173[6])	32	6,5	—	25,0	M 16	68/6	60/6	21/10	25/10	36	4000	3600	3200	3350	2700
	196[6])	36	8	—	31,5	M 20	80/8	70/8	24/10	29/10	38	4600	4100	3700	3700	2950
	216[6])	40	8	—	39,0	M 20	80/8	70/8	26/10	31/10	40	5200	4700	4150	4150	3100
Tellerdübel und Stufendübel[7]) System Christoph und Unmack	60	20	4,5	—	4,7	M 12	58/6	50/6	10/4 od. 9/6	11/4	16	1250	1100	1000	1100	1000
	80	25	5	—	8,4	M 12	58/6	50/6	11/5	13/5	21	1600	1450	1300	1400	1250
	100	30	5	—	13,1	M 12	58/6	50/6	13/6	16/6	24	2000	1800	1600	1750	1500
	120	35	5	—	18,8	M 12	58/6	50/6	16/6	19/6	27	2300	2050	1850	2000	1650
	140[5])	40	5,5	—	25,4	M 12	58/6	50/6	18/6	22/6	33	3100	2800	2450	2600	2100
	160[5])	45	6	—	32,2	M 16	68/6	60/6	20/10	24/10	37	3600	3250	2850	3000	2350
	180[6])	50	6	—	40,8	M 16	68/6	60/6	22/10	25/10	45	4800	4300	3850	3900	3000
	200[6])	55	7	—	50,4	M 16	68/6	60/6	24/10	29/10	48	5400	4850	4300	4300	3250
Hartholz-Runddübel System Kübler	66	32	—	—	8,2	M 12	58/6	50/6	10/4 od. 9/6	10/4 od. 9/6	13	1100	1000	900	900	900
	100	40	—	—	16,8	M 12	58/6	50/6	13/6	16/6	20	1800	1600	1550	1550	1350
Stahlhalbdübel[8]) System Kübler	45	25	—	—	6,4	M 16	—	—	10/6	12/6	15	1000	900	800	900	800

Tabelle 4. **Mindestanforderungen an Verbindungen mit Einlaßdübeln (Dübeltypen A und B) sowie zulässige Belastungen eines Dübels im Lastfall H bei höchstens zwei in Kraftrichtung hintereinanderliegenden Dübeln**

	1	2	3	4	5	6	7	8	9	10	11	12	13	14	15
Dübeltyp	Maße der Dübel							Rechenwert für die Dübelfehlfläche	Schraubenbolzen 1)	Mindestmaße der Hölzer 2) bei einer Dübelreihe und Neigung der Kraft- zur Faserrichtung		Mindestdübelabstand und -vorholzlänge bei einer Dübelreihe	Zulässige Belastung eines Dübels bei Neigung der Kraft- zur Faserrichtung		
	Außendurchmesser	Höhe	Dicke	zusätzliche Maße nur für einseitige Einlaßdübel Typ A					Sechskantschrauben nach DIN 601	0 bis 30°	über 30 bis 90°		0 bis 30°	über 30 bis 60°	über 60 bis 90°
	d_d	h_d	s	d_i	d_u	h_1	s_1	ΔA	d_b	b/a	b/a	$e_{d\parallel}$			
	mm	mm	mm	mm	mm	mm	mm	cm²		mm	mm	mm	kN	kN	kN
A (siehe Bild 3)	65	30	5	13	22,5	8	3	7,8	M 12	100/40	110/40	140	11,5	10,0	9,0
	80	30	6	13	22,5	8	3	10,1	M 12	110/50	130/50	180	14,0	12,5	11,0
	95	30	6	13	33,5	8	4	12,3	M 12	120/60	150/60	220	17,0	14,5	12,5
	126	30	6	–	–	–	–	17,0	M 12	160/60	200/60	250	20,0	17,0	14,0
	128	45	8	13	45	10	4	25,9	M 12	160/60	200/60	300	28,0	23,5	19,0
	160 3)	45	10	17	50	12	5	32,2	M 16	200/100	240/100	340	34,0	27,5	21,5
	190 4)	45	10	17	60	12	6	39,9	M 16	230/100	280/100	430	48,0	38,5	29,0
B (siehe Bild 4)	66 5)	32	–	–	–	–	–	8,2	M 12	100/40 oder 90/60	100/40 oder 90/60	130	11,0	9,0	9,0
	100 5)	40	–	–	–	–	–	16,8	M 12	130/60	160/60	200	18,0	15,5	13,5

1) Scheiben nach Tabelle 3.
2) Gilt für ein- und beidseitige Dübelanordnung; bei beidseitiger Dübelanordnung jedoch Mindestholzdicke $a = 60$ mm.
3) Mit einem Klemmbolzen am Laschenende nach Abschnitt 4.1.3.
4) Mit zwei Klemmbolzen am Laschenende nach Abschnitt 4.1.3.
5) Der Durchmesser d_{d1} beträgt etwa 90 % des Durchmessers d_d.

Fußnoten [1]) bis [12]) zu Tabelle 1.

[1]) bei quadratischen Formen Seitenlänge.

[2]) bei gezahnten Dübeln einschließlich der Zähne.

[3]) einseitige Ringkeildübel für die Verbindung von Holz mit Metallaschen. Neben den Maßen nach Tabelle 1 gelten:

d_d mm	d_i mm	d_u mm	h_1 mm	s_1 mm
65	13	22,5	8	3
80	13	25,5	8	3
95	13	33,5	8	4
128	13	45	10	4
160	17	50	12	5
190	17	60	12	6

Die Metallaschen müssen mindestens die Dicke h_1 besitzen und auf den Durchmesser d_u gebohrt sein.

[4]) für Rippendübel sind bei 90° Neigung der Kraft- zur Faserrichtung für einen Dübel folgende Belastungen zulässig: 1700 kp für d_d = 95 mm, 2800 kp für d_d = 128 mm und 3400 kp für d_d = 16 mm.

[5]) mit einem Klemmbolzen M 12 am Laschenende nach DIN 1052 Blatt 1, Abschnitt 11.1.5.

[6]) mit zwei Klemmbolzen M 12 am Laschenende nach DIN 1052 Blatt 1, Abschnitt 11.1.5.

[7]) für die zulässige Belastung von Stufendübeln mit zwei verschiedenen Durchmessern ist der nach Durchmesser und Neigung der Kraft- zur Faserrichtung sich ergebende kleinste Wert aus Spalte 13 bis 17 maßgebend.

[8]) Stahlhalbdübel für Verbindungen von Holz mit Metallaschen von mindestens 6 mm Dicke.

[9]) bei Anordnung von Holzlaschen.

[10]) bei Anordnung von Metallaschen.

[11]) einseitige Verbinder System Geka für Verbindungen von Holz mit Metallaschen. Bohrlochdurchmesser d_i im Dübel ist 0,2 mm größer als der Durchmesser der zugehörigen Sechskantschraube nach Spalte 7. Die Metallaschen sind auf den Durchmesser d_i zu bohren.

[12]) falls nicht verfügbar, ist M 24 zu verwenden.

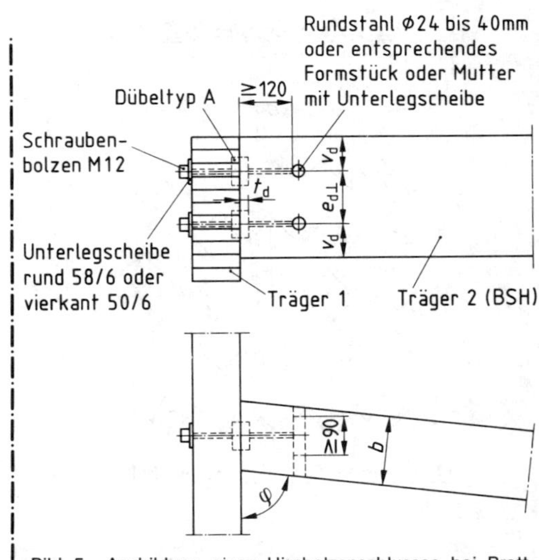

Bild 5. Ausbildung eines Hirnholzanschlusses bei Brettschichtholz (BSH)

Tabelle 5. **Zulässige Belastungen für Dübeltyp A in rechtwinklig oder schräg ($\varphi \geq 45°$) zur Faserrichtung liegenden Hirnholzflächen von Brettschichtholz und Mindestabstände im Lastfall H**

Außendurchmesser des Dübeltyps A d_d mm	Mindestbreite des Trägers 2 an der Anschlußfuge nach Bild 5 b mm	Mindestrandabstand v_d mm	zulässige Belastung eines Dübels	
			bei 1 Dübel oder 2 Dübeln hintereinander kN	bei 3, 4 oder 5 Dübeln hintereinander kN
65	110	55	6,0	7,2
80	130	65	7,3	8,7
95	150	75	8,5	10,2
126	200	100	11,4	13,7

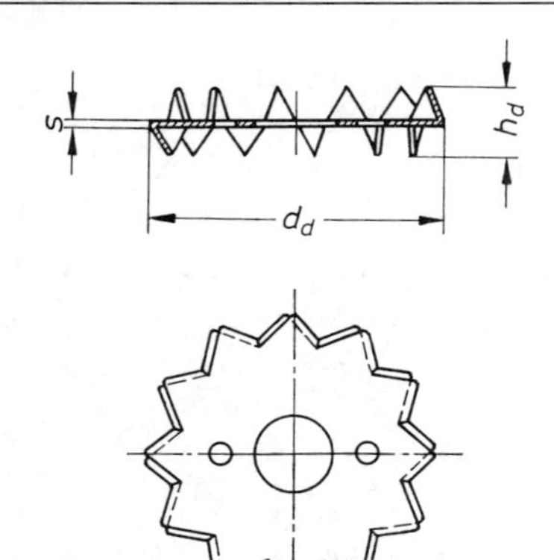

Runde Verbinder System Bulldog

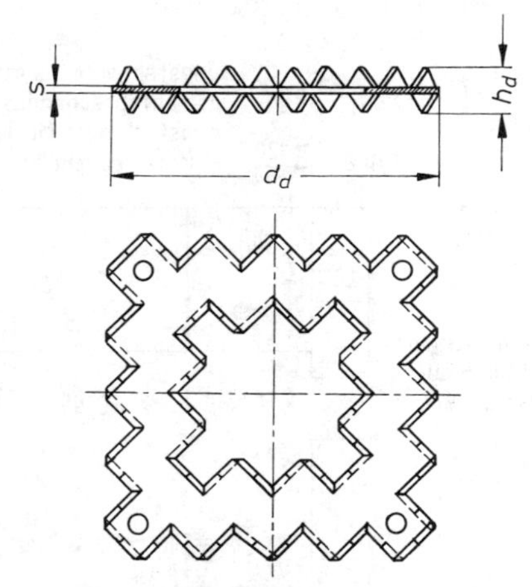

Quadratische Verbinder System Bulldog

11.1.4. Die Grundplatten von Einpreßdübeln müssen, wenn sie mehr als 2 mm dick sind, eingelassen werden.

11.1.6. Einpreßdübel sind so einzubauen, daß die Hölzer außerhalb der eigentlichen Dübelfläche nicht beschädigt oder überbeansprucht werden. Im allgemeinen sind daher besondere Vorrichtungen (Pressen, Schraubenspindeln oder dgl.) zum Einpressen der Einpreßdübel zu verwenden.

4.3.3 Einpreßdübel

Einpreßdübel nach Bild 6 (Dübeltyp C) sind aus St 2 K 40 nach DIN 1624, Einpreßdübel nach Bild 7 (Dübeltyp D) aus Temperguß GTS-35-10 oder GTW-40-05 nach DIN 1692 herzustellen.

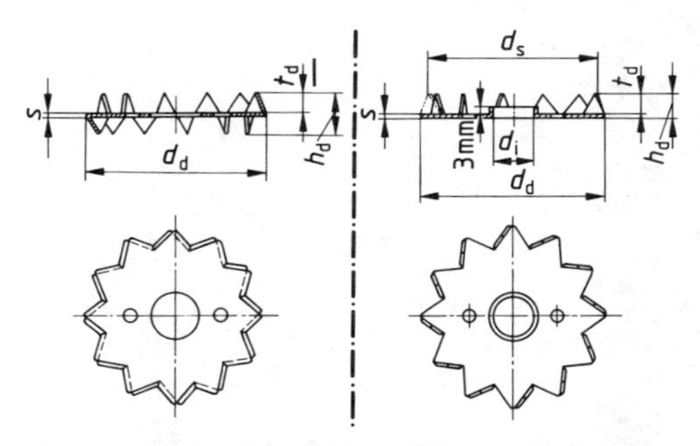

a) zweiseitiger runder Einpreßdübel

b) einseitiger runder Einpreßdübel mit $d_d \leq 75$ mm

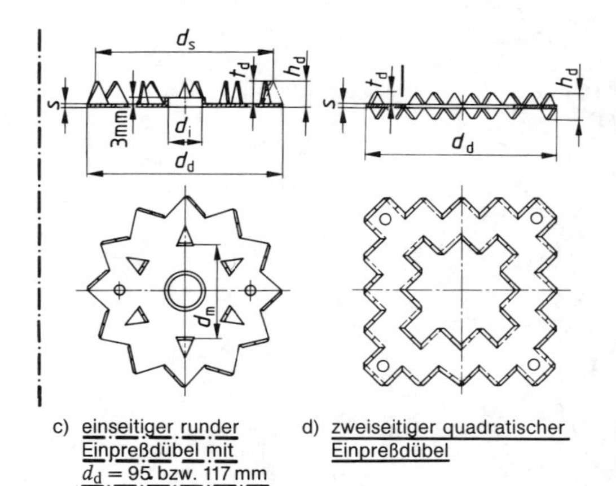

c) einseitiger runder Einpreßdübel mit $d_d = 95$ bzw. 117 mm

d) zweiseitiger quadratischer Einpreßdübel

Bild 6. Einpreßdübel (Dübeltyp C)

Verbindungen mit Einpreßdübeln müssen den Anforderungen in den Tabellen 6 und 7 entsprechen. Die Grundplatten des Dübeltyps D dürfen bis zu 3 mm in das Holz eingelassen werden.

Für die Verbindung von Holz mit Stahlteilen sowie von Holz mit Holz sind die einseitigen Einpreßdübel der Dübeltypen C und D zulässig.

Bei Stahllaschen darf auf der Kopfseite auf die Scheiben verzichtet werden; auf der Gewindeseite dürfen Scheiben nach DIN 125 oder DIN 7989 verwendet werden.

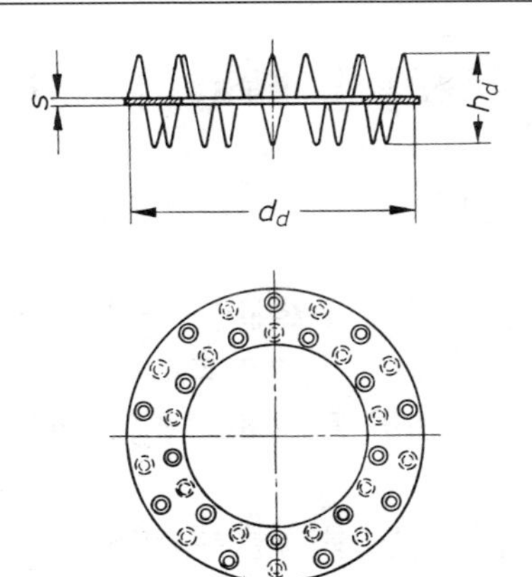

Zweiseitiger Verbinder System Geka

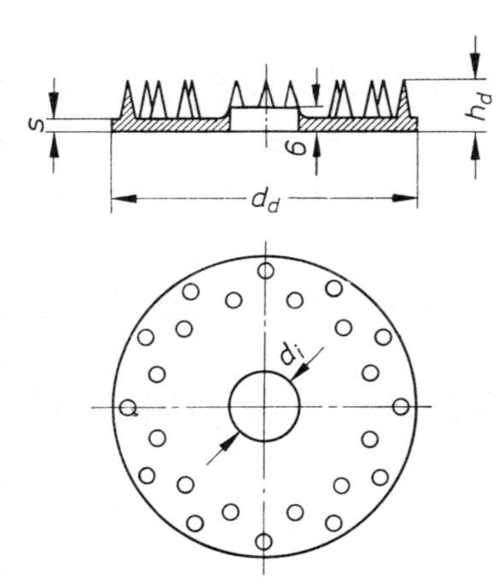

Einseitiger Verbinder System Geka

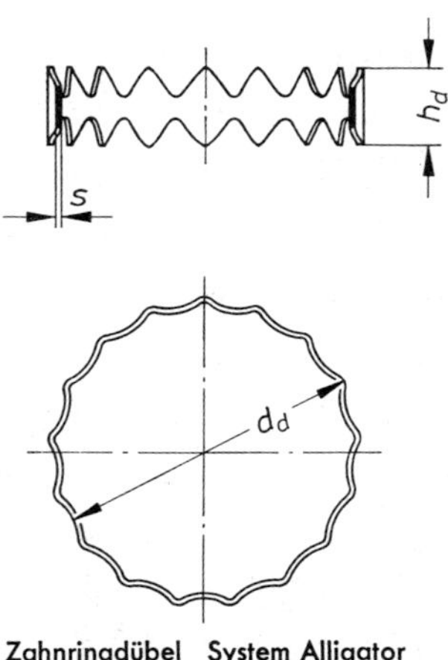

Zahnringdübel System Alligator
(Zu Bild 1.)

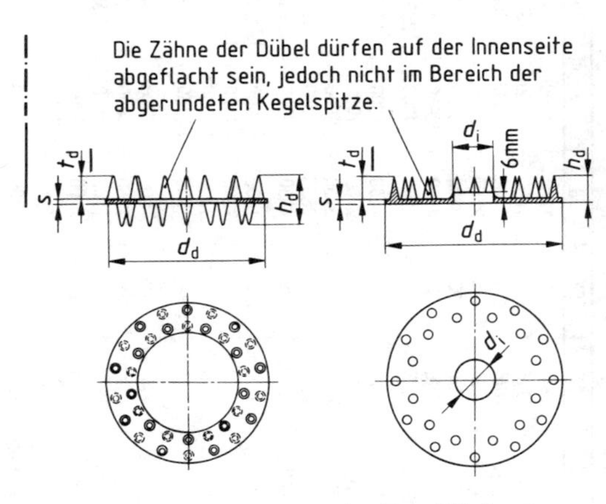

a) zweiseitiger Dübel b) einseitiger Dübel

Bild 7. Einpreßdübel (Dübeltyp D)

Fortsetzung Tabelle 1.

1	2	3	4	5	6	7	8	9	10	11	12	13	14	15	16	17
Geschlitzter Ringdübel System Tuchscherer	90	20	5	—	7,7	M 12	58/6	50/6	12/6	14/6	13	1200	1100	950	1050	950
	110	26	5	—	12,6	M 12	58/6	50/6	14/6	17/6	17	1600	1450	1300	1400	1250
	130	29	5	—	16,4	M 16	68/6	60/6	17/6	20/6	20	2000	1800	1600	1700	1450
	153[5])	32	6,5	—	21,8	M 16	68/6	60/6	19/6	23/6	25	2800	2500	2250	2350	1950
	173[6])	36	6,5	—	28,1	M 16	68/6	60/6	21/8	25/8	30	3800	3400	3050	3150	2500
	196[6])	39	8	—	34,2	M 20	80/8	70/8	24/8	29/8	31	4300	3850	3450	3500	2700
	216[6])	42	8	—	41,0	M 20	80/8	70/8	26/8	31/8	33	4800	4300	3850	3850	2900
Krallenringdübel System Freers & Nilson	90	30	6,5	24	9,7	M 12	58/6	50/6	12/6	14/6	20	1450	1300	1150	1200	1000
	130	40	8	34	19,8	M 16	68/6	60/6	16/6	20/8	25	2200	2000	1800	1900	1600
	155[5])	45	10	42	27,6	M 16	68/6	60/6	20/8	20/10	32	3150	2800	2500	2650	2200
	180[6])	50	10	48	35,8	M 20	80/8	70/8	22/10	24/10	38	3850	3450	3100	3300	2700
	180[6])	60	10	48	43,8	M 20	80/8	70/8	22/10	26/10	38	4250	3800	3400	3600	3000
Krallendübel System Siemens-Bauunion	55	30	3,5	16	3,9	M 12	58/6	50/6	10/4 od. 8/6	10/4 od. 9/6	12	1000[9]) 1200[10])	900[9]) 1100[10])	800[9]) 950[10])	950[9]) 1150[10])	900[9]) 1100[10])
	80	37	5	20	7,9	M 12	58/6	50/6	11/5	12/5	15[9]) 14[10])	1500[9]) 1900[10])	1350[9]) 1750[10])	1200[9]) 1500[10])	1350[9]) 1750[10])	1200[9]) 1600[10])
Zweiseitiger Verbinder System Geka	50	27	3	8	2,8	M 12	58/6	50/6	10/4 od. 8/6	10/4 od. 9/6	12	800	700	650	750	700
	65	27	3	12	3,6	M 16	68/6	60/6	10/4 od. 9/6	11/4 od. 10/6	14	1150	1000	900	1100	1000
	80	27	3	18	4,6	M 20	80/8	70/8	11/5	13/5	17	1700	1500	1350	1600	1450
	95	27	3	24	5,6	M 22[12])	92/8	80/8	12/6	14/6	20	2100	1900	1700	1950	1750
	115	27	3	32	7,0	M 24	105/8	95/8	14/6	17/6	23	2700	2400	2150	2450	2150
Einseitiger[11]) Verbinder System Geka	50	15	3	8	3,4	M 12	—	—	10/4 od. 8/6	10/4 od. 9/6	12	800	700	650	750	700
	65	15	3	14	4,5	M 16	—	—	10/4 od. 9/6	11/4 od. 10/6	14	1150	1000	900	1100	1000
	80	15	3	22	5,5	M 20	—	—	11/5	13/5	17	1700	1500	1350	1600	1450
	95	15	3	24	6,9	M 22	—	—	12/6	14/6	20	2100	1900	1700	1950	1750
	115	15	3	32	8,6	M 24	—	—	14/6	17/6	23	2700	2400	2150	2450	2150
Zahnringdübel System Alligator	55	19	1,45	11	2,0	M 12	58/6	50/6	10/4 od. 8/6	10/4 od. 9/6	12	600	550	500	550	550
	70	19	1,45	15	2,6	M 16	68/6	60/6	10/5	12/5	14	800	700	650	750	700
	95	24	1,5	17	4,5	M 20	80/8	70/8	12/6	14/6	17	1200	1100	950	1100	1000
	115	24	1,5	20	5,6	M 22[12])	92/8	80/8	15/8	18/8	20	1600	1450	1300	1450	1300
	125	29	1,65	18	7,3	M 24	105/8	95/8	16/8	19/8	23	1800	1600	1450	1550	1450
Krallenplatte System Pfrommer	90/90	25	2	18	4,3	M 16	68/6	60/6	12/5	14/5	14	1250	1100	1000	1150	1050
Runde Verbinder System Bulldog	50	10	1,3	12	0,9	M 12	58/6	50/6	10/4 od. 8/6	10/4	12	500	450	400	450	450
	62	17	1,3	12	2,0	M 12	58/6	50/6	10/4 od. 9/6	11/4	12	700	650	550	650	600
	75	19	1,3	12	2,6	M 16	68/6	60/6	10/5	12/5	14	900	800	700	850	800
	95	25	1,3	12	4,7	M 16	68/6	60/6	12/5	14/5	14	1200	1100	950	1100	1050
	117	30	1,5	12 bzw. 13	6,9	M 20	80/8	70/8	15/8	18/8	17	1600	1450	1300	1500	1400
	140	31	1,5	16	8,7	M 22[12])	92/8	80/8	17/8	20/10	20	2200	2000	1750	2000	1850
	165[5])	33	1,8	24	11,0	M 24	105/8	95/8	19/8	23/10	23	3000	2700	2400	2700	2400
Quadratische Verbinder System Bulldog	100/100[6])	15	1,4	28	2,7	M 20	80/8	70/8	13/6	16/6	17	1700	1500	1350	1550	1450
	130/130[6])	18	1,5	28	4,5	M 22[12])	92/8	80/8	16/6	19/8	20	2300	2050	1850	2100	1900

Fußnoten [1]) bis [12]) auf Seite 100

Tabelle 6. **Mindestanforderungen an Verbindungen mit Einpreßdübeln (Dübeltyp C) sowie zulässige Belastungen eines Dübels im Lastfall H bei höchstens zwei in Kraftrichtung hintereinanderliegenden Dübeln**

Dübeltyp	1	2	3	4	5	6	7	8	9	10	11	12	13	14	15
	Maße der Dübel							Rechenwert für die Dübelfehlfläche	Schraubenbolzen [1])	Mindestmaße der Hölzer [2]) bei einer Dübelreihe und Neigung der Kraft- zur Faserrichtung		Mindestdübelabstand und -vorholzlänge bei einer Dübelreihe	Zulässige Belastung eines Dübels bei Neigung der Kraft- zur Faserrichtung		
	Außendurchmesser bzw. Seitenlänge	Maße für zweiseitige Einpreßdübel		Maße für einseitige runde Einpreßdübel					Sechskantschrauben nach DIN 601	0 bis 30°	über 30 bis 90°		0 bis 30°	über 30 bis 60°	über 60 bis 90°
		Höhe	Dicke	Höhe	Dicke	Durchmesser	Abstand								
	d_d	h_d	s	h_d	s	d_i	d_m	ΔA	d_b	b/a	b/a	$e_{d\parallel}$			
	mm	mm	mm	mm	mm	mm	mm	cm²		mm	mm	mm	kN	kN	kN
C runde Einpreßdübel (siehe Bild 6a bis 6c)	48	12,5	1,00	6,6	1,00	12,2	–	0,9	M 12	100/40 oder 80/60	100/40	120	5,0	4,5	4,5
	62	16	1,20	8,7	1,20	12,2	–	2,0	M 12	100/40 oder 90/60	110/40	120	7,0	6,5	6,0
	75	19,5	1,25	10,3	1,25	16,2	–	2,6	M 16	100/50	120/50	140	9,0	8,5	8,0
	95	24	1,35	12,8	1,35	16,2	49	4,7	M 16	120/50	140/50	140	12,0	11,0	10,5
	117	29,5	1,50	16,0	1,50	20,2	58	6,9	M 20	150/80	180/80	170	16,0	15,0	14,0
	140 [3])	31	1,65	–	–	–	–	8,7	M 24	170/80	200/100	200	22,0	20,0	18,5
	165 [3])	32	1,80	–	–	–	–	11,0	M 24	190/80	230/100	230	30,0	27,0	24,0
C quadratische Einpreßdübel (siehe Bild 6d)	100	16	1,35	–	–	–	–	2,7	M 20	130/60	160/60	170	17,0	15,5	14,5
	130 [4])	20	1,50	–	–	–	–	4,5	M 24	160/60	190/80	200	23,0	21,0	19,0

[1]) Scheiben nach Tabelle 3.

[2]) Gilt für ein- und beidseitige Dübelanordnung; bei beidseitiger Dübelanordnung jedoch Mindestholzdicke a = 60 mm.

[3]) Mit einem Klemmbolzen am Laschenende nach Abschnitt 4.1.3.

[4]) Mit zwei Klemmbolzen am Laschenende nach Abschnitt 4.1.3.

Tabelle 7. **Mindestanforderungen an Verbindungen mit Einpreßdübeln (Dübeltyp D) und Einlaß-Einpreßdübeln (Dübeltyp E) sowie zulässige Belastungen eines Dübels im Lastfall H bei höchstens zwei in Kraftrichtung hintereinanderliegenden Dübeln**

	1	2	3	4	5	6	7	8	9	10	11	12	13	14	15
Dübeltyp	Maße der Dübel und Rechenwerte für die Dübelfehlflächen								Schraubenbolzen [1])	Mindestmaße der Hölzer [2]) bei einer Dübelreihe und Neigung der Kraft- zur Faserrichtung		Mindestdübelabstand und -vorholzlänge bei einer Dübelreihe	Zulässige Belastung eines Dübels bei Neigung der Kraft- zur Faserrichtung		
	Außendurchmesser	Anzahl der Zähne [3])	Zweiseitige Dübel			Einseitige Dübel			Sechskantschrauben nach DIN 601						
			Maße		Dübelfehlfläche	Maße [4])		Dübelfehlfläche		0 bis 30°	über 30 bis 90°		0 bis 30°	über 30 bis 60°	über 60 bis 90°
			Höhe	Dicke		Höhe	Durchmesser								
	d_d		h_d	s	ΔA	h_d	d_i	ΔA	d_b	b/a	b/a	$e_{d\|\|}$			
	mm		mm	mm	cm²	mm	mm	cm²		mm	mm	mm	kN	kN	kN
D (siehe Bild 7)	50	8 [5])	27	3	2,8	15	12,2	3,4	M 12	100/40 oder 80/60	100/40 oder 90/60	120	8,0	7,5	7,0
	65	12 oder 14 [6])	27	3	3,6	15	16,2	4,5	M 16	100/40 oder 90/60	110/40 oder 100/60	140	11,5	11,0	10,0
	85	22 [6])	27	3	4,6	15	20,2	5,5	M 20	110/50	130/50	170	17,0	16,0	14,5
	95	24 [6])	27	3	5,6	15	24,2	6,9	M 24	120/60	140/60	200	21,0	19,5	17,5
	115	30 oder 32 [6])	27	3	7,0	15	24,2	8,6	M 24	140/60	170/60	230	27,0	24,5	21,5
E (siehe Bild 8)	55	16	30	3,5	3,9	15	12,2	3,9	M 12	100/40 oder 80/60	100/40 oder 90/60	120	10,0 [7])	9,5 [7])	9,0 [7])
	80	20	37	5	7,9	18,5	12,2	7,9	M 12	110/50	120/50	150 [8])	15,0 [9])	13,5 [9])	12,0 [9])

[1]) Scheiben nach Tabelle 3.
[2]) Gilt für ein- und beidseitige Dübelanordnung; bei beidseitiger Dübelanordnung jedoch Mindestholzdicke $a = 60$ mm.
[3]) Bei zweiseitigen Dübeln sind die Zähne durchgehend oder gegeneinander versetzt.
[4]) Dicke s wie in Spalte 4.
[5]) Ein Zahnkreis.
[6]) Zwei Zahnkreise.
[7]) Bei Anordnung von Metallaschen (einseitiger Dübel) 1,2facher Wert zulässig.
[8]) Bei Anordnung von Metallaschen (einseitiger Dübel) auch 140 mm zulässig.
[9]) Bei Anordnung von Metallaschen (einseitiger Dübel) 1,3facher Wert zulässig.

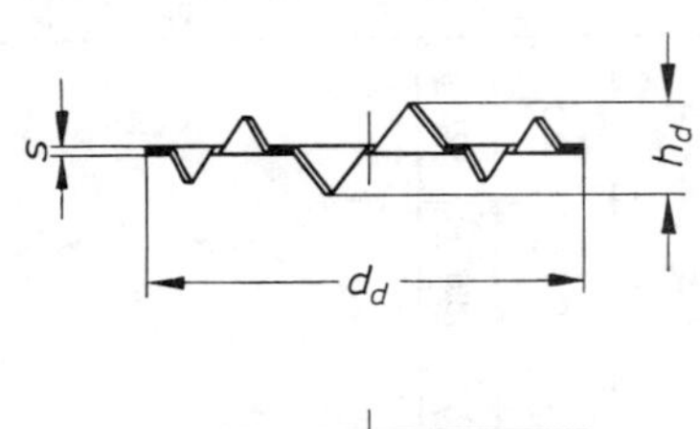

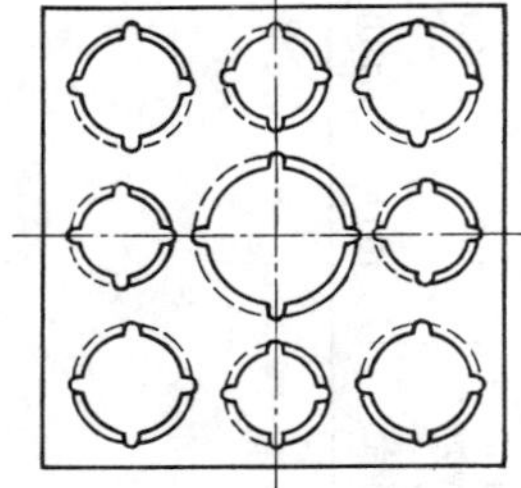

Krallenplatte System Pfrommer
(Zu Bild 1.)

Krallendübel System Siemens-Bauunion
(Zu Bild 1.)

4.3.4 Einlaß-Einpreßdübel

Einlaß-Einpreßdübel nach Bild 8 (Dübeltyp E) müssen aus GTW–40-05 nach DIN 1692 hergestellt werden. Sie sind mit der Grundplatte in genau passende Vertiefungen der Hölzer einzulegen. Anschließend sind die Zähne einzupressen. Die Verbindungen müssen den Anforderungen in Tabelle 7 entsprechen.

Für die Verbindung von Holz mit Stahlbauteilen sind einseitige Dübel nach Bild 8 b zulässig. Die Nabe muß in eine Bohrung der Stahlbauteile mit dem Durchmesser von maximal 21 mm eingreifen.

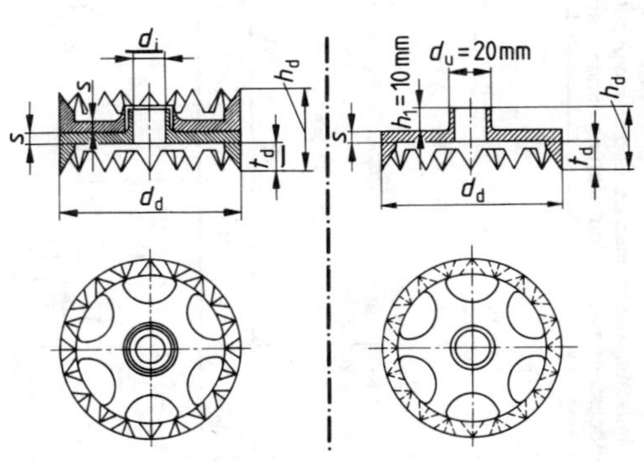

a) zweiseitiger Dübel b) einseitiger Dübel

Bild 8. Einlaß-Einpreßdübel (Dübeltyp E)

DIN 1052 Teil 2 Ausgabe Oktober 1969

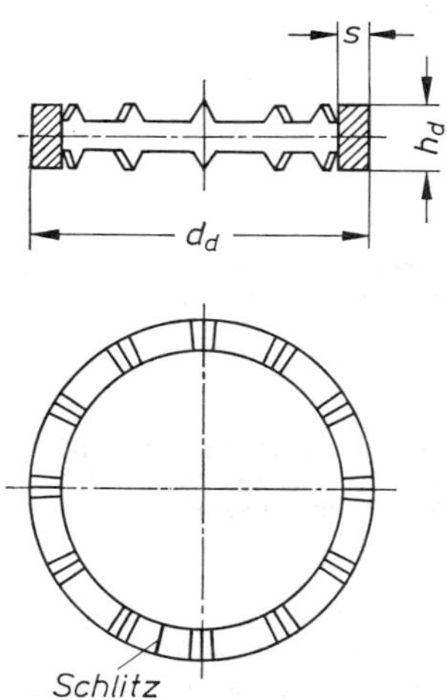

Krallenringdübel System Freers & Nilson

(zu Bild 1.) (fehlt)

2.3. Für Verbindungen mit Dübeln nach Bild 1 gelten für die zulässige Belastung im Lastfall H gleichlaufend, schräg und rechtwinklig zur Faserrichtung die Werte nach Tabelle 1. Die in Tabelle 1 festgelegten Werte dürfen nur in Rechnung gestellt werden, wenn die Dübelverbindung besonders hinsichtlich Durchmesser und Anzahl der Bolzen, der Maße der Scheiben, der Dübelabstände und der Vorholzlänge mindestens den Angaben in Tabelle 1 entspricht.

DIN 1052 Teil 1 Ausgabe Oktober 1969

11.1.8. Für Dübelverbindungen besonderer Bauart sind die im Lastfall H zulässigen Belastungen, gleichlaufend, schräg und rechtwinklig zur Faserrichtung, und die Voraussetzungen für ihre Anwendung in DIN 1052 Blatt 2, Tabelle 1, angegeben.

11.1.9. Als Grundlage für die zulässige Belastung von Dübeln, die nicht in DIN 1052 Blatt 2 enthalten sind, müssen Versuche in hierfür anerkannten Prüfanstalten nach DIN 4110 Blatt 8 (z. Z. noch Entwurf) durchgeführt werden, welche die Wirkung der Verbindung einwandfrei klären. Sie sind bis zum Bruch durchzuführen. Die zulässige Belastung ist aus der mittleren Bruchlast beim Zugversuch mit 2,75facher Sicherheit zu errechnen. Die verbundenen Teile dürfen sich außerdem unter der zulässigen Belastung nicht mehr als 1,5 mm gegeneinander verschieben.

11.1.10. Die Werte für die zulässige Dübelbelastung nach Abschnitt 11.1.7 und 11.1.8 gelten für Holz der Güteklasse I und II nach DIN 4074.

DIN 1052 Teil 2 Ausgabe Oktober 1969

2.2. Für Verbindungen anderer Holzarten und von Holzwerkstoffen untereinander oder mit Vollhölzern müssen die zulässigen Belastungen durch Versuche in Anlehnung an DIN 1052 Blatt 1, Ausgabe Oktober 1969, Abschnitt 11.1.9, ermittelt werden.

DIN 1052 Teil 2 Ausgabe April 1988

4.3.5 Zulässige Belastungen

Für die zulässigen Belastungen der Dübel im Lastfall H gelten je nach Neigung der Kraft zur Faserrichtung des Holzes die Werte nach den Tabellen 4, 6 und 7.

2.4. Bei verdübelten Balken und zusammengesetzten Druckstäben mit kontinuierlicher Verbindung gelten für die zulässige Belastung eines Dübels unabhängig von der Anzahl der hintereinander liegenden Dübel stets die Werte nach Tabelle 1, Spalte 13.

2.6. Werden ausnahmsweise bei Neigung der Kraft- zur Faserrichtung von 0 bis 30° mehr als sechs Dübel hintereinander angeordnet, so sind die Werte nach Tabelle 1, Spalte 15 für 7 und 8 Dübel entsprechend dem Unterschied zu Spalte 14, für 9 und 10 Dübel entsprechend dem doppelten Unterschied zu verringern. Werden bei Neigung der Kraft- zur Faserrichtung über 30° mehr als zwei Dübel hintereinander angeordnet, so sind die Werte nach Tabelle 1, Spalte 16 und 17 für 3 und 4 Dübel im Verhältnis der Werte Spalte 14 zu Spalte 13 abzumindern. Bei 5 oder mehr Dübeln ist sinngemäß zu verfahren. Mehr als 10 hintereinander liegende Dübel dürfen bei Stößen oder Anschlüssen nicht in Rechnung gestellt werden.

Bei Stößen und Anschlüssen mit mehr als zwei in Kraftrichtung hintereinanderliegenden Dübeln ist die wirksame Anzahl ef n zu

$$\text{ef}\, n = 2 + \left(1 - \frac{n}{20}\right) \cdot (n - 2) \qquad (1)$$

anzunehmen. n bedeutet die Anzahl der hintereinanderliegenden Dübel ($n > 2$). Mehr als zehn Dübel hintereinander dürfen nicht in Rechnung gestellt werden.

Bei zweiseitigen Einlaßdübeln des Dübeltyps A mit Außendurchmessern $d_d \leq 95$ mm und bei zweiseitigen, runden Einpreßdübeln des Dübeltyps C mit Außendurchmessern $d_d \leq 95$ mm dürfen für den Anschluß von Vollholz- oder Brettschichtholzquerschnitten an Brettschichtholz die zulässigen Belastungen auch dann in Rechnung gestellt werden, wenn die Bolzen M 12 bzw. M 16 durch eine Sechskant-Holzschraube gleichen Durchmessers nach DIN 571 mit einer Einschraubtiefe in das Brettschichtholz von mindestens 120 mm oder durch eine gleichwertige Verbindung mit Sondernägeln ersetzt werden.

2.3.
Bei der Berechnung von Querschnittsschwächungen durch Dübel nach DIN 1052 Blatt 1, Abschnitt 4.3.2, sind die in Tabelle 1, Spalte 6, angegebenen Dübel-Fehlflächen ΔF zusätzlich zu der gesamten Schwächung durch die Bohrlöcher für die Bolzen zu berücksichtigen.

4.3.6 Querschnittsschwächungen

Bei der Berechnung von Querschnittsschwächungen durch Dübel nach DIN 1052 Teil 1, Abschnitt 6.4.2, sind die in den Tabellen 4, 6 und 7 angegebenen Dübelfehlflächen ΔA zusätzlich zu der gesamten Schwächung durch die Bohrlöcher für die Verbolzung zu berücksichtigen.

4.3.7 Dübelabstände

Bei einer Dübelreihe gelten als Mindestdübelabstände der Dübel untereinander sowie als Mindestvorholzlänge die Werte $e_{d\parallel}$ nach den Tabellen 4, 6 und 7.

2.5. Für Verbindungen mit mehreren Dübelreihen (siehe Bild 2) gelten für die Abstände der Dübel in der Faserrichtung, für die Abstände benachbarter Dübelreihen und der äußeren Dübelreihe von der Holzkante die Festlegungen in Tabelle 2. Der Dübelendabstand in Faserrichtung (Vorholzlänge) darf, wenn der Rand unbeansprucht ist, auf $0{,}5 \cdot e_{d\parallel}$ herabgesetzt werden. Werden die Dübel in benachbarten Reihen gegeneinander versetzt (siehe Bild 2), so ist der Mindestabstand $e_{d\parallel}$ der Dübel parallel der Faserrichtung (Tabelle 2, Spalte 3) vom Mindestabstand $e_{d\perp}$ der benachbarten Dübelreihen nach Tabelle 2, Spalte 2, abhängig.

Für Verbindungen mit mehreren Dübelreihen (siehe Bild 9) gelten für die Abstände der Dübel in Faserrichtung, für die Abstände benachbarter Dübelreihen und der äußeren Dübelreihe von der Holzkante die Festlegungen in Tabelle 8. Der Dübelendabstand in Faserrichtung (Vorholzlänge) darf bei unbeanspruchtem Rand auf $0{,}5 \cdot e_{d\parallel}$ herabgesetzt werden.

Die Mindestabstände $e_{d\perp}$ nach Tabelle 8 gelten auch für Queranschlüsse nach Bild 10.

Erforderlichenfalls ist der Querzugnachweis für den rechtwinklig zur Faserrichtung beanspruchten Stab zu führen. Dieser erübrigt sich, wenn das querbeanspruchte Holz höchstens 300 mm hoch ist und der Anschlußschwerpunkt S in der Stabachse oder darüber liegt.

Es bedeuten:

d_d Außendurchmesser des Dübels nach Tabelle 1, Spalte 2,

t_d Einschnittiefe des Dübels, im allgemeinen $t_d = h_d/2$ mit h_d nach Tabelle 1, Spalte 3,

$e_{d\parallel}$ Mindestdübelabstand und -vorholzlänge bei einer Dübelreihe nach Tabelle 1, Spalte 12,

b Mindestbreite des Holzes bei einer Dübelreihe nach Tabelle 1, Spalte 10.

In Tabelle 8 bedeuten:

d_d Außendurchmesser des Dübels

t_d Einschnittiefe (Einlaß- bzw. Einpreßtiefe) des Dübels

$e_{d\parallel}$ Mindestwert für Dübelabstand und -vorholzlänge bei einer Dübelreihe

b Mindestbreite des Holzes bei einer Dübelreihe.

Tabelle 2.

1	2	3	4
Anordnung der Dübel	Mindestabstand $e_d\perp$ zweier benachbarter Dübelreihen	Mindestabstand $e_d \parallel$ der Dübel parallel der Faserrichtung	Mindestabstand der äußeren Dübelreihe von der Holzkante
nicht gegeneinander versetzt	$d_d + t_d$	$e_d \parallel$	$b/2$
gegeneinander versetzt	$d_d + t_d$	$e_d \parallel$	$b/2$
	d_d	$1{,}1 \cdot e_d \parallel$	
	$0{,}75 \cdot d_d$	$1{,}5 \cdot e_d \parallel$	
	$0{,}5(d_d + t_d)$	$1{,}8 \cdot e_d \parallel$	

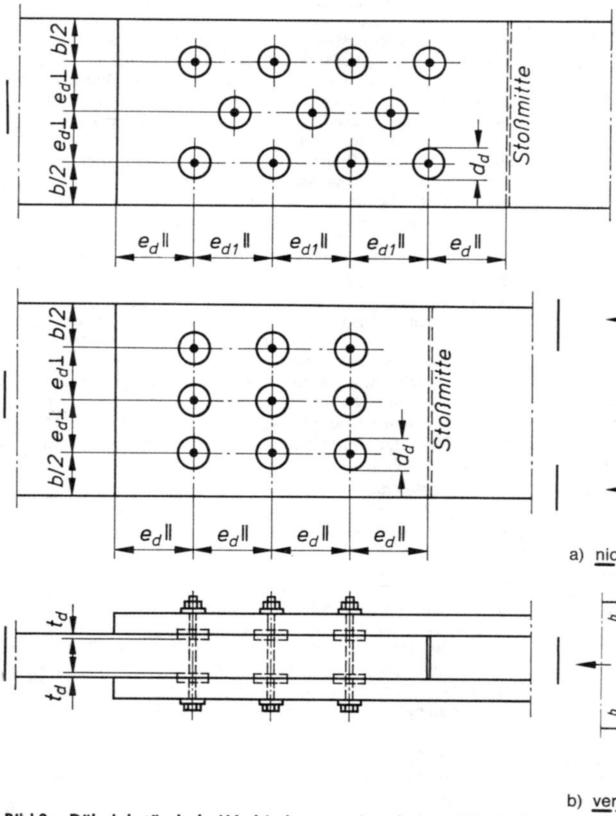

Tabelle 8. **Dübelabstände**

	1	2	3
Anordnung der Dübel	Mindestabstand $e_{d\perp}$ zweier benachbarter Dübelreihen	Mindestabstand $e_{d\parallel}$ der Dübel parallel der Faserrichtung	Mindestabstand der äußeren Dübelreihe von der Holzkante
nicht gegeneinander versetzt	$d_d + t_d$	$e_{d\parallel}$	$b/2$
gegeneinander versetzt [1])	$d_d + t_d$	$e_{d\parallel}$	$b/2$
	d_d	$1{,}1 \cdot e_{d\parallel}$	
	$0{,}5\ (d_d + t_d)$	$1{,}8 \cdot e_{d\parallel}$	

[1]) Zwischenwerte sind geradlinig zu interpolieren.

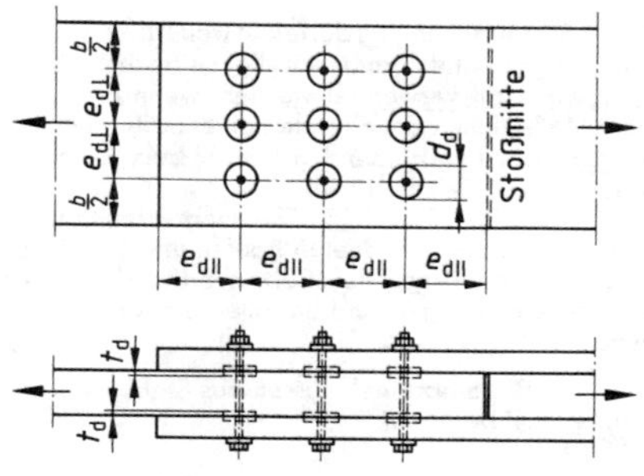

Bild 2. Dübelabstände bei Verbindungen mit mehreren Dübelreihen

a) nicht versetzte Anordnung

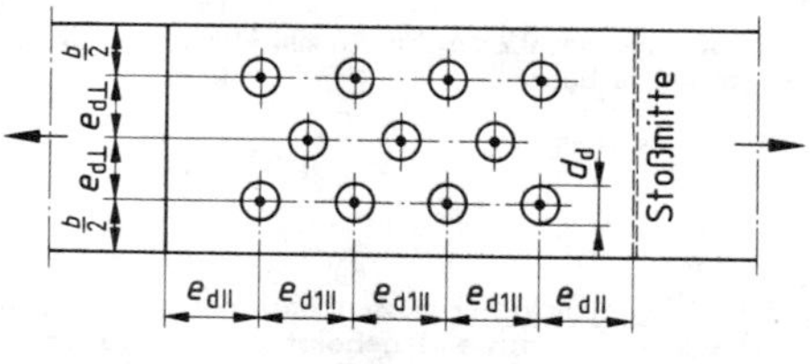

b) versetzte Anordnung

Bild 9. Mindestdübelabstände bei Verbindungen mit mehreren Dübelreihen

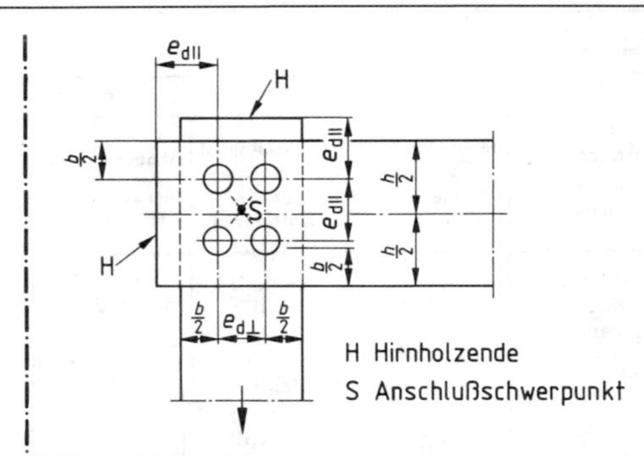

Bild 10. Mindestdübelabstände bei Queranschlüssen

11.2. Bolzenverbindungen

11.2.1. Unter die Festlegungen für Bolzenverbindungen fallen alle rechtwinklig zur Scherfläche durchgehenden, überwiegend auf Biegung beanspruchten zylindrischen Verbindungsmittel aus Metall, welche im Holz vorwiegend nur Lochleibungsbeanspruchungen hervorrufen. Dabei ist zu unterscheiden zwischen Schraubenbolzen, Rohrbolzen und Bolzen ähnlicher Bauart, welche mit Kopf und Mutter versehen sind, in genügend große Löcher eingezogen und nach dem Einbau angezogen werden, und runden Stabdübeln (Stahlstifte), welche als glatte oder mit Rillen versehene zylindrische Stäbe in vorgebohrte Löcher mit kleinerem Durchmesser eingetrieben werden und deren Länge der Gesamtdicke der zu verbindenden Hölzer entspricht.

11.2.2. Schraubenbolzen dürfen in Dauerbauten, bei denen es auf Steifigkeit und Formbeständigkeit ankommt, zur Kraftübertragung nicht verwendet werden, wenn nicht durch besondere Maßnahmen das Eintreten eines Schlupfes verhindert wird oder die zu verbindenden Hölzer beim Einbau bereits trocken sind (z. B. Leimbauteile). Bei fliegenden Bauten (siehe DIN 4112), bei untergeordneten Bauten und bei Gerüsten ist die Verwendung tragender Bolzenverbindungen zulässig. Stabdübelverbindungen sind bei allen Bauten und Bauteilen anwendbar.

Die Stabdübel müssen aus Stahl mindestens der Stahlgüte St 37 bestehen.

11.2.3. Die Löcher für die Stabdübel sind um 0,2 mm bis 0,5 mm kleiner als der Stiftdurchmesser zu bohren.

11.2.3. Die Bolzenlöcher müssen, auch bei mehrschnittigen Verbindungen, gut passend gebohrt werden, so daß ein Spiel von 1 mm nicht überschritten wird.

11.2.4. Bei Heftbolzen sind Scheiben nach DIN 436 oder DIN 440 auf der Kopf- und Mutterseite anzuordnen. Bei Dübelverbindungen sowie bei tragenden Bolzenverbindungen müssen Scheiben mit Maßen nach Tabelle 11 gewählt werden, falls keine Stahllaschen verwendet werden.

11.2.5. Der Durchmesser muß bei Bolzen mindestens $d_b = 12$ mm, bei Stabdübeln mindestens $d_{st} = 8$ mm betragen.

5 Stabdübel- und Bolzenverbindungen

5.1 Unter die Festlegungen für Stabdübel- und Bolzenverbindungen fallen alle rechtwinklig zur Scherfläche durchgehenden, überwiegend auf Biegung beanspruchten zylindrischen Verbindungsmittel aus Stahl, welche im Holz vorwiegend Lochleibungsbeanspruchungen hervorrufen. Dabei ist zwischen Stabdübeln und Bolzen zu unterscheiden. Stabdübel werden als nicht profilierte zylindrische Stäbe in vorgebohrte Löcher eingetrieben. Sie dürfen auch mit Kopf und Mutter oder beidseitig mit Muttern versehen sein (Paßbolzen). Zu den Bolzen gehören Schraubenbolzen, Rohrbolzen und Bolzen ähnlicher Bauart. Sie sind mit Kopf und Mutter versehen und werden, nach Vorbohren der Bolzenlöcher mit geringem Spiel, in der Regel mit beiderseitigen Scheiben eingebaut und anschließend fest angezogen.

5.2 Bolzen dürfen bei Beanspruchung auf Abscheren in Dauerbauten, bei denen es auf Steifigkeit und Formbeständigkeit ankommt, zur Kraftübertragung nicht herangezogen werden, wenn nicht durch besondere Maßnahmen das Eintreten eines Schlupfes verhindert wird (z. B. die zu verbindenden Hölzer beim Einbau bereits ausreichend trocken sind). Bei Fliegenden Bauten (siehe DIN 4112), bei untergeordneten Bauten und bei Gerüsten sowie bei untergeordneten Bauteilen ist die Verwendung tragender Bolzenverbindungen zulässig. Stabdübelverbindungen sind bei allen Bauten und Bauteilen anwendbar.

Die Stabdübel müssen aus Stahl der Stahlgüte St 37-2 oder einer mindestens gleichwertigen anderen Stahlgüte bestehen. Bolzen müssen mindestens den Festigkeitsklassen 3.6 bzw. 4.8 nach DIN ISO 898 Teil 1 entsprechen.

5.3 Die Löcher für Stabdübel sind im Holz mit dem Nenndurchmesser des Stabdübels zu bohren. Bei Stahl-Holz-Verbindungen dürfen die Löcher im Stahlteil bis zu 1 mm größer sein als der Nenndurchmesser. Beim gleichzeitigen Bohren der Hölzer und Stahlteile muß der Durchmesser des Bohrers dem Stabdübeldurchmesser entsprechen. Bei Stabdübelverbindungen mit außenliegenden Stahlteilen sind die Stahlteile zu sichern.

Die Löcher für Bolzen müssen, auch bei mehrschnittigen Verbindungen, gut passend gebohrt werden, so daß ein Spiel von 1 mm nicht überschritten wird.

5.4 Bei Paßbolzen und Heftbolzen genügen Scheiben mit den Maßen nach DIN 436 oder DIN 440. Bei tragenden Bolzenverbindungen müssen Scheiben nach Tabelle 3 gewählt werden, falls keine Stahllaschen verwendet werden.

5.5 Der Durchmesser muß bei Stabdübeln mindestens $d_{st} = 8$ mm, bei tragenden Bolzen mindestens $d_b = 12$ mm

11.2.6. **Tragende Bolzenverbindungen müssen aus mindesten 2 Bolzen, tragende Stabdübelverbindungen aus mindestens 4 Stiften bestehen.**

11.2.7. **Die Mindestabstände der Bolzen und Stabdübel müssen in der Kraft- und Faserrichtung betragen:**
(Tabelle 12.)

Im übrigen sind die Mindestabstände nach Bild 18 einzuhalten.

11.2.6. **Die Verbindungsmittel sind möglichst symmetrisch zu den Achsen der Anschlußteile und bei Stiftverbindungen im Querschnitt gegeneinander versetzt anzuordnen.**

c) und d) Mindestabstände bei Stabdübeln

Bild 18. Mindestabstände bei tragenden Bolzen und Stabdübeln

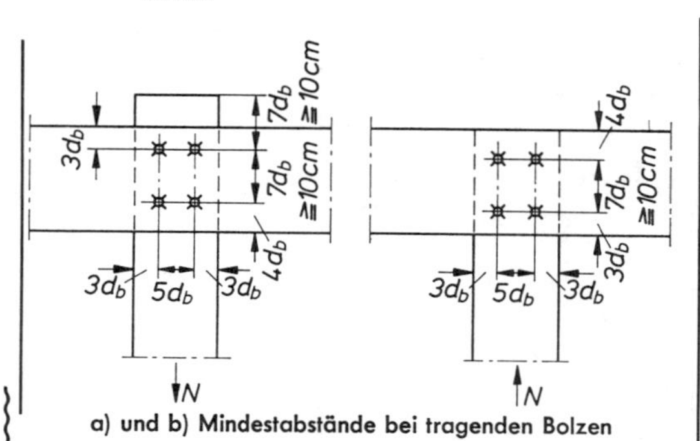

a) und b) Mindestabstände bei tragenden Bolzen

betragen. Stabdübel- und Bolzenverbindungen mit Durchmessern über 30 mm dürfen nicht nach den nachstehenden Regeln bemessen werden.

5.6 Tragende Verbindungen mit Stabdübeln müssen mindestens vier, solche mit Paßbolzen und Bolzen mindestens zwei Scherflächen besitzen. Dabei müssen in der Regel mindestens zwei Stabdübel, Paßbolzen oder Bolzen vorhanden sein. Bei gelenkigen Anschlüssen von Holz- mit Holz- oder mit Stahlteilen ist ein Paßbolzen oder ein Bolzen ausreichend, wenn er in seiner Lage gesichert ist und nur bis zu 50 % seiner zulässigen Belastung beansprucht wird.

In Stößen und Anschlüssen sollen in Kraftrichtung mehr als sechs Stabdübel oder Paßbolzen hintereinander vermieden werden. Anderenfalls ist die wirksame Anzahl ef n zu

$$\text{ef } n = 6 + \frac{2}{3}(n - 6) \qquad (2)$$

anzunehmen. n bedeutet die Anzahl der hintereinanderliegenden Stabdübel oder Paßbolzen ($n > 6$). Mehr als zwölf Stabdübel hintereinander dürfen nicht in Rechnung gestellt werden.

5.7 Für die Mindestabstände von Stabdübeln, Paßbolzen und Bolzen gelten die Angaben nach Tabelle 9 und Bild 11 und Bild 12.

Dabei müssen in Faserrichtung des Holzes hintereinanderliegende Stabdübel und Paßbolzen um $d_{st}/2$ gegenüber der Rißlinie versetzt angeordnet werden, wenn der Abstand untereinander in Faserrichtung $< 8\ d_{st}$ ist.

Beim Anschluß von Stäben an Biegeträger oder sinngemäß ausgeführten Anschlüssen müssen in den Biegeträgern Randabstände in Faserrichtung (vom Hirnholzende) von mindestens 6 d_{st} bzw. 80 mm bei Stabdübeln oder Paßbolzen und 7 d_b bzw. 100 mm bei Bolzen eingehalten werden.

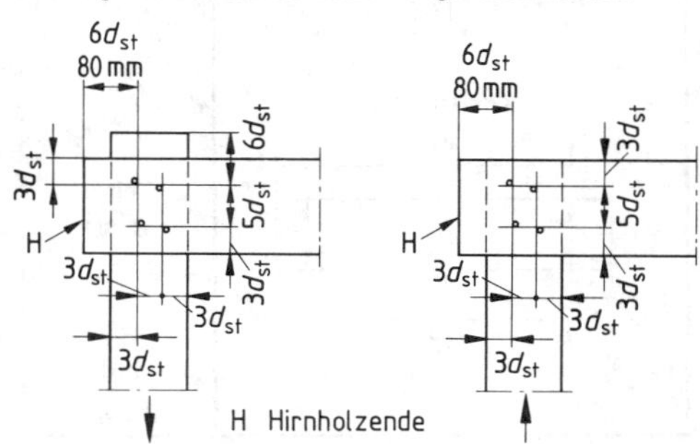

Bild 11. Mindestabstände bei Stabdübeln und Paßbolzen

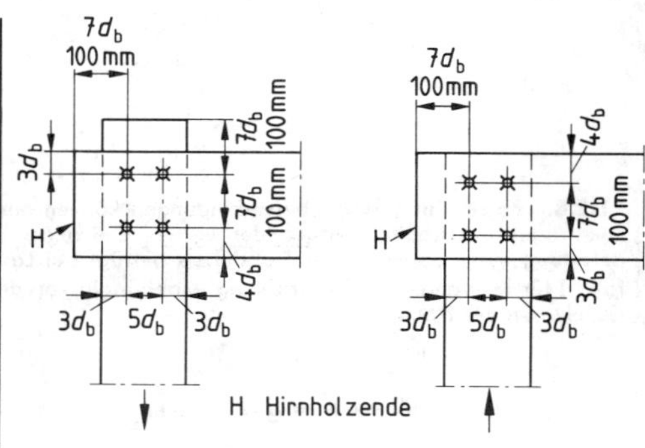

Bild 12. Mindestabstände bei tragenden Bolzen

Tabelle 12.

	bei Bolzen	bei Stabdübeln
untereinander	$7 \cdot d_b$, mindestens aber 10 cm	$5 \cdot d_{st}$
vom beanspruchten Rand		$6 \cdot d_{st}$

Tabelle 13. **Werte für zul σ_l und A in kp/cm² zur Berechnung der zulässigen Belastung in kp von Bolzen- und Stabdübel-Verbindungen nach Gl. (31)**

	Holzart	Bolzen zul σ_l	Bolzen A	Stabdübel zul σ_l	Stabdübel A
einschnittig (Bild: a_1, a_2, d_b)	NH	40	170	40	230
	EI, BU	50	200	50	270
zweischnittig (Bild: a_{s1}, a_m, a_{s2}, d_b)	Mittelholz				
	NH	85	380	85	510
	EI, BU	100	450	100	600
	Seitenholz				
	NH	55	260	55	330
	EI, BU	65	300	65	390

NH Nadelhölzer (europäische); EI, BU Eiche, Buche

11.2.8. Bolzen- und Stabdübelverbindungen können ein-, zwei- oder mehrschnittig ausgebildet werden. Die zulässige Belastung eines Bolzens oder Stabdübels beträgt bei Lastfall H für Kraftangriff in Faserrichtung unabhängig von der Güteklasse des Holzes:

$$\text{zul } N_{b,st} = \text{zul } \sigma_l \cdot a \cdot d_{b,st}$$

$$\text{jedoch höchstens } = A \cdot d_{b,st}^2 \text{ in kp} \quad (31)$$

Tabelle 9. **Mindestabstände von tragenden Stabdübeln, Paßbolzen und Bolzen**

		Mindestabstände [1]) parallel zur Kraftrichtung	
		bei Stabdübeln und Paßbolzen	bei Bolzen
untereinander	∥ der Faserrichtung ⊥ zur Faserrichtung	$5\ d_{st}$ $3\ d_{st}$	$7\ d_b$, $\geq$ 100 mm $5\ d_b$
vom beanspruchten Rand	∥ der Faserrichtung ⊥ zur Faserrichtung	$6\ d_{st}$ $3\ d_{st}$	$7\ d_b$, $\geq$ 100 mm $4\ d_b$
vom unbeanspruchten Rand	∥ der Faserrichtung ⊥ zur Faserrichtung	$3\ d_{st}$ $3\ d_{st}$	$3\ d_b$ $3\ d_b$

[1]) Bei Schräganschlüssen sind Zwischenwerte geradlinig zu interpolieren.

Tabelle 10. **Werte für zul σ_l und B in MN/m² zur Berechnung der zulässigen Belastung in N von Stabdübel-, Paßbolzen- und Bolzenverbindungen nach den Gleichungen (3) und (4)**

	Holzart [1])	Stabdübel und Paßbolzen		Bolzen	
		zul σ_l	Festwert B	zul σ_l	Festwert B
einschnittig	NH und BSH	4,0	23,0	4,0	17,0
	LH, Gruppe: A	5,0	27,0	5,0	20,0
	B	6,1	30,0	6,1	24,0
	C [2])	9,4	36,0	9,4	30,0
zweischnittig		Mittelholz			
	NH und BSH	8,5	51,0	8,5	38,0
	LH, Gruppe: A	10,0	60,0	10,0	45,0
	B	13,0	65,0	13,0	52,0
	C [2])	20,0	80,0	20,0	65,0
		Seitenholz			
	NH und BSH	5,5	33,0	5,5	26,0
	LH, Gruppe: A	6,5	39,0	6,5	30,0
	B	8,4	42,0	8,4	34,0
	C [2])	13,0	52,0	13,0	42,0

[1]) Bezeichnungen für die Holzarten siehe DIN 1052 Teil 1, Abschnitt 3.4.

[2]) Die Abminderungen für Feuchteeinwirkungen nach DIN 1052 Teil 1, Abschnitt 5.1.7, gelten nicht für Laubhölzer der Holzartgruppe C.

5.8 Stabdübel- und Paßbolzenverbindungen sowie Bolzenverbindungen können ein-, zwei- oder mehrschnittig sein. Die zulässige Belastung eines Stabdübels, Paßbolzens oder Bolzens beträgt im Lastfall H für Kraftangriff in Faserrichtung, unabhängig von der Güteklasse des Holzes,

$$\text{zul}\ N_{st,\,b} = \text{zul}\ \sigma_l \cdot a \cdot d_{st,\,b} \quad \text{in N} \tag{3}$$

jedoch höchstens

$$\text{zul}\ N_{st,\,b} = B \cdot d_{st,\,b}^2 \quad \text{in N}. \tag{4}$$

Hierin bedeuten:

zul σ_l zulässige mittlere Lochleibungsspannung des Holzes in kp/cm² nach Tabelle 13

a kleinste Holzdicke in cm

$d_{b,st}$ Durchmesser des Bolzens bzw. des Stabdübels in cm

A Festwert in kp/cm² nach Tabelle 13

Bei Berechnung nach Gl. (31) und Tabelle 13 erübrigt sich der Nachweis der Biegespannungen in Bolzen oder Stabdübeln.

Bei mehrschnittigen Bolzen- oder Stabdübelverbindungen ist die zulässige Gesamtbelastung aus der Summe der zulässigen Belastungen aller in einer Richtung beanspruchten Hölzer zu bestimmen.

11.2.9. Für Kraftangriff rechtwinklig zur Faserrichtung beträgt die zulässige Belastung der Bolzen- oder Stabdübelverbindung 3/4 der Werte nach Gl. (31). Bei schrägem Kraftangriff sind Zwischenwerte geradlinig einzuschalten.

11.2.10. Bei Bolzenverbindungen von Vollholz mit Metallteilen darf die zulässige Belastung nach Gl. (31) um 25 % erhöht werden.

Die zulässige Lochleibungsspannung der Metallteile und der Bolzen darf nicht überschritten werden.

11.2.11. Bei Bolzenverbindungen von Vollholz mit Furnierplatten ist die zulässige Belastung auch unter Berücksichtigung der zulässigen Lochleibungsspannung der Furnierplatten aus Gl. (31) zu bestimmen. Der kleinere Wert von zul N_b ist maßgebend. Für die zulässige Lochleibungsspannung der Furnierplatten können die Werte für die zulässigen Druckspannungen nach Tabelle 8, Zeile 4, bzw. Abschnitt 9.2.3, angenommen werden, soweit die zulässigen Belastungen nicht durch besondere Versuche nach DIN 4110 Blatt 8 (z. Z. noch Entwurf), nachgewiesen werden.

11.3. Nagelverbindungen

11.3.1. Die Festlegungen über Nagelverbindungen im Holzbau gelten für die Anwendung runder Drahtnägel mit Senkkopf nach DIN 1151, soweit in jeder für den Kraftanschluß herangezogenen Fuge mindestens vier durch gleichgerichtete Kräfte beanspruchte Nagelscherflächen vorhanden sind.

Hierin bedeuten:

zul σ_l zulässige mittlere Lochleibungsspannung des Holzes in MN/m² nach Tabelle 10 bzw. des Holzwerkstoffes in MN/m² nach DIN 1052 Teil 1, Tabelle 6, Zeile 8

a Holzdicke in mm

$d_{st,b}$ Durchmesser des Stabdübels, Paßbolzens bzw. des Bolzens in mm

B Festwert in MN/m² nach Tabelle 10.

Bei Berechnung nach den Gleichungen (3) bzw. (4) und Tabelle 10 erübrigt sich der Nachweis von Biegespannungen in den Stabdübeln, Paßbolzen oder Bolzen.

Bei mehrschnittigen Stabdübel-, Paßbolzen- oder Bolzenverbindungen ist Tabelle 10 sinngemäß anzuwenden.

5.9 Für Kraftangriff rechtwinklig und schräg zur Faserrichtung des Holzes sind die zulässigen Belastungen nach den Gleichungen (3) bzw. (4) mit dem Faktor

$$\eta_{st} = \eta_b = 1 - \alpha/360 \qquad (5)$$

abzumindern. Dabei ist α der Winkel zwischen Kraft- und Faserrichtung ($\alpha \leq 90°$).

5.10 Bei Stabdübel-, Paßbolzen- oder Bolzenverbindungen von Vollholz oder Brettschichtholz mit Stahlteilen dürfen die zulässigen Belastungen nach den Gleichungen (3) bzw. (4) um 25 % erhöht werden. Die Lochleibungsbeanspruchung in den Stahlteilen darf die zulässigen Lochleibungsspannungen der verwendeten Stahlteile für Gelenkbolzen nicht überschreiten.

5.11 Bei Stabdübel-, Paßbolzen- und Bolzenverbindungen von Bau-Furniersperrholz nach DIN 68 705 Teil 3 und Teil 5 sowie Flachpreßplatten nach DIN 68 763 untereinander oder mit Nadelholz oder Laubholz sind die zulässigen Belastungen nach Gleichung (3) auch unter Berücksichtigung des zulässigen Lochleibungsdruckes nach DIN 1052 Teil 1, Tabelle 6, Zeile 8, zu ermitteln.

Liegt bei Bau-Furniersperrholz der Winkel zwischen Kraftrichtung und Faserrichtung der Deckfurniere zwischen 0° und 90°, so darf geradlinig interpoliert werden.

6 Nagelverbindungen von Holz und Holzwerkstoffen

6.1 Allgemeines

Die Festlegungen für Nagelverbindungen im Holzbau gelten für die Anwendung von runden Drahtstiften der Form B nach DIN 1151 aus Stahl und von runden Maschinenstiften nach DIN 1143 Teil 1. Es dürfen auch andere als in diesen Normen angegebene Nagellängen verwendet werden. Die Zugfestigkeit des Nageldrahtes muß mindestens 600 MN/m² betragen. Zusätzlich zu den Maßen nach DIN 1151 müssen die Kopfdurchmesser mindestens das 1,8fache des Nageldurchmessers d_n betragen. Die Länge der Nagelspitze darf nicht größer als 2 d_n sein.

Runde Draht- und Maschinenstifte dürfen beharzt sein. Von DIN 1151 bzw. DIN 1143 Teil 1 abweichende Kopfformen sind zulässig, wenn die Kopffläche mindestens 2,5 d_n^2 beträgt.

Außerdem dürfen Sondernägel verwendet werden, d. h. Nägel mit profilierter Schaftausbildung (siehe z. B. Bild 13), wobei die Profilierung des Nagelschaftes über die gesamte Nagellänge oder ausgehend von der Nagelspitze über einen Teil der

Für Nägel mit anderer Schaftausbildung und aus anderem Werkstoff (Sondernägel) sind die zulässigen Belastungen aufgrund von Versuchen nach DIN 4110 Blatt 8 (z. Z. noch Entwurf), festzulegen.

(Siehe auch Abschnitt 11.3.1, 1. Satz)

11.3.2. Die zulässige Nagelbelastung im Lastfall H bei Beanspruchung rechtwinklig zur Schaftrichtung errechnet sich bei Nadelholz für eine Scherfläche ohne Rücksicht auf den Faserverlauf des Holzes nach folgender Zahlenwertgleichung zu

$$N_1 = \frac{500 \cdot d_n^2}{1 + d_n} \text{ in kp;} \quad (32)$$

mit d_n als Nageldurchmesser in cm.

Nagellänge erfolgen darf. Sondernägel werden entsprechend ihrer Haftkraft in Nadelholz bei Beanspruchung in Schaftrichtung (Herausziehen) nach den Tragfähigkeitsklassen I, II und III unterschieden (siehe Abschnitt 6.3).

Es dürfen nur Sondernägel verwendet werden, deren Eignung für diese Verbindung nachgewiesen ist, die in eine der Tragfähigkeitsklassen nach Tabelle 12 eingestuft sind und deren Eigenschaften laufend überwacht sind (Eigenüberwachung). Maßgebend für den Eignungsnachweis und die Einstufung in die Tragfähigkeitsklassen ist der Einstufungsschein. Der Einstufungsschein ist von einer hierfür anerkannten Prüfstelle *) auf der Grundlage von Anhang A auszustellen. In den Einstufungsschein sind die im Anhang C enthaltenen Angaben aufzunehmen. Der Nachweis der Eignung, der Einstufung und der Eigenüberwachung der Sondernägel gilt durch eine Bescheinigung DIN 50 049 – 2.1 (Werksbescheinigung) als erbracht. Die Werksbescheinigung muß die Angaben des zugehörigen geltenden Einstufungsscheines enthalten; bei den Maßen des Sondernagels ist nur die Angabe von d_n, l_n und l_g erforderlich, beim Werkstoff nur die Werkstoffbezeichnung. Auf der Liefereinheit (z. B. Verpackung) müssen die gleichen Angaben gemacht werden.

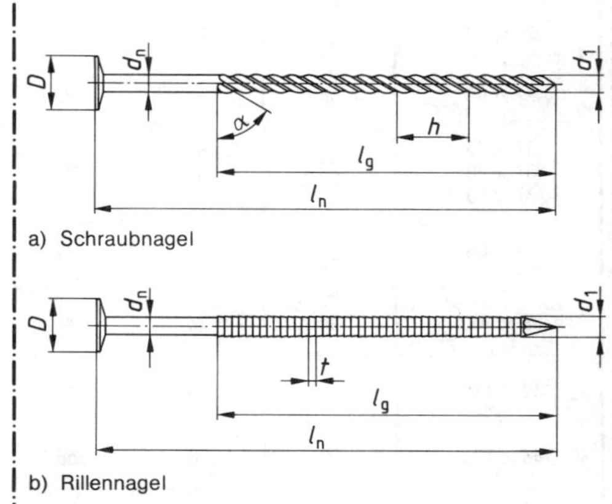

Bild 13. Beispiele für Sondernägel

6.2 Beanspruchung rechtwinklig zur Nagelachse

6.2.1 Im allgemeinen sind in jeder für eine Kraftübertragung herangezogenen Fuge ein- oder mehrschnittiger Nagelverbindungen mindestens vier Nagelscherflächen erforderlich.

Dies gilt nicht für die Befestigung von Schalungen, Latten (Trag- und Konterlatten) und Windrispen, auch nicht z. B. für die Befestigung von Sparren, Pfetten und dergleichen, z. B. auf Bindern und Rähmen sowie von Querriegeln an Rahmenhölzern.

6.2.2 Die zulässige Nagelbelastung im Lastfall H errechnet sich bei Nadelholz nach DIN 1052 Teil 1, Tabelle 1, unabhängig von der Güteklasse und vom Faserverlauf des Holzes, für eine Scherfläche nach folgender Zahlenwertgleichung zu

$$\text{zul } N_1 = \frac{500 \cdot d_n^2}{10 + d_n} \quad \text{in N} \quad (6)$$

mit d_n als Nageldurchmesser in mm.

*) Eine Liste der anerkannten Prüfstellen wird beim Institut für Bautechnik, Reichpietschufer 74–76, 1000 Berlin 30, geführt.

11.3.7. Die zulässigen Nagelbelastungen sowie die zugehörigen Mindestholzdicken und Mindesteinschlagtiefen können aus Tabelle 14 entnommen werden.

Tabelle 14. **Holzdicken, Einschlagtiefen und zulässige Nagelbelastungen je Nagel und Scherfläche im Lastfall H**

bei Nägeln Größe $d_n \times l_n$ [1]	Holzdicke a mindestens bei Nagellöchern		Einschlagtiefe s [2] mindestens		zulässige Nagelbelastung N_1 [3] für eine Scherfläche		
					bei Nadelholz		bei Eiche und Buche stets vorgebohrt
	nicht vorgebohrt mm	vorgebohrt mm	einschnittig mm	mehrschnittig mm	nicht vorgebohrt kp	vorgebohrt kp	kp
22 × 45 22 × 50	24 20 [4]	24 20 [4]	27	18	20	25	30
25 × 55 25 × 60	24 20 [4]	24 20 [4]	30	20	25	31	37,5
28 × 65	24 20 [4]	24 20 [4]	34	23	30	37,5	45
31 × 65 31 × 70 31 × 80	24 20 [4]	24 20 [4]	38	25	37,5	46	56
34 × 90	24 22 [4]	24 22 [4]	41	27	43	54	65
38 × 100	24	24	46	30	52,5	65	78
42 × 110	26	26	51	34	62,5	77,5	93
46 × 130	30	28	56	37	72,5	90,5	109
55 × 140 55 × 160	40	35	66	44	97,5	122	146
60 × 180	50	35	72	48	112	140	168
70 × 210	60	45	84	56	145	180	217
75 × 230	70	45	90	60	160	200	240
80 × 260	75	50	96	64	178	222	267
90 × 310	90	55	108	72	213	266	320

[1] Die Tabelle enthält nur die in DIN 1151 angegebenen Nageldurchmesser d_n in 1/10 mm und Nagellängen l_n in mm. Bei abweichenden Nagellängen ist Abschnitt 11.3.4 zu beachten.
[2] Siehe auch Abschnitt 11.3.4.
[3] Siehe auch Abschnitt 11.3.4, 11.3.5 und 11.3.6.
[4] Werte gelten für die Mindestholzdicke bei Schalungen.

11.3.3. Die Mindestholzdicke a muß unter Berücksichtigung der in Abschnitt 4.2.2 festgelegten Mindestdicke von 2,4 cm mit Rücksicht auf die Spaltgefahr des Holzes bei Nägeln, die ohne Vorbohrung eingeschlagen werden,

$$a = d_n \cdot (3 + 8 \cdot d_n) \text{ in cm} \quad (33)$$

betragen.

11.3.5.
die Holzdicken dürfen bei Nageldurchmessern $\geqq 4{,}2$ mm bis auf das 6fache des Nageldurchmessers abnehmen. Bei noch geringeren Holzdicken sind die zulässigen Belastungen im Verhältnis $a/(6 \cdot d_n)$ zu mindern.

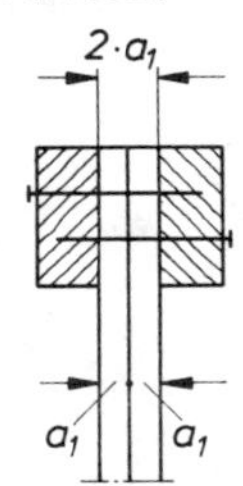

Bild 19. Zweischnittige Gurtnagelung bei Vollwandträgern

11.3.3. Bei genagelten Vollwandbindern mit Stegen aus zwei gekreuzten Brettlagen darf mit Rücksicht auf deren Sperrwirkung bei zweischnittiger Nagelung die aus der Gl. (33) errechnete Mindestholzdicke a bis auf 2/3 ihres Wertes verringert werden, wenn die Einzelbretter nicht breiter als 14 cm sind ($a_1 = 2/3 \cdot a$, siehe Bild 19).

11.3.4. Ein- und mehrschnittige Nagelverbindungen dürfen mit $m \cdot N_1$ berechnet werden, mit m als Anzahl der Schnitte, wobei eine Scherfläche noch als voll wirksam angesehen werden darf, wenn die Nagelspitze mindestens eine Einschlagtiefe von $s = 12 \cdot d_n$ bei einschnittigen bzw. $s = 8 \cdot d_n$ bei mehrschnittigen Verbindungen aufweist (siehe Bild 20). Bei Einschlagtiefen s zwischen $6 \cdot d_n$ und $12 \cdot d_n$ bzw. $4 \cdot d_n$ und $8 \cdot d_n$ und Nagelung der mehrschnittigen Nagelverbindungen von beiden Seiten ist für die der Nagelspitze nächst liegende Scherfläche die zulässige Nagelbelastung N_1 im Verhältnis der tatsächlichen Einschlagtiefe s_w zur Solltiefe $s = 12 \cdot d_n$ bzw. $s = 8 \cdot d_n$ zu mindern. Ist $s_w < 6 \cdot d_n$ bzw. $4 \cdot d_n$, so darf die der Nagelspitze nächst liegende Scherfläche nicht mehr in Rechnung gestellt werden.

Richtlinie Holzhäuser Ausgabe Februar 1979

7.2.3.
Mehrschnittige Nagelverbindungen dürfen mit der n-fachen zulässigen Belastung einschnittiger Verbindungen bemessen werden, wobei eine Scherfläche als noch voll wirksam angesehen werden darf, wenn die Nagelspitze mindestens eine Einschlagtiefe erf $s \geqq 8\ d_n$ aufweist. Bei Einschlagtiefen von vorh s zwischen $4\ d_n$ und $8\ d_n$ ist die Belastung für die dem Nagelende nächstliegende Scherfläche im Verhältnis $\frac{\text{vorh } s}{\text{erf } s}$ abzumindern.

Bei Sondernägeln ist für d_n der Durchmesser des glattschaftigen Teiles bzw. des Nageldrahtes vor der Aufbringung der Schaftprofilierung (auch als Nagelnenndurchmesser bezeichnet) einzusetzen.

6.2.3 Für die Mindestholzdicke min a gilt mit Rücksicht auf die Spaltgefahr des Holzes bei Nagelverbindungen ohne Vorbohrung folgende Zahlenwertgleichung:

$$\min a = d_n\ (3 + 0{,}8 \cdot d_n) \quad \text{in mm,} \quad (7)$$

jedoch mindestens 24 mm. Dabei ist d_n der Nageldurchmesser in mm.

Bei Nagelverbindungen mit vorgebohrten Nagellöchern (siehe auch Abschnitt 6.2.5) dürfen bei Nageldurchmessern $\geq 4{,}2$ mm die Mindestholzdicken min a abweichend von Gleichung (7) auf das 6fache des Nageldurchmessers reduziert werden. Bei geringeren Holzdicken sind die zulässigen Belastungen im Verhältnis $a/(6\ d_n)$ zu mindern.

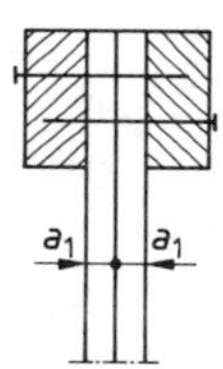

Bild 14. Zweischnittige Gurtnagelung bei Vollwandträgern

Bei genagelten Vollwandträgern mit Stegen aus zwei gekreuzten Brettlagen darf mit Rücksicht auf deren Sperrwirkung bei zweischnittiger Nagelung die Mindestholzdicke min a nach Gleichung (7) bis auf ⅔ ihres Wertes verringert werden, wenn die Einzelbretter nicht breiter als 140 mm sind ($a_1 = ⅔ \cdot \min a$ nach Gleichung (7), siehe Bild 14).

6.2.4 Ein- und mehrschnittige Nagelverbindungen dürfen mit $m \cdot$ zul N_1 berechnet werden, mit m als Anzahl der Schnitte, wobei eine Scherfläche noch als voll wirksam angesehen werden darf, wenn folgende Einschlagtiefen s (siehe Bild 15) eingehalten werden:

a) **Einschnittige Verbindungen**:

$s \geq 12\ d_n$ für runde Draht- und Maschinenstifte sowie Sondernägel der Tragfähigkeitsklasse I,

$s \geq 8\ d_n$ für Sondernägel der Tragfähigkeitsklassen II und III.

Bei Einschlagtiefen s zwischen 6 d_n und 12 d_n bzw. 4 d_n und 8 d_n ist die zulässige Nagelbelastung zul N_1 im Verhältnis der Einschlagtiefe zur Solltiefe 12 d_n bzw. 8 d_n zu mindern. Ist $s < 6\ d_n$ bzw. 4 d_n, so darf die Nagelverbindung nicht zur Kraftübertragung herangezogen werden. Als Einschlagtiefe von Sondernägeln der Tragfähigkeitsklassen II und III darf nur der profilierte Schaftteil l_g (siehe Bild 13) in Rechnung gestellt werden.

b) **Zwei- und mehrschnittige Verbindungen:**

$s \geq 8\ d_n$ für alle Nägel.

Bei Einschlagtiefen s zwischen 4 d_n und 8 d_n ist für die der Nagelspitze nächstliegende Scherfläche die zulässige Nagelbelastung zul N_1 im Verhältnis der Einschlagtiefe zur Solltiefe 8 d_n zu mindern. Ist $s < 4\ d_n$, so darf die der Nagelspitze nächstliegende Scherfläche nicht mehr in Rechnung gestellt werden.

Bei runden Draht- und Maschinenstiften sowie Sondernägeln der Tragfähigkeitsklasse I sind zwei- und mehrschnittige Verbindungen von beiden Seiten zu nageln.

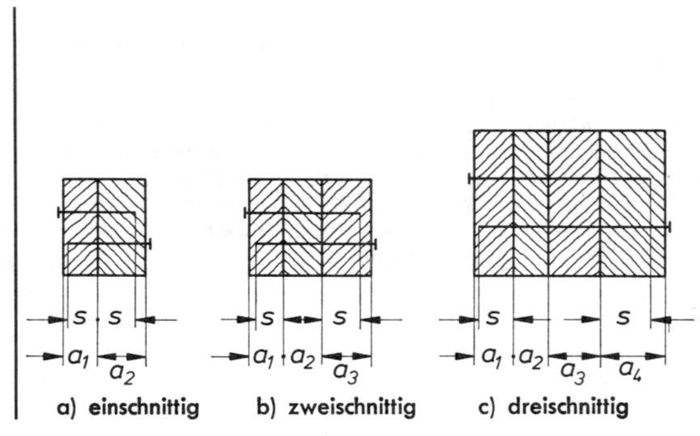

a) einschnittig b) zweischnittig c) dreischnittig

Bild 20. Holzdicken und Einschlagtiefen bei Nagelverbindungen

11.3.5. Bei vorgebohrten Nagellöchern (Bohrlochdurchmesser $\approx 0{,}85 \cdot d_n$, Bohrlochtiefe mindestens gleich der erforderlichen Einschlagtiefe s nach Abschnitt 11.3.4) dürfen um 25 % größere Nagelbelastungen zugelassen werden und

11.3.6. Bei Nagelverbindungen von Eichen- oder Buchenholz, die stets vorgebohrt werden müssen, darf mit $1{,}5 \cdot N_1$ (N_1 nach Gl. 32) je Nagelscherfläche gerechnet werden,

wenn die Holzdicke mindestens $6 \cdot d_n$ beträgt. Bei geringeren Holzdicken sind die zulässigen Belastungen im Verhältnis $a / (6 \cdot d_n)$ zu mindern.

11.3.9. Bei der Verbindung von Furnierplatten mit Vollholz sind Nagelbelastungen nach Abschnitt 11.3.2 bzw. 11.3.5 zulässig, wenn die Furnierplatten den Anforderungen nach DIN 68705 Blatt 3, entsprechen.

Richtlinie Holzhäuser Ausgabe Februar 1979

7.2.2 Für Flachpreßplatten für das Bauwesen und Harte Holzfaserplatten für das Bauwesen dürfen für Nägel mit $d_n \leqq 4{,}2$ mm die Werte nach DIN 1052 Teil 1, Ausgabe Oktober 1969, Abschnitt 11.3.2, Gleichung 32 bzw. Tabelle 14 angewendet werden; dabei sind für Harte Holzfaserplatten für das Bauwesen diese Werte um 30 % zu vermindern.

11.3.9. Abweichend von den Festlegungen in Abschnitt 11.3.3 brauchen die Furnierplatten nur eine Mindestdicke von

$$a = 0{,}5 \cdot d_n \cdot (3 + 8 \cdot d_n) \text{ in cm} \quad (34)$$

besitzen, soweit nicht Abschnitt 4.2.3 maßgebend ist.

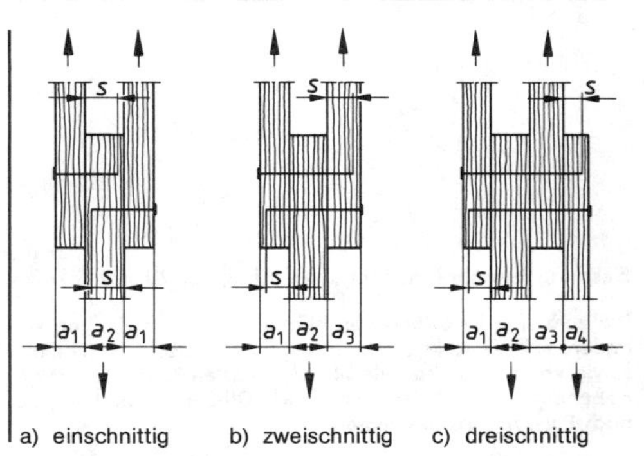

a) einschnittig b) zweischnittig c) dreischnittig

Bild 15. Holzdicken und Einschlagtiefen bei Nagelverbindungen

6.2.5 Werden Nagellöcher mit einem Bohrlochdurchmesser von etwa 0,9 d_n auf die erforderliche Nagellänge vorgebohrt, so dürfen die 1,25fachen Nagelbelastungen zugelassen werden, für Sondernägel der Tragfähigkeitsklassen II und III in einschnittigen Verbindungen jedoch nur dann, wenn wie bei runden Draht- und Maschinenstiften eine Mindesteinschlagtiefe von 12 d_n eingehalten wird.

6.2.6 Bei Nagelverbindungen von Laubhölzern der Holzartgruppen A, B und C nach DIN 1052 Teil 1, Tabelle 1, untereinander oder mit Bau-Furniersperrholz nach DIN 68 705 Teil 5 mit mindestens sieben Lagen sind die 1,5fachen Nagelbelastungen nach Gleichung (6) zulässig. Dabei müssen runde Drahtstifte mit etwa 0,9 d_n vorgebohrt werden. Die Holzdicke muß mindestens das 6fache des Nageldurchmessers betragen. Bei geringeren Holzdicken sind die zulässigen Belastungen im Verhältnis $a/(6\ d_n)$ zu mindern.

6.2.7 Die zulässige Nagelbelastung zul N_1 nach Abschnitt 6.2.2 bzw. Abschnitt 6.2.5 gilt auch für Nagelverbindungen mit Bau-Furniersperrholz nach DIN 68 705 Teil 3 und Teil 5.

Sie gilt für Nagelverbindungen mit Flachpreßplatten nach DIN 68 763 und Holzfaserplatten nach DIN 68 754 Teil 1 nur dann, wenn die Nagelspitze mindestens 2 d_n in Voll- oder Brettschichtholz oder in Bau-Furniersperrholz eindringt.

Die Mindestdicken für die Platten aus Holzwerkstoffen betragen hierbei:

- Bau-Furniersperrholz: min $a = 3\ d_n$ (für $d_n \leq 4{,}2$ mm)
  min $a = 4\ d_n$ (für $d_n > 4{,}2$ mm)
- Flachpreßplatten und mittelharte Holzfaserplatten: min $a = 4{,}5\ d_n$
- harte Holzfaserplatten: min $a = 2\ d_n$

Diese Mindestdicken gelten für vorgebohrte und nicht vorgebohrte Nagelverbindungen.

Bei Nagelverbindungen von Bau-Furniersperrholz nach DIN 68 705 Teil 5 mit mindestens sieben Lagen mit Nadelholz darf die zulässige Nagelbelastung nach Gleichung (6) bzw. Abschnitt 6.2.5 um 20 % erhöht werden. Dabei dürfen die Mindestdicken für das Bau-Furniersperrholz um 25 % abgemindert werden.

Bei Flachpreßplatten und mittelharten Holzfaserplatten sind für Nageldurchmesser $\leq 4{,}2$ mm auch geringere Plattendicken unter 4,5 d_n bis zu 3 d_n zulässig, wenn die zulässigen Nagelbelastungen im Verhältnis $a/(4{,}5\ d_n)$ gemindert werden.

Für die Einschlagtiefe der Nägel in das Vollholz gilt Abschnitt 11.3.4.

Die zulässige Belastung von Nägeln bei Verbindungen von anderen Holzwerkstoffen miteinander oder mit Vollholz sowie von nicht in Tabelle 14 aufgeführten Holzarten ist gegebenenfalls durch Versuche nach DIN 4110 Blatt 8 (z. Z. noch Entwurf), zu bestimmen.

11.3.11. Bei Anschlüssen von Brettern, Bohlen und dgl. an Rundholz sind die zulässigen Nagelbelastungen auf 2/3 zu ermäßigen.

Nagelverbindungen von zwei Rundhölzern sind bei tragenden Bauteilen unzulässig.

11.3.10. Sind beim Stoß oder Anschluß von Zuggliedern mehr als 10 Nägel hintereinander angeordnet, so müssen die zulässigen Nagelbelastungen um 10 %, bei mehr als 20 Nägeln um 20 % ermäßigt werden.

11.3.13. Als kleinste Nagelabstände im dünnsten Holz gelten bei versetzt angeordneten Nägeln die Abstände nach Tabelle 15 unter Beachtung von Bild 22a und b.

Tabelle 15. **Nagelabstände**

		Nagelabstände parallel der Kraftrichtung mindestens	
		nicht vorgebohrt	vorgebohrt
untereinander	∥ der Faserrichtung	$10 \cdot d_n$ $12 \cdot d_n$ ¹)	$5 \cdot d_n$
	⊥ zur Faserrichtung	$5 \cdot d_n$	$5 \cdot d_n$
vom beanspruchten Rand	∥ der Faserrichtung	$15 \cdot d_n$	$10 \cdot d_n$
	⊥ zur Faserrichtung	$7 \cdot d_n$ $10 \cdot d_n$ ¹)	$5 \cdot d_n$
vom unbeanspruchten Rand	∥ der Faserrichtung	$7 \cdot d_n$ $10 \cdot d_n$ ¹)	$5 \cdot d_n$
	⊥ zur Faserrichtung	$5 \cdot d_n$	$3 \cdot d_n$

¹) bei $d_n > 4{,}2$ mm

11.3.14. Rechtwinklig zur Kraftrichtung muß der Nagelabstand sowohl untereinander als auch vom Rand mindestens $5 \cdot d_n$ bei nicht vorgebohrten und $3 \cdot d_n$ bei vorge-

Nagelverbindungen mit Holzwerkstoffen geringerer Plattendicken dürfen, auch bei vorgebohrten Nagellöchern, rechnerisch nicht zur Kraftübertragung herangezogen werden.

Die Nägel dürfen nicht mehr als 2 mm tief versenkt werden, müssen jedoch mindestens bündig mit der Oberfläche eingeschlagen werden. Ein bündiger Abschluß des Nagelkopfes mit der Plattenoberfläche gilt als nicht versenkt. Bei versenkter Anordnung der Nägel müssen die Mindestdicken der Holzwerkstoffe um 2 mm erhöht werden. Für die Einschlagtiefen der Nägel in das Vollholz gilt Abschnitt 6.2.4.

6.2.8 Bei Anschlüssen von Brettern, Bohlen, Platten aus Holzwerkstoffen und dergleichen an Rundholz sind die zulässigen Nagelbelastungen um ⅓ abzumindern.

Nagelverbindungen von Rundhölzern sind bei tragenden Bauteilen unzulässig, sofern nicht im Anschlußbereich eine passende Bearbeitung der Berührungsflächen erfolgt.

6.2.9 Werden in Stößen und Anschlüssen mehr als 10 Nägel hintereinander angeordnet, dann ist die wirksame Anzahl ef n der Nägel zu

$$\text{ef}\, n = 10 + \frac{2}{3}(n - 10) \tag{8}$$

anzunehmen. n bedeutet die Anzahl der hintereinanderliegenden Nägel. Mehr als 30 Nägel hintereinander dürfen nicht in Rechnung gestellt werden.

6.2.10 Als kleinste Nagelabstände im dünnsten Holz gelten parallel der Kraftrichtung die Abstände nach Tabelle 11 (siehe auch Bild 16a und Bild 16b).

Tabelle 11. **Nagelabstände**

		Nagelabstände parallel der Kraftrichtung mindestens	
		nicht ¹) vorgebohrt	vorgebohrt
untereinander	∥ der Faserrichtung	10 d_n 12 d_n ²)	5 d_n
	⊥ zur Faserrichtung	5 d_n	5 d_n
vom beanspruchten Rand	∥ der Faserrichtung	15 d_n	10 d_n
	⊥ zur Faserrichtung	7 d_n 10 d_n ²)	5 d_n
vom unbeanspruchten Rand	∥ der Faserrichtung	7 d_n 10 d_n ²)	5 d_n
	⊥ zur Faserrichtung	5 d_n	3 d_n

¹) Bei Douglasie ist bei $d_n \geq 3{,}1$ mm stets Vorbohrung erforderlich.
²) Bei $d_n > 4{,}2$ mm.

6.2.11 Rechtwinklig zur Kraftrichtung muß der Nagelabstand sowohl untereinander als auch vom Rand rechtwinklig zur Faserrichtung mindestens 5 d_n bei nicht vorgebohrten

bohrten Nagellöchern betragen, soweit nicht Bild 22b maßgebend wird.

11.3.15. Bei sich übergreifenden Nägeln (siehe Bild 23), die von zwei verschiedenen Seiten in ein Holz von der Dicke a_m eingeschlagen werden, darf wie nach Bild 23a genagelt werden, solange die Nagelspitze des einen Nagels um mindestens $8 \cdot d_n$ von der Scherfläche des anderen Nagels entfernt bleibt. Ist die Einschlagtiefe s größer als die Holzdicke a_m (siehe Bild 23b), so sind die Mindestabstände in Faserrichtung von $10 \cdot d_n$ $(12 \cdot d_n)$ einzuhalten. In allen anderen Fällen $(a_m < (s + 8 \cdot d_n)$, aber größer als $s)$ müssen die Nägel um $5 \cdot d_n$ in Faserrichtung versetzt werden (siehe Bild 23c).

11.3.17. Bei tragenden Nägeln und bei Heftnägeln soll der größte Abstand in Faserrichtung $40 \cdot d_n$ und rechtwinklig zur Faserrichtung $20 \cdot d_n$ nicht überschreiten.

Richtlinie Holzhäuser Ausgabe Februar 1979
7.2.4 Der Größtabstand von Nägeln soll in Faserrichtung $40\,d_n$, senkrecht zur Faserrichtung $20\,d_n$ sowie bei Harten Holzfaserplatten für das Bauwesen und Flachpreßplatten für das Bauwesen mit ≦15 mm Dicke $30\,d_n$ nicht überschreiten. Für nur aussteifende Platten darf der Abstand im Bereich außerhalb der Plattenecken (vergleiche Abschnitt 8.2, Satz 2) auf das Doppelte erhöht werden.

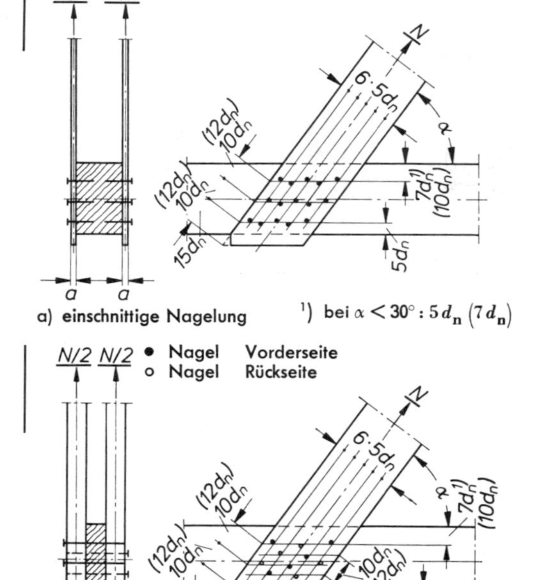

a) einschnittige Nagelung ¹) bei $\alpha < 30°: 5\,d_n\ (7\,d_n)$

b) zweischnittige Nagelung ¹) bei $\alpha < 30°: 5\,d_n\ (7\,d_n)$

Bild 22. Mindestnagelabstände nicht vorgebohrter Nagelungen

und 3 d_n bei vorgebohrten Nagellöchern betragen, soweit nicht Bild 16b maßgebend wird.

6.2.12 Bei sich übergreifenden Nägeln (siehe Bild 17), die von zwei verschiedenen Seiten in ein Holz von der Dicke a_m eingeschlagen werden, darf nach Bild 17a genagelt werden, solange die Nagelspitze des einen Nagels um mindestens 8 d_n von der Scherfläche des anderen Nagels entfernt bleibt. Ist die Holzdicke a_m kleiner oder höchstens gleich der Einschlagtiefe s (siehe Bild 17b), so sind die Mindestabstände in Faserrichtung von 10 d_n bzw. 12 d_n maßgebend. In allen Fällen nach Bild 17c muß ein Mindestabstand von 5 d_n eingehalten werden.

6.2.13 Bei tragenden Nägeln und bei Heftnägeln soll der größte Abstand in Faserrichtung 40 d_n und rechtwinklig zur Faserrichtung 20 d_n nicht überschreiten. Bei Platten aus Holzwerkstoffen soll der größte Abstand in keiner Richtung 40 d_n überschreiten.

Haben die Platten nur aussteifende Funktion, so ist ein Abstand von 80 d_n zulässig. Dies gilt auch für den Anschluß mittragender Beplankungen an Mittelrippen von Wandscheiben.

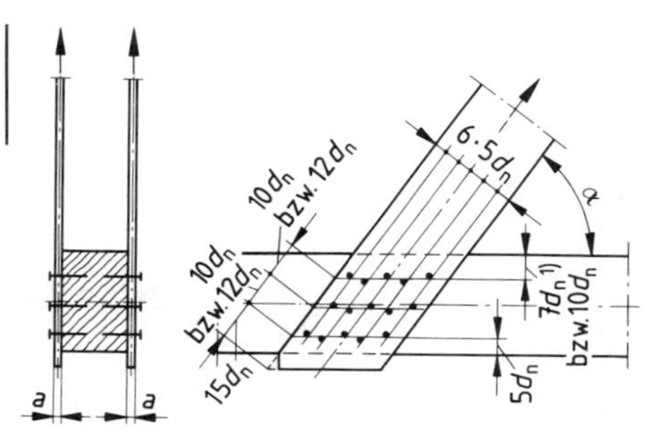

a) einschnittige Nagelung

● Nagel Vorderseite

○ Nagel Rückseite

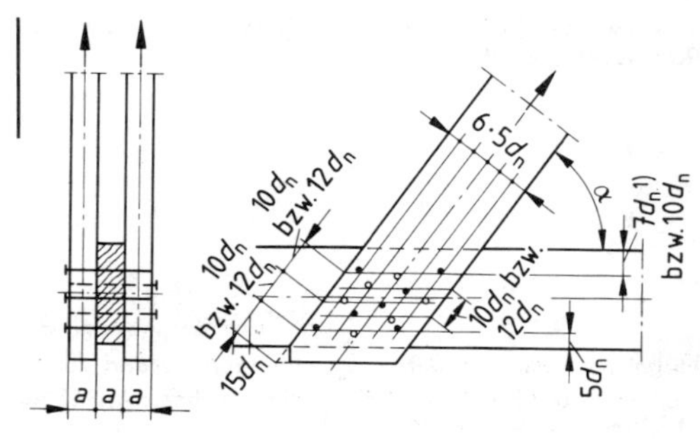

b) zweischnittige Nagelung

Bild 16. Mindestnagelabstände nicht vorgebohrter Nagelungen

¹) Bei $\alpha < 30°$: 5 d_n bzw. 7 d_n

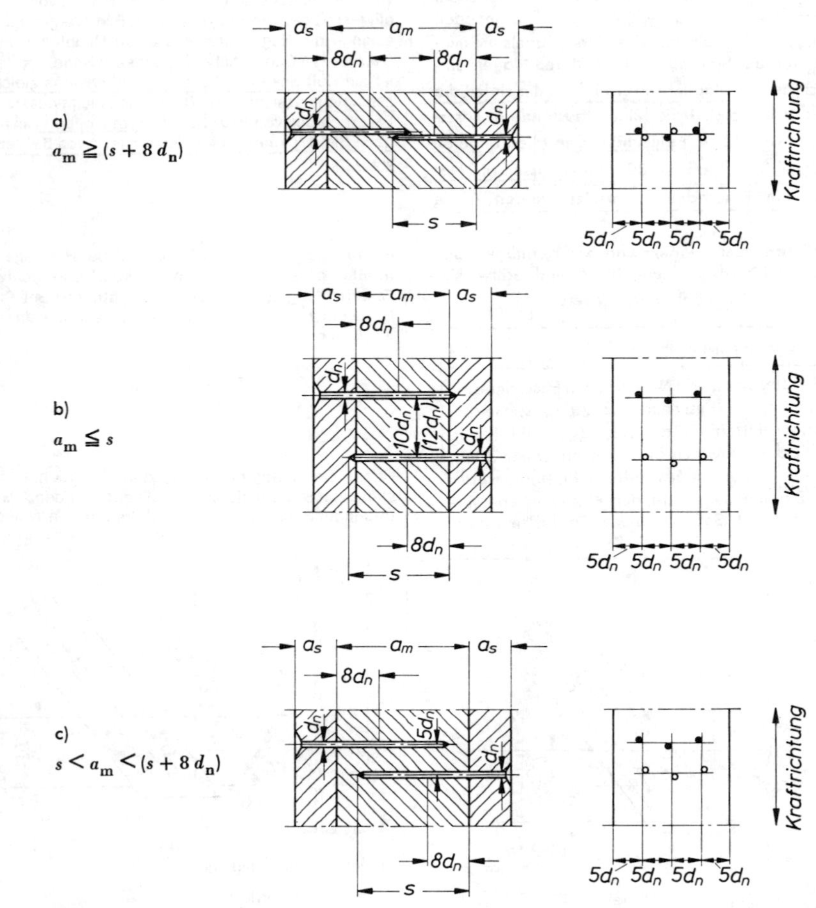

Bild 23. Abstände bei übergreifenden Nägeln

11.3.16. Bei Stahlblechen und Furnierplatten darf der Randabstand der Nägel auf $2{,}5 \cdot d_n$

und der Abstand der Nägel untereinander auf $5 \cdot d_n$ verringert werden, soweit nicht mit Rücksicht auf das Vollholz die Abschnitte 11.3.13 bis 11.3.15 maßgebend werden.

11.3.18. Bei biegesteifen Stößen oder bei der Stoßdeckung von Koppelträgern gelten die Werte der Tabelle 15, wobei diese Werte ungeachtet der Kraftrichtung nur auf die Faserrichtung des Holzes zu beziehen und alle Ränder als beansprucht zu betrachten sind.

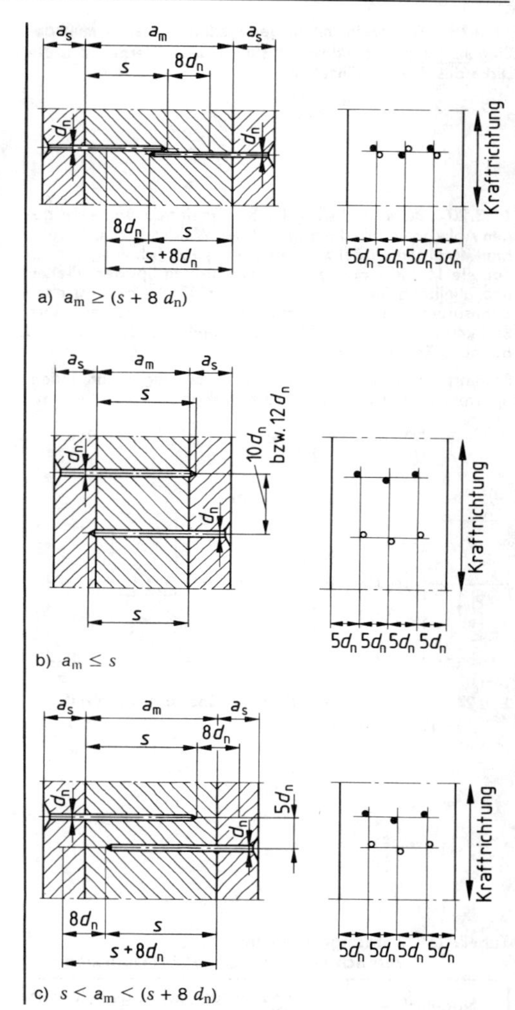

a) $a_m \geq (s + 8\,d_n)$

b) $a_m \leq s$

c) $s < a_m < (s + 8\,d_n)$

Bild 17. Abstände bei übergreifenden Nägeln

6.2.14 Bei Bau-Furniersperrholz und bei Flachpreßplatten darf der Nagelabstand vom unbeanspruchten Rand auf 2,5 d_n, bei mittelharten und harten Holzfaserplatten auf 3 d_n verringert werden, soweit nicht die Nagelabstände im Holz maßgebend werden. Vom beanspruchten Plattenrand dürfen die Abstände der Nägel die Werte 4 d_n bei Bau-Furniersperrholz, 7 d_n bei Flachpreßplatten und mittelharten Holzfaserplatten sowie 7,5 d_n bei harten Holzfaserplatten jedoch nicht unterschreiten.

Der Abstand der Nägel untereinander darf bei Bau-Furniersperrholz, Flachpreßplatten sowie mittelharten und harten Holzfaserplatten auf 5 d_n verringert werden, soweit nicht die Nagelabstände im Holz maßgebend werden.

6.2.15 Bei biegesteifen Stößen und bei der Stoßdeckung von Koppelträgern gelten die Werte nach Tabelle 11, wobei diese Werte ungeachtet der Kraftrichtung nur auf die Faserrichtung des Holzes zu beziehen und alle Ränder als beansprucht zu betrachten sind.

11.3.19. Bei gekrümmten, genagelten Bauteilen muß der Biegehalbmesser mindestens $300 \cdot a$ sein. Hierbei ist a die Dicke des dicksten Einzelteiles.

11.3.20. Beim Nachweis der Sicherheit von Bauteilen gegen Abheben durch die Sogkraft des Windes nach DIN 1055, Blatt 4, dürfen Nägel zur Befestigung von Schalungen nach Tabelle 16 und Nägel zur Befestigung von Sparren, Pfetten und ähnlichen Bauteilen nach Tabelle 17 auf Herausziehen beansprucht werden. Die Haftlänge der Nägel wird nach Bild 24a und b einschließlich der Nagelspitze bestimmt und auf volle Zentimeter gerundet.

Schalbretter sind mit wenigstens zwei Nägeln an jedem Sparren, Binder oder Stiel zu befestigen.

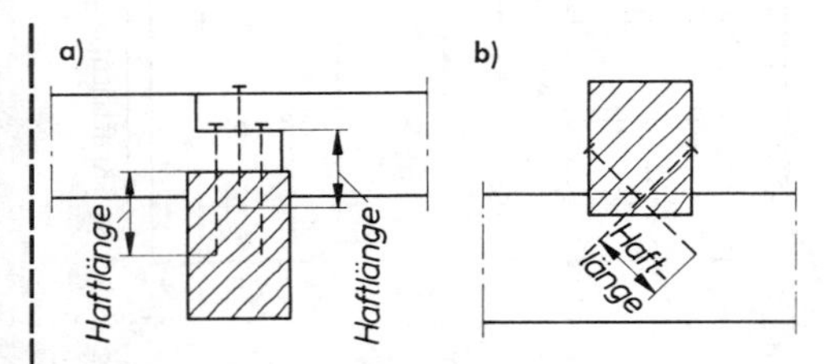

Bild 24. Haftlängen der Nägel bei Beanspruchung auf Herausziehen

Tabelle 16. **Zulässige Belastung von Schalungsnägeln auf Herausziehen**

Nagelgröße	verwendbar für Brettdicke mm	zulässige Belastung je Nagel kp
31 × 70	20 und 22	15
34 × 90	22 und 24	20

Tabelle 17. **Zulässige Belastung von Sparren- und Pfettennägeln auf Herausziehen**

Nageldurchmesser d_n 1/10 mm	Zul. Belastung der tragenden Haftlänge einschl. der Spitze (Bild 24a und b) kp/cm
46	6
55	7
60	8
70	9
75	10
80	11

6.2.16 Bei gekrümmten, genagelten Bauteilen aus Brettern muß der Biegeradius des Einzelbrettes mindestens 300 a sein. Hierbei ist a die Dicke des dicksten Einzelbrettes.

6.3 Beanspruchung in Schaftrichtung (Herausziehen)

6.3.1 Bei Beanspruchung auf Herausziehen ist zwischen kurzfristig und ständig wirkender Beanspruchung zu unterscheiden. Runde Draht- und Maschinenstifte sowie Sondernägel der Tragfähigkeitsklasse I (siehe Tabelle 12) dürfen nur kurzfristig (z.B. durch Windsogkräfte) auf Herausziehen beansprucht werden, wenn ihre Einschlagtiefe in das Holz mindestens 12 d_n beträgt.

Sondernägel der Tragfähigkeitsklassen II und III (siehe Tabelle 12) dürfen auch durch ständige Lasten auf Herausziehen beansprucht werden, wenn ihre Einschlagtiefe in das Holz mindestens 8 d_n beträgt. Die wirksame Einschlagtiefe wird einschließlich der Nagelspitze bestimmt und darf höchstens mit 20 d_n und bei Sondernägeln höchstens mit der Länge des profilierten Schaftteiles l_g (siehe Bild 13) in Rechnung gestellt werden.

6.3.2 Die zulässige Belastung auf Herausziehen berechnet sich für den Lastfall H zu

$$\text{zul } N_Z = B_Z \cdot d_n \cdot s_w \quad \text{in N} \qquad (9)$$

mit d_n als Nageldurchmesser in mm (siehe Abschnitt 6.2.2) und s_w als wirksame Einschlagtiefe in mm.

Der Wert B_Z beträgt für runde Draht- und Maschinenstifte

$$B_Z = 1{,}3 \text{ MN/m}^2.$$

Erhalten runde Draht- und Maschinenstifte im Anschluß von Koppelpfetten infolge der Dachneigung planmäßig ständig wirkende Beanspruchungen auf Herausziehen, dann darf mit B_Z = 0,8 MN/m² gerechnet werden, wenn die Dachneigung ≤ 30° beträgt.

Für Sondernägel gelten in Abhängigkeit von den Tragfähigkeitsklassen für B_Z die Werte nach Tabelle 12. Sondernägel in vorgebohrten Nagellöchern dürfen auf Herausziehen nicht in Rechnung gestellt werden.

Tabelle 12. **Werte B_Z in MN/m² zur Berechnung der zulässigen Belastung zul N_Z von Sondernägeln nach Gleichung (9)**

Tragfähigkeitsklasse	Rechenwert B_Z
I	1,8
II	2,5
III	3,2

Werden die Nägel in frisches Holz eingeschlagen, so sind die zulässigen Belastungen auf Herausziehen nach Tabelle 16 und 17 auch dann auf 2/3 zu ermäßigen, wenn das Holz nachtrocknen kann.

6.3.3 Werden runde Draht- und Maschinenstifte in halbtrockenes oder frisches Holz eingeschlagen, so sind die zulässigen Belastungen auf Herausziehen um ⅓ abzumindern, auch dann, wenn das Holz nachtrocknen kann. Dies gilt nicht für Laubhölzer der Holzartgruppe C.

6.3.4 Werden Sondernägel in frisches Holz eingeschlagen und bleibt die Holzfeuchte im Gebrauchszustand im Fasersättigungsbereich, so sind die zulässigen Belastungen auf Herausziehen um ⅓ abzumindern. Dies gilt nicht, wenn das Holz im Gebrauchszustand nachtrocknen kann, und nicht für Laubhölzer der Holzartgruppe C.

6.3.5 Beim Anschluß von Platten aus Holzwerkstoffen an Holz dürfen für Sondernägel der Tragfähigkeitsklassen II und III die zulässigen Belastungen auf Herausziehen nach Gleichung (9) nur dann voll in Rechnung gestellt werden, wenn die Platten aus Holzwerkstoffen mindestens 12 mm dick sind. Bei geringeren Plattendicken dürfen wegen der Kopfdurchziehgefahr die zulässigen Belastungen auf Herausziehen höchstens mit 150 N in Rechnung gestellt werden.

6.4 Kombinierte Beanspruchung

Bei gleichzeitiger Beanspruchung von Nägeln auf Abscheren nach Abschnitt 6.2 und auf Herausziehen nach Abschnitt 6.3 ist nachzuweisen:

$$\left[\frac{N_1}{\text{zul } N_1}\right]^m + \left[\frac{N_Z}{\text{zul } N_Z}\right]^m \leq 1 \qquad (10)$$

Bei runden Draht- und Maschinenstiften sowie Sondernägeln der Tragfähigkeitsklasse I ist mit $m = 1$ zu rechnen, bei Sondernägeln der Tragfähigkeitsklassen II und III darf $m = 2$ angenommen werden.

Bei Koppelpfettenanschlüssen mit runden Draht- und Maschinenstiften (siehe Abschnitt 6.3.2) darf $m = 1{,}5$ angenommen werden.

7 Nagelverbindungen mit Stahlblechen und Stahlteilen

7.1 Allgemeines

Stahlbleche und Stahlblechformteile dürfen mit Vollholz und Brettschichtholz durch Nagelung verbunden werden. Die Festlegungen im Abschnitt 6 gelten sinngemäß, sofern im folgenden nichts anderes festgelegt ist. Es ist zu unterscheiden zwischen der Stahlblech-Holz-Nagelung, bei der ebene Bleche von mindestens 2 mm Dicke bezüglich der Holzquerschnitte außen- oder innenliegend angeordnet sind, und der Nagelung von Stahlblechformteilen, d.h. räumlich geformten Stahlblechteilen mit Blechdicken von mindestens 2 mm, die in der Regel durch einschnittig wirkende Nägel an die Holzteile angeschlossen werden.

Für beide Ausführungsarten dürfen Nägel nach Abschnitt 6.1 verwendet werden. Werden bei der Nagelung von Stahlblechformteilen die Nägel auch planmäßig auf Herausziehen be-

11.3.8. Bei Stahlblech-Holz-Nagelverbindungen nach Bild 21 muß die Blechdicke mindestens 2,0 mm betragen. Die Nagellöcher sind in der Regel gleichzeitig in Holz- und Blechteilen mit einem Bohrlochdurchmesser gleich dem Nageldurchmesser auf die erforderliche Nagellänge vorzubohren. Bei nur außenliegenden Blechen ist ein Vorbohren des Holzes nicht erforderlich.

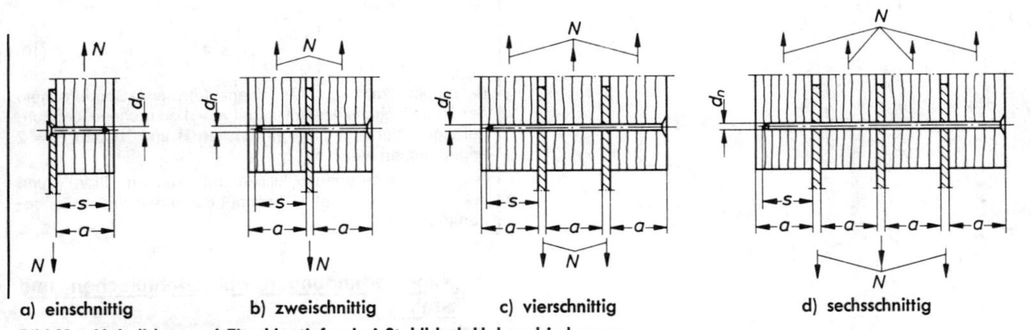

Bild 21. Holzdicken und Einschlagtiefen bei Stahlblech-Holzverbindungen

Für die zulässigen Belastungen gelten bei vorgebohrten Nagellöchern die Werte nach Abschnitt 11.3.5, auch bei nicht vorgebohrten, einschnittigen Verbindungen mit außenliegenden Blechen. Im übrigen gilt Abschnitt 11.3.4.

Bei druckbeanspruchten Blechen ist auf eine ausreichende Beulsicherheit zu achten. Das Einhalten der zulässigen Spannungen für die Bleche nach Abschnitt 9.3 ist unter Berücksichtigung der Nagellöcher nachzuweisen.

ansprucht, dürfen nur Sondernägel verwendet werden.

Bei Verwendung von Sondernägeln gilt Abschnitt 6.1, vierter Absatz, sinngemäß.

Sondernägel dürfen nur verwendet werden, wenn die Bleche vorgelocht und bezüglich der Holzquerschnitte außenliegend angeordnet sind. Ein Vorbohren der Nagellöcher im Holz ist nicht erforderlich. Werden jedoch die Nagellöcher im Holz vorgebohrt, so darf das Vorbohren nur mit einem Bohrlochdurchmesser von höchstens 0,9 d_n erfolgen. Der erforderliche Durchmesser der Nagellöcher im Stahlblech muß den Angaben der Werksbescheinigung des Sondernagels entsprechen.

7.2 Nagelverbindungen mit ebenen Stahlblechen

7.2.1 Beim Anschluß ebener, mindestens 2 mm dicker Bleche nach den Bildern 18b, c und d unter Verwendung runder Drahtstifte sind die Nagellöcher in der Regel gleichzeitig in Holz- und Blechteilen mit einem Bohrlochdurchmesser entsprechend dem Nageldurchmesser auf die erforderliche Nagellänge vorzubohren. Bei nur außenliegenden Blechen nach Bild 18a ist in der Regel ein Vorbohren des Holzes nicht erforderlich.

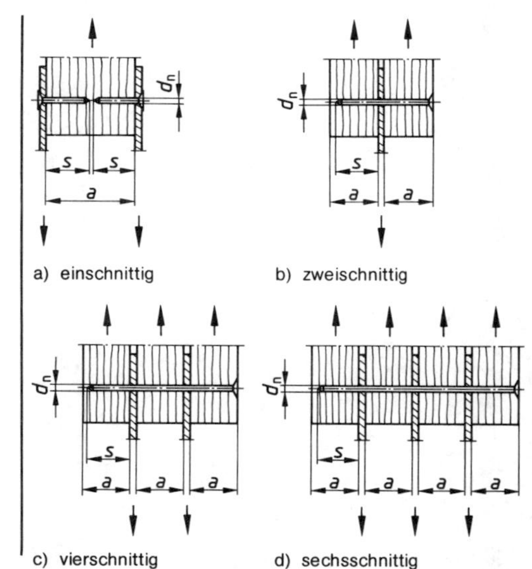

Bild 18. Holzdicken und Einschlagtiefen bei Stahlblech-Holzverbindungen

7.2.2 Für die zulässigen Belastungen der Nägel auf Abscheren dürfen die 1,25fachen Werte nach Gleichung (6) angenommen werden.

7.2.3 Bei druckbeanspruchten Verbindungen ist auf Kontaktanschluß der Hölzer und gegebenenfalls auf eine ausreichende Beulsicherheit der Bleche zu achten. Bei Zuganschlüssen ist die Einhaltung der zulässigen Spannungen in den Blechen unter Berücksichtigung der Schwächung durch die Nagellöcher nachzuweisen (siehe auch DIN 1052 Teil 1, Abschnitt 5.3).

7.2.4 Bei Nagelung außenliegender Bleche darf auf eine versetzte Anordnung benachbarter Nägel bezüglich der Holzfaserrichtung verzichtet werden, wenn bei einseitiger Anordnung der Bleche und Nägel mit $d_n \leq 4{,}2$ mm die Holzdicke mindestens der Einschlagtiefe entspricht und nicht weniger als 10 d_n beträgt. Bei dickeren Nägeln muß die Holzdicke mindestens das 1,5fache der Einschlagtiefe betragen und darf nicht geringer als 15 d_n sein.

Werden von beiden Seiten des Holzes Nägel eingeschlagen, so dürfen sich gegenüberliegende Nägel mit $d_n \leq 4{,}2$ mm nicht übergreifen (siehe Bild 19a), während bei Nägeln mit $d_n > 4{,}2$ mm die Nagelspitzen zusätzlich um Einschlagtiefe entfernt bleiben müssen (siehe Bild 19b).

Bei sich übergreifenden Nägeln (siehe Bild 19c) müssen die Mindestabstände in Faserrichtung des Holzes 10 d_n bzw. 12 d_n betragen.

Der Abstand der Nägel vom Blechrand muß mindestens 2,5 d_n, bei nicht versetzter Anordnung mindestens 2 d_n betragen.

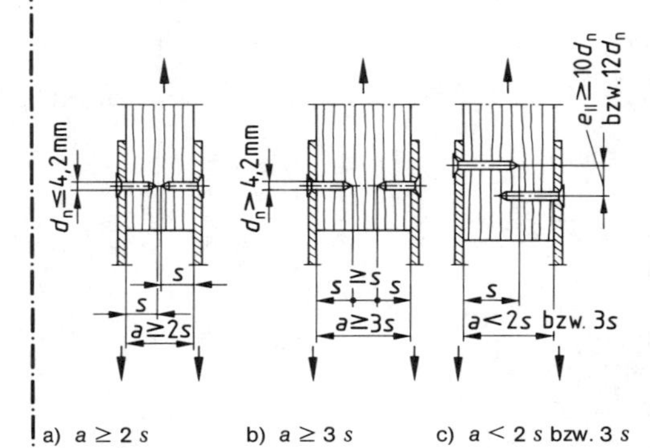

a) $a \geq 2\,s$ b) $a \geq 3\,s$ c) $a < 2\,s$ bzw. 3 s

Bild 19. Holzdicken bei Stahlblech-Holz-Nagelung ohne versetzte Anordnung benachbarter Nägel

7.3 Nagelung von Stahlteilen

7.3.1 Diese Festlegungen gelten für Stahlprofile und kaltgeformte Stahlblechformteile mit Blechdicken von mindestens 2 mm, die zur Verbindung von Holzbauteilen dienen. Kaltverformte Bleche dürfen nicht dicker als 4 mm sein. Stahlblechformteile nach dieser Norm dürfen nur zur Verbindung von Holzbauteilen in Holzkonstruktionen mit vorwiegend ruhenden Lasten (siehe DIN 1055 Teil 3) verwendet werden.

Die Tragfähigkeit von Universalverbindern, Sparrenpfettenankern, Winkelverbindern, Gerberverbindern und ähnlichen Stahlblechformteilen ist unter Berücksichtigung aller Querschnittsschwächungen und Ausmittigkeiten rechnerisch nachzuweisen.

Anmerkung: Wenn die Tragfähigkeit von Stahlblechformteilen rechnerisch nicht eindeutig erfaßt werden kann, muß ihre Brauchbarkeit auf andere Weise, z. B. durch eine allgemeine bauaufsichtliche Zulassung, nachgewiesen werden.

7.3.2 Für die zulässige Belastung der Nägel auf Abscheren gilt Abschnitt 7.2.2 sinngemäß.

Die rechnerischen Spannungen in den Blechen sind unter Berücksichtigung der Nagellöcher nachzuweisen (siehe auch DIN 1052 Teil 1, Abschnitt 5.3).

8 Klammerverbindungen

8.1 Die Festlegungen für Klammerverbindungen bei Holzbauteilen aus Nadelholz nach DIN 1052 Teil 1, Tabelle 1, sowie für tragende Verbindungen von Platten aus Holzwerkstoffen mit Nadelholz gelten für Klammern aus Stahldraht nach Bild 20, die mit geeigneten Eintreibgeräten verarbeitet werden und auf eine Länge l_H von mindestens 0,5 l_n, gemessen von der Klammerspitze, mit einer geeigneten Beharzung versehen sind. Der Querschnitt der Klammern darf kreisförmig bis leicht tonnenförmig ($b \leq 1{,}2\ a$) gewalzt sein. Der Drahtdurchmesser d_n muß 1,5 bis 2,0 mm betragen, die Rückenbreite der Klammern $b_R \geq 6\ d_n$, jedoch $\leq$ 15 mm, und die Schaftlänge $l_n \leq 50\ d_n$.

Es dürfen nur Klammern verwendet werden, deren Eignung für diese Verbindung nachgewiesen ist und deren Eigenschaften laufend überwacht sind (Eigenüberwachung). Maßgebend für den Eignungsnachweis ist die Prüfbescheinigung. Die Prüfbescheinigung ist von einer hierfür anerkannten Prüfstelle *) auf der Grundlage von Anhang B auszustellen. In die Prüfbescheinigung sind die im Anhang D enthaltenen Angaben aufzunehmen. Der Nachweis der Eignung und der Eigenüberwachung der Klammern gilt durch eine Bescheinigung DIN 50 049 – 2.1 (Werksbescheinigung) als erbracht. Die Werksbescheinigung muß die Angaben der zugehörigen geltenden Prüfbescheinigung enthalten; bei den Maßen der Klammern ist nur die Angabe von b_R, l_n und l_H erforderlich, beim Werkstoff nur die Werkstoffbezeichnung. Auf der Liefereinheit (z. B. Verpackung) müssen die gleichen Angaben gemacht werden.

Für die Ausführung von Klammerverbindungen gilt Abschnitt 6 sinngemäß, sofern im folgenden nichts anderes festgelegt ist.

8.2 Die Klammerrücken dürfen nicht mehr als 2 mm tief versenkt sein, müssen jedoch mindestens bündig mit der Oberfläche eingeschlagen werden. Ein bündiger Abschluß des Klammerrückens mit der Oberfläche des Holzes oder des Holzwerkstoffes gilt als nicht versenkt.

8.3 Platten aus Holzwerkstoffen müssen bei bündigem Abschluß der Klammerrücken mit der Plattenoberfläche mindestens folgende Dicken aufweisen:

- Flachpreßplatten nach DIN 68 763 — 8 mm
- Bau-Furniersperrholz nach DIN 68 705 Teil 3 und Teil 5 — 6 mm
- Harte und mittelharte Holzfaserplatten nach DIN 68 754 Teil 1 — 6 mm

Bei versenkter Anordnung der Klammerrücken sind die Mindestdicken um 2 mm zu erhöhen.

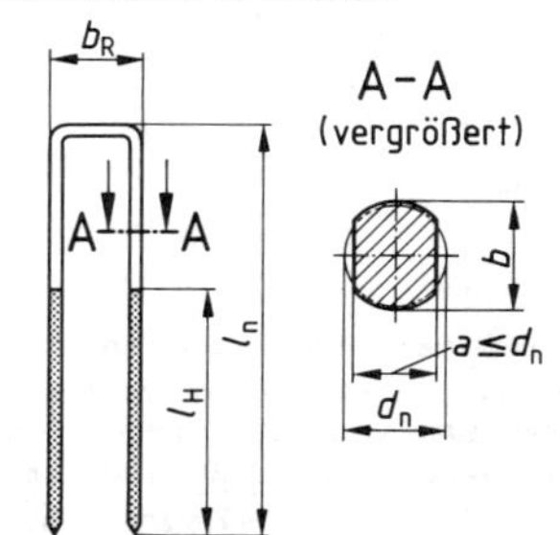

Bild 20. Tragende Klammer

8.4 Bei einem Winkel zwischen Klammerrücken und Holzfaserrichtung $\geq 30°$ errechnet sich die zulässige Klammerbelastung einer einschnittigen Verbindung rechtwinklig zum Klammerschaft (Abscheren) im Lastfall H bei Nadelholz und den in Abschnitt 8.3 genannten Holzwerkstoffen, unabhängig von der Güteklasse des Holzes, nach folgender Zahlenwertgleichung zu

$$\text{zul } N_1 = \frac{1000 \cdot d_n^2}{10 + d_n} \quad \text{in N} \qquad (11)$$

mit d_n als Drahtdurchmesser der Klammer in mm (siehe Bild 20).

*) Siehe Seite 117

Die Einschlagtiefe der Klammer muß mindestens 12 d_n betragen.

Beträgt der Winkel zwischen Klammerrücken und Holzfaserrichtung weniger als 30°, dann ist die zulässige Belastung nach Gleichung (11) um ⅓ abzumindern.

Zweischnittige Klammerverbindungen dürfen mit 2 · zul N_1 berechnet werden, wenn die Einschlagtiefe mindestens das 8fache des Klammerdrahtdurchmessers beträgt. Dabei sind die Klammern wechselseitig von beiden Seiten der Verbindung einzuschlagen.

Der größte Abstand der Klammern soll bei Holzwerkstoffen und bei Nadelholz in Faserrichtung 80 d_n und bei Nadelholz rechtwinklig zur Faserrichtung 40 d_n nicht überschreiten.

8.5 Die zulässige Belastung auf Herausziehen von Klammern, die die Anforderungen nach Abschnitt 8.1 und Abschnitt 8.2 erfüllen, berechnet sich bei kurzfristiger Beanspruchung für den Lastfall H und HZ nach Abschnitt 6.3.2, Gleichung (9). Die wirksame Einschlagtiefe s_w muß mindestens 20 mm bzw. 12 d_n betragen. Dabei darf nicht mehr als die beharzte Länge, höchstens jedoch 20 d_n, in Rechnung gestellt werden.

Der Wert B_Z beträgt, wenn die Holzfeuchte beim Einschlagen $\leq$ 20% ist und der Winkel zwischen Klammerrücken und Holzfaserrichtung zwischen 30° und 90° liegt, B_Z =5,0 MN/m². Liegt die Holzfeuchte beim Einschlagen der Klammern zwischen 20% und 30% (halbtrockener Bereich), dann ist B_Z = 1,75 MN/m² anzunehmen. In frisches Holz (Holzfeuchte über 30%) eingeschlagene Klammern dürfen nicht auf Herausziehen in Rechnung gestellt werden, auch wenn das Holz im Gebrauchszustand nachtrocknen kann.

Ist der Winkel zwischen Klammerrücken und Holzfaserrichtung geringer als 30°, dann sind die zulässigen Belastungen auf Herausziehen um ⅓ abzumindern.

Beim Anschluß von Holzwerkstoffen an Nadelholz ist Abschnitt 6.3.5 sinngemäß zu berücksichtigen.

Anmerkung: Klammern, die langfristig oder ständig auf Herausziehen beansprucht werden, bedürfen dafür eines Nachweises ihrer Brauchbarkeit, z. B. durch eine allgemeine bauaufsichtliche Zulassung.

8.6 Bei gleichzeitiger Beanspruchung von Klammern auf Abscheren nach Abschnitt 8.4 und auf Herausziehen nach Abschnitt 8.5 gilt Gleichung (10) mit m = 1.

11.4. Holzschraubenverbindungen

Die Festlegungen über Holzschraubenverbindungen gelten für die Anwendung von Holzschrauben nach DIN 96 und DIN 97 mit mindestens 4 mm Schaftdurchmesser d_s sowie nach DIN 570 und DIN 571. Tragende Holzschraubenverbindungen müssen aus mindestens 4 Holzschrauben bei d_s <10 mm und aus mindestens 2 Holzschrauben bei d_s ≧10 mm bestehen.

11.4.1. **Holzschraubenverbindungen sind in der Regel einschnittig ausgebildet. Die zulässige Belastung wird im Lastfall H für Vollholz nach Tabelle 6 und Furnierplatten nach Tabelle 8 bei Beanspruchung rechtwinklig zur Schaftrichtung für Kraftangriff in Faserrichtung des Holzes errechnet nach der Zahlenwertgleichung**

$$\text{zul } N = 40 \cdot a_1 \cdot d_s \text{ jedoch höchstens} = 170 \cdot d_s^2 \text{ in kp} \quad (35)$$

9 Holzschraubenverbindungen

9.1 Die Festlegungen über Holzschraubenverbindungen gelten für die Anwendung von Holzschrauben nach DIN 96 und DIN 97 mit mindestens 4 mm Nenndurchmesser d_s sowie nach DIN 571. Tragende Holzschraubenverbindungen müssen in der Regel bei d_s < 10 mm mindestens vier, bei $d_s \geq$ 10 mm mindestens zwei Scherflächen besitzen. Das gilt nicht für die Befestigung von Einzeltragteilen, von denen mindestens vier zum Anschluß eines Bauteiles zusammenwirken (z. B. Kreuzungspunkte von Lattenrosten, Abhänger für untergehängte Decken und ähnliches).

9.2 Holzschraubenverbindungen sind in der Regel einschnittig ausgebildet. Die zulässige Belastung im Lastfall H errechnet sich bei Nadelholz und Laubholz nach DIN 1052 Teil 1, Tabelle 1 und Bau-Furniersperrholz nach DIN 68 705 Teil 3 und Teil 5 bei Beanspruchung rechtwinklig zur Schraubenachse (Abscheren) für Kraftangriff in Faserrichtung des Holzes nach folgender Zahlenwertgleichung zu

$$\text{zul } N = 4 \cdot a_1 \cdot d_s \quad \text{in N} \quad (12)$$

und darf höchstens 17 d_s^2 betragen.

Hierin bedeuten:

a_1 die Holz- bzw. Furnierplattendicke in cm des anzuschließenden Teiles

d_s der Schraubenschaftdurchmesser in cm

Richtlinie Holzhäuser Ausgabe Februar 1979

7.3.1.
Für Flachpreßplatten für das Bauwesen und Harte Holzfaserplatten für das Bauwesen dürfen für Holzschrauben mit $d_s \geqq 4$ mm die Werte nach DIN 1052 Teil 1, Ausgabe Oktober 1969, Abschnitt 11.4.1, Gleichung 35 angewendet werden; dabei sind für Harte Holzfaserplatten für das Bauwesen die Werte um 30 % zu vermindern.

11.4.1.

Bei Aufschrauben von Metallteilen auf Holz errechnet sich die zulässige Belastung im Lastfall H bei $s \geqq 8 \cdot d_s$ aus der Zahlenwertgleichung zul $N = 1{,}25 \cdot 170 \cdot d_s^2$ in kp.

Für Holzschrauben mit $d_s < 10$ mm gilt die zulässige Belastung auch für Kraftangriff rechtwinklig oder schräg zur Faserrichtung des Holzes, während bei $d_s \geqq 10$ mm die zulässige Belastung nach Maßgabe des Abschnittes 11.2.9 zu mindern ist.

Die Einschraubtiefe s (siehe Bild 25) muß mindestens $8 \cdot d_s$ betragen. Anderenfalls ist die zulässige Belastung im Verhältnis der tatsächlichen Einschraubtiefe zur Solltiefe $8 \cdot d_s$ zu mindern. Einschraubtiefen unter $4 \cdot d_s$ dürfen jedoch nicht mehr in Rechnung gestellt werden.

Das Holz ist auf die Tiefe des glatten Schaftes mit d_s und auf die Länge des Gewindeteiles mit $0{,}7 \cdot d_s$ vorzubohren.

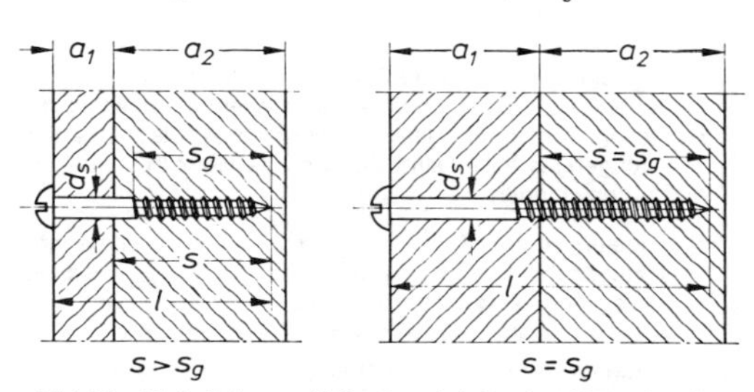

Bild 25. Holzdicken und Einschraubtiefen bei Holzschrauben

11.4.2. Als Mindestabstände der Holzschrauben müssen wie bei Nägeln mit vorgebohrten Nagellöchern die Werte nach Tabelle 15 und Abschnitt 11.3.14 eingehalten werden.

Außerdem gelten die Abschnitte 11.3.10 und 11.3.17 sinngemäß.

Richtlinie Holzhäuser Ausgabe Februar 1979

7.3.3 Für die Größtabstände der Schrauben gilt Abschnitt 7.2.4 sinngemäß.

11.4.3. Die zulässige Belastung einer nach Abschnitt 11.4.1 eingedrehten Holzschraube auf Herausziehen darf für trockenes Holz unabhängig vom Feuchtigkeitsgehalt des Holzes beim Einschrauben gemäß folgender Zahlenwertgleichung angenommen werden zu

$$\text{zul } N_Z = 30 \cdot s_g \cdot d_s \quad \text{in kp} \qquad (36)$$

Hierin bedeuten:

a_1 Holz- bzw. Bau-Furniersperrholzdicke in mm des anzuschließenden Teiles

d_s Nenndurchmesser in mm.

Die zulässige Belastung nach Gleichung (12) darf auch in Rechnung gestellt werden, wenn Flachpreßplatten und mittelharte Holzfaserplatten von mindestens 6 mm Dicke oder harte Holzfaserplatten von mindestens 4 mm Dicke auf Holz aufgeschraubt werden. Dabei muß die Länge des glatten Schaftes mindestens der Dicke der Platten entsprechen.

Beim Aufschrauben von Stahlteilen auf Holz errechnet sich die zulässige Belastung im Lastfall H aus der Zahlenwertgleichung zu

$$\text{zul } N = 1{,}25 \cdot 17 \cdot d_s^2 \quad \text{in N} \qquad (13)$$

Für Holzschrauben mit $d_s < 10$ mm gilt die zulässige Belastung auch für Kraftangriff rechtwinklig oder schräg zur Faserrichtung des Holzes, während bei $d_s \geq 10$ mm die zulässige Belastung nach Abschnitt 5.9 abzumindern ist.

Die Einschraubtiefe s (siehe Bild 21) muß mindestens 8 d_s betragen. Anderenfalls ist die zulässige Belastung im Verhältnis der Einschraubtiefe zur Solltiefe 8 d_s zu mindern. Einschraubtiefen unter 4 d_s dürfen jedoch nicht mehr in Rechnung gestellt werden.

Die zu verbindenden Teile sind auf die Tiefe des glatten Schaftes mit d_s und auf die Länge des Gewindeteiles mit 0,7 d_s vorzubohren.

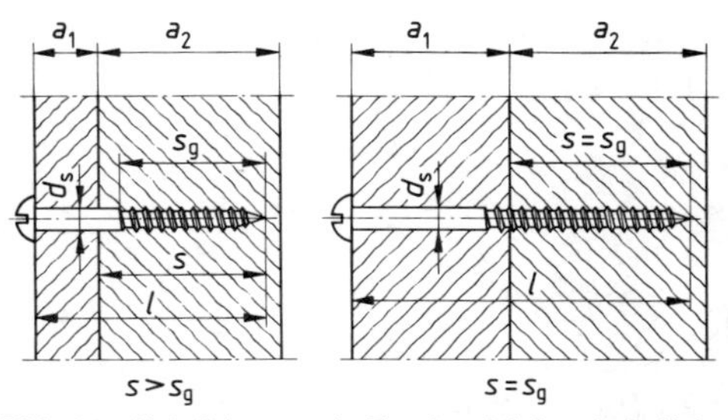

Bild 21. Holzdicken und Einschraubtiefen bei Holzschrauben

9.3 Als Mindestabstände der Holzschrauben im Holz müssen wie bei Nägeln mit vorgebohrten Nagellöchern die Werte nach Tabelle 11 und Abschnitt 6.2.11 eingehalten werden.

Für die Mindestabstände der Schrauben in Holzwerkstoffen gilt Abschnitt 6.2.14 sinngemäß.

Bei tragenden Holzschrauben und bei Heftschrauben soll der größte Abstand in Faserrichtung des Holzes und bei Platten aus Holzwerkstoffen 40 d_s und rechtwinklig zur Faserrichtung des Holzes 20 d_s nicht überschreiten.

9.4 Die zulässige Belastung einer Holzschraube auf Herausziehen bei Vorbohrung nach Abschnitt 9.2 berechnet sich für trockenes Holz unabhängig von der Holzfeuchte beim Einschrauben für Lastfall H nach folgender Zahlenwertgleichung

$$\text{zul } N_Z = 3 \cdot s_g \cdot d_s \quad \text{in N.} \qquad (14)$$

Hierin bedeutet s_g die Einschraubtiefe in cm des Gewindeteiles im Holz von der Dicke a_2 (siehe Bild 25). Einschraubtiefen s_g kleiner als $4 \cdot d_s$ und größer als $7 \cdot d_s$ dürfen dabei nicht in Rechnung gestellt werden.

Hierin bedeutet s_g die Einschraubtiefe in mm des Gewindeteiles im Holz von der Dicke a_2 (siehe Bild 21). Einschraubtiefen s_g kleiner als $4\,d_s$ und größer als $12\,d_s$ dürfen dabei nicht in Rechnung gestellt werden.

Beim Anschluß von Platten aus Holzwerkstoffen an Nadelholz ist Abschnitt 6.3.5 sinngemäß zu berücksichtigen.

9.5 Bei gleichzeitiger Beanspruchung von Holzschrauben auf Abscheren nach Abschnitt 9.2 und auf Herausziehen nach Abschnitt 9.4 gilt Gleichung (10) mit $m = 2$.

10 Nagelplattenverbindungen

10.1 Die Festlegungen über Nagelplattenverbindungen für Holzbauteile aus Nadelholz nach DIN 1052 Teil 1, Tabelle 1, der Güteklassen I und II nach DIN 4074 Teil 1 gelten für Platten aus verzinktem oder korrosionsbeständigem Stahlblech von mindestens 1,0 mm Nenndicke, die nagel- oder dübelartige Ausstanzungen besitzen, so daß einseitig etwa rechtwinklig zur Plattenebene abgebogene Nägel entstehen (siehe Bild 22).

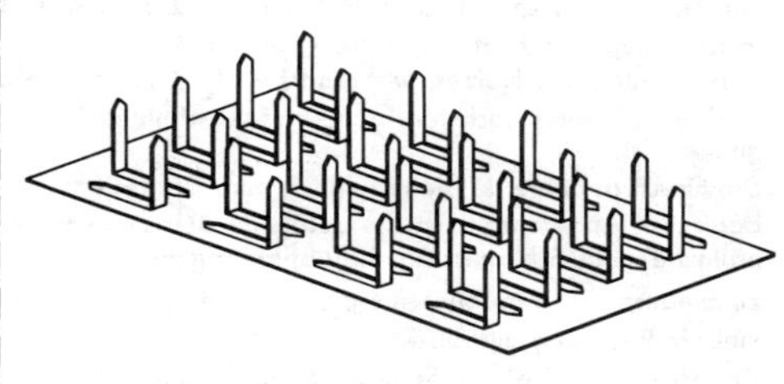

Bild 22. Nagelplatte (schematisch)

10.2 Nagelplatten bedürfen eines Nachweises ihrer Brauchbarkeit, z. B. durch eine allgemeine bauaufsichtliche Zulassung, worin Form, Materialkennwerte und die zulässigen Belastungen festgelegt sind. Bei den zulässigen Belastungen wird unterschieden:

a) Nagelbelastung F_n in N je cm^2 wirksamer Plattenanschlußfläche in Abhängigkeit vom Winkel α zwischen Kraft- und Plattenlängsrichtung und vom Winkel β zwischen Kraft- und Faserrichtung des Holzes,

b) Plattenbelastung $F_{Z,D}$ in N je cm Schnittlänge für Zug- und Druckbeanspruchung in Abhängigkeit vom Winkel α zwischen Kraft- und Plattenlängsrichtung,

c) Plattenbelastung F_S in N je cm Schnittlänge l_e für Scherbeanspruchung in Abhängigkeit vom Winkel α zwischen Kraft- und Plattenlängsrichtung nach Bild 23.

10.3 Nagelplattenverbindungen dürfen nur bei Bauteilen angewendet werden, die vorwiegend ruhend belastet sind (siehe DIN 1055 Teil 3).

Die maximalen Spannweiten von Bauteilen mit Nagelplattenverbindungen sind durch die allgemeinen bauaufsichtlichen Zulassungen geregelt.

10.4 Bei der Herstellung von Verbindungen mit Nagelplatten müssen die zu verbindenden Hölzer trocken sein (Holzfeuchte höchstens 20 %); bei Holzdicken über 40 mm darf die Holzfeuchte im Innern bis zu 25 % betragen. Alle Hölzer eines Bauteiles sollen gleiche Dicken haben. Die Dickenunterschiede der Hölzer im Bereich der Nagelplatten dürfen 1 mm nicht überschreiten. Die Hölzer dürfen im Bereich der Nagelplatten keine Baumkanten aufweisen.

Bei der Verbindung von Hölzern durch Nagelplatten ist auf

Kontakt der Einzelteile in den Berührungsfugen zu achten. Druckstöße und Druckanschlüsse sind stets mit Kontakt der Hölzer herzustellen (Paßform).

An jedem Stoß oder Knotenpunkt darf im allgemeinen auf jeder Seite nur eine Nagelplatte verwendet werden. Die beidseitig gleichgroßen Nagelplatten sind mittels geeigneter Pressen und zugehöriger Fertigungseinrichtungen, beidseitig symmetrisch angeordnet, so einzupressen, daß die Nägel auf ihrer gesamten Länge im Holz sitzen und zwischen Platte und Holz kein Hohlraum verbleibt. Die Vorrichtungen müssen geeignet sein, die erforderliche Paßgenauigkeit, insbesondere bei Kontaktanschlüssen, Kontaktstößen und bei der Überhöhung der Bauteile sicherzustellen. Das Einschlagen von Nagelplatten mit dem Hammer oder dergleichen ist unzulässig.

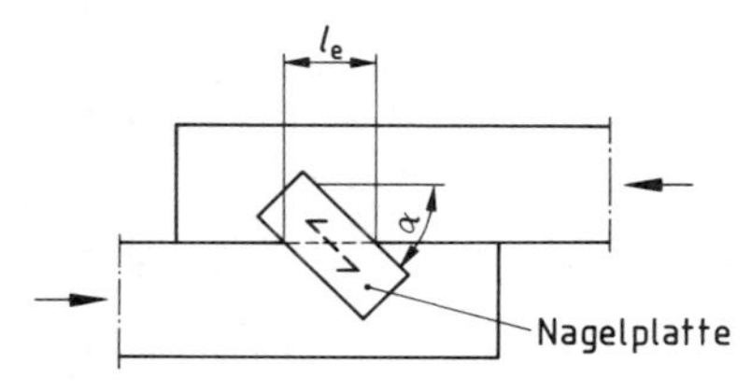

a) Zugscheren ($\alpha < 90°$)

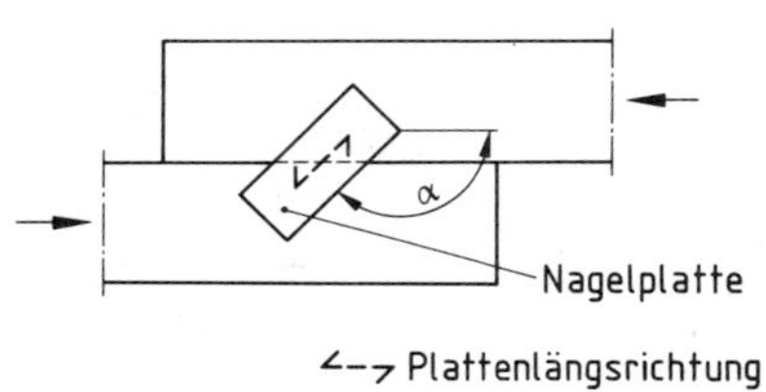

b) Druckscheren ($90° < \alpha < 180°$)

Bild 23. Plattenbelastung für Scherbeanspruchung

10.5 Bei der Bemessung der Nagelplatten ist sowohl die Nagelbelastung als auch die Plattenbelastung nachzuweisen.

10.6 Die wirksamen Anschlußflächen der Nagelplatten sind für die Aufnahme der in den Anschlüssen bzw. Stößen auftretenden Zug-, Druck- und Scherbeanspruchungen unter Einhaltung der zulässigen Nagelbelastung F_n (siehe Abschnitt 10.2) zu bemessen. Als wirksame Plattenanschlußfläche einer Nagelplatte gilt die Bruttoberührungsfläche zwischen Nagelplatte und Anschlußstab abzüglich eines Randstreifens an den Berührungsfugen und gegebenenfalls an den freien Kanten der zu verbindenden Hölzer (siehe Bild 24). Die Breite dieses Randstreifens c ist mit mindestens 10 mm anzunehmen, sofern im Brauchbarkeitsnachweis nichts anderes vorgeschrieben ist.

Bei Scherbeanspruchung darf, sofern ein genauerer Nachweis nicht geführt wird, die Breite der wirksamen Plattenanschlußfläche mit höchstens $0{,}55 \cdot l_e$ in Rechnung gestellt werden (siehe Bild 24 c).

Bei Druckstößen und rechtwinkligen Druckanschlüssen darf die gesamte anzuschließende Kraft auch durch Kontakt der Hölzer übertragen werden. Zur Lagesicherung sind die Nagelplatten jedoch mindestens für die halbe anzuschließende Kraft zu bemessen.

10.7 Zusätzlich zu den Nachweisen nach Abschnitt 10.6 sind die in den Platten auftretenden Plattenbelastungen $F_{Z,D}$ bei Zug- und Druckbeanspruchungen sowie F_S bei Scher-

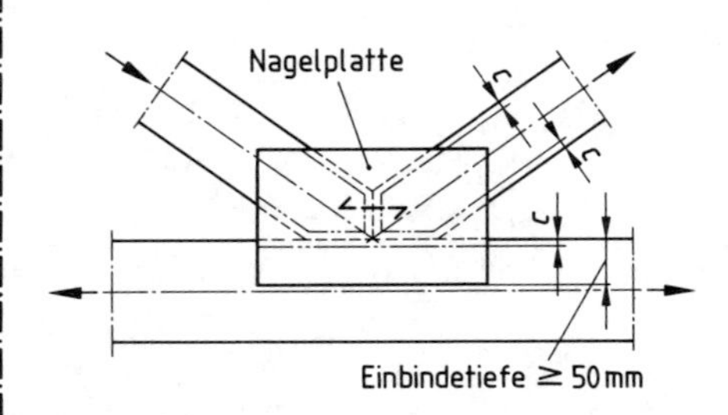

a) Beispiel eines Knotenpunktes

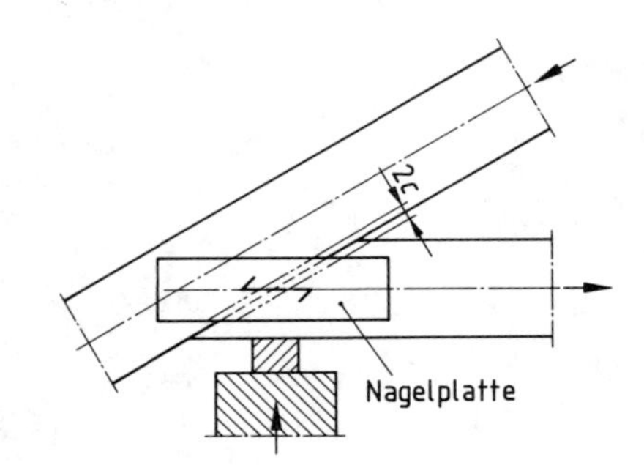

b) Beispiel eines Traufpunktes

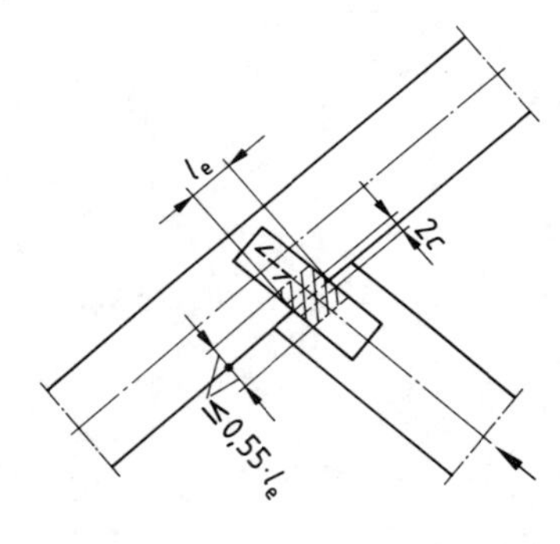

c) Beispiel eines Füllstabanschlusses

Bild 24. Randstreifen c zur Ermittlung der wirksamen Anschlußfläche von Nagelplatten

beanspruchungen (siehe Abschnitt 10.2) im ungünstigsten Schnitt, jedoch stets ohne Abzug der Stanzlöcher, für die jeweilige Kraft nachzuweisen und den zulässigen Werten gegenüberzustellen.

Für Druckstöße und rechtwinklige Druckanschlüsse gilt Abschnitt 10.6 sinngemäß.

Wird ein Schnitt gleichzeitig durch Zug oder Druck sowie durch Abscheren beansprucht, so ist dafür zusätzlich folgender Nachweis zu führen:

$$\left[\frac{F_{Z,D}}{\text{zul } F_{Z,D}}\right]^2 + \left[\frac{F_S}{\text{zul } F_S}\right]^2 \leq 1 \qquad (15)$$

10.8 Bei Traufpunkten von Dreieckbindern sind die zulässigen Nagelbelastungen abzumindern, wenn kein genauerer Nachweis erfolgt. Dabei gilt für Dachneigungen ≥ 25° ein Abminderungsfaktor von 0,65 und für Dachneigungen ≤ 15° ein Abminderungsfaktor von 0,85. Zwischenwerte dürfen geradlinig interpoliert werden.

Wegen der Ausmittigkeiten der Anschlüsse ist im übrigen DIN 1052 Teil 1, Abschnitt 6.6, zu beachten.

10.9 Zusätzliche Beanspruchungen im Holz, insbesondere durch den Nagelplattenanschluß bedingte Querzugspannungen, sind rechnerisch nachzuweisen und dürfen die zulässigen Werte nicht überschreiten. Zur Vermeidung ungünstiger Beanspruchungen des Holzes müssen die Nagelplatten bei Gurthölzern mindestens 50 mm tief einbinden (siehe Bild 24a).

11.6. Bauklammerverbindungen

Bauklammern (siehe DIN 7961) dürfen bei Dauerbauten nur für untergeordnete Zwecke (z. B. für zusätzliche Sicherung von Pfetten und Sparren gegen Abheben) verwendet werden.

11 Bauklammerverbindungen

Bauklammern dürfen bei Dauerbauten nur für untergeordnete Zwecke (z. B. für eine zusätzliche Sicherung von Pfetten und Sparren gegen Abheben) verwendet werden. Die Tragfähigkeit einer Verbindung mit Bauklammern aus Rund- oder Flachstahl hängt davon ab, ob diese Klammern nur teilweise oder voll, d. h. mit dem Rücken am Holz anliegend, eingeschlagen werden. Bauklammern aus Flachstahl müssen stets voll eingeschlagen werden, wenn sie zur Kraftübertragung herangezogen werden sollen.

Zusammengesetzte, biegebeanspruchte Bauteile oder Druckstäbe, deren Einzelteile nur durch Bauklammern verbunden werden, dürfen rechnerisch nicht als nachgiebig verbunden betrachtet werden.

7.5.2. Bei Versätzen darf die Reibung nicht in Rechnung gestellt werden und die Einschnittiefe t_v bei einem Anschlußwinkel bis zu 50° höchstens 1/4 und über 60° höchstens 1/6 der Höhe des eingeschnittenen Holzes betragen. Zwischen den Winkeln von 50 bis 60° ist geradlinig einzuschalten. Bei zweiseitigem Versatzeinschnitt (Bild 12) darf jeder Einschnitt unabhängig vom Anschlußwinkel höchstens 1/6 der Höhe des eingeschnittenen Holzes betragen.

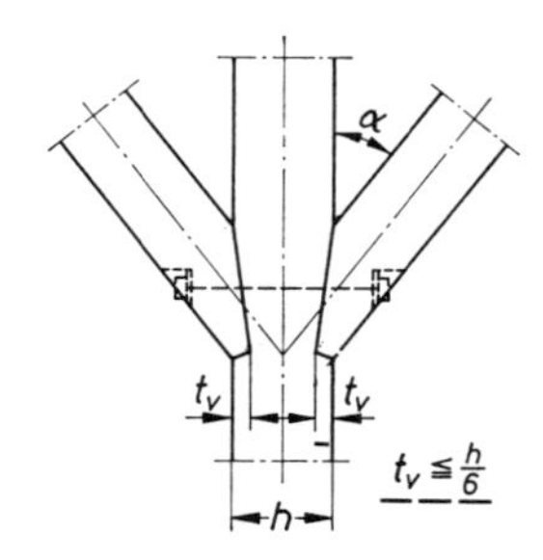

Bild 12. Zweiseitiger Versatzeinschnitt

12 Versätze

Bei Versätzen darf die Einschnittiefe t_v bei einem Anschlußwinkel bis zu 50° höchstens ¼ und über 60° höchstens ⅙ der Höhe des eingeschnittenen Holzes betragen. Zwischenwerte dürfen geradlinig interpoliert werden. Bei zweiseitigem Versatzeinschnitt (siehe Bild 25) darf jeder Einschnitt unabhängig vom Anschlußwinkel höchstens ⅙ der Höhe des eingeschnittenen Holzes betragen.

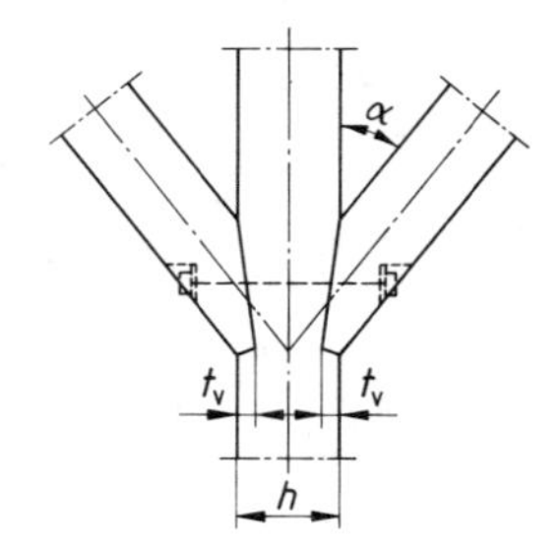

Bild 25. Zweiseitiger Versatzeinschnitt

13 Verschiebungswerte für Durchbiegungsberechnungen nach DIN 1052 Teil 1, Abschnitt 8.5

Für die Berechnung von Durchbiegungen und Überhöhungen nachgiebig zusammengesetzter biegebeanspruchter Bauteile und der Verschiebungen von Stößen und Anschlüssen mit mechanischen Verbindungsmitteln dürfen die in Tabelle 13 angegebenen Verschiebungsmoduln bzw. rechneri-

Tabelle 13. **Rechenwerte für Verschiebungsmoduln C in N/mm sowie für die Verschiebungen v in mm bei zul N von Verbindungsmitteln in Anschlüssen und Stößen**

	Verbindungs-mittel	Art der Verbindung		Verschiebungs-modul C [1]) N/mm	Verschiebung v bei zul N mm
1	Einlaß- und Einpreßdübel	Dübelverbindungen nach Abschnitt 4	–	$1{,}0 \cdot \text{zul } N$	1,0
2	Stabdübel und Paßbolzen	Verbindungen nach Abschnitt 5 in Nadelholz, auch mit Bau-Furniersperrholz und Flachpreßplatten	–	$1{,}2 \cdot \text{zul } N$	0,80
3		Verbindungen nach Abschnitt 5 in Laubholz	–	$1{,}5 \cdot \text{zul } N$	0,67
4		Verbindungen nach Abschnitt 5 von Brettschichtholz mit Stahlteilen	Löcher im Stahlteil vorgebohrt nach Abschnitt 5.3	$0{,}70 \cdot \text{zul } N$	1,4
5	Nägel	Einschnittige Verbindungen nach Abschnitt 6 in Nadelholz	Nagellöcher nicht vorgebohrt [2])	$5{,}0 \cdot \frac{\text{zul } N}{d_n}$	$0{,}20 \cdot d_n$
6			Nagellöcher vorgebohrt	$10 \cdot \frac{\text{zul } N}{d_n}$	$0{,}10 \cdot d_n$
7		Mehrschnittige Verbindungen nach Abschnitt 6 in Nadelholz	Nagellöcher nicht vorgebohrt oder vorgebohrt	$10 \cdot \frac{\text{zul } N}{d_n}$	$0{,}10 \cdot d_n$
8		Ein- und mehrschnittige Verbindungen nach Abschnitt 6 von Bau-Furniersperrholz mit Nadelholz [2])	–	$5{,}0 \cdot \frac{\text{zul } N}{d_n}$	$0{,}20 \cdot d_n$
9		Einschnittige Verbindungen nach Abschnitt 6 von Flachpreß- und Holzfaserplatten mit Nadelholz [2])	–	$6{,}7 \cdot \frac{\text{zul } N}{d_n}$	$0{,}15 \cdot d_n$
10		Einschnittige Verbindungen nach Abschnitt 7 von Stahlteilen mit Nadelholz	Nagellöcher im Holz nicht vorgebohrt [2])	$5{,}0 \cdot \frac{\text{zul } N}{d_n}$	$0{,}20 \cdot d_n$
11			Nagellöcher im Holz vorgebohrt	$10 \cdot \frac{\text{zul } N}{d_n}$	$0{,}10 \cdot d_n$
12		Mehrschnittige Verbindungen nach Abschnitt 7 von Stahlteilen mit Nadelholz	Nagellöcher im Holz vorgebohrt [2])	$20 \cdot \frac{\text{zul } N}{d_n}$	$0{,}05 \cdot d_n$
13	Klammern	Verbindungen nach Abschnitt 8 in Nadelholz	Winkel zwischen Holzfaserrichtung und Klammerrücken $\geq 30°$ [2])	$2{,}5 \cdot \frac{\text{zul } N}{d_n}$	$0{,}40 \cdot d_n$
14			Winkel zwischen Holzfaserrichtung und Klammerrücken $< 30°$	$1{,}4 \cdot \frac{\text{zul } N}{d_n}$	$0{,}70 \cdot d_n$

[1]) Für zul N ist die zulässige Belastung in N im Lastfall H einzusetzen. Dabei sind alle maßgebenden Abminderungen und Erhöhungen zu berücksichtigen, z. B. sind gegebenenfalls Feuchteeinwirkungen und der Winkel zwischen Kraft- und Faserrichtung zu beachten, ebenso die Abminderung bei mehreren in Kraftrichtung hintereinanderliegenden Verbindungsmitteln, die Erhöhung bei Vorbohren der Nagellöcher und dergleichen.

[2]) Die Werte in dieser Zeile gelten auch, wenn die Nagel- oder Klammerverbindungen bei einer Holzfeuchte von mehr als 20 % (halbtrocken oder frisch) hergestellt werden und die Gleichgewichtsfeuchte im Gebrauchszustand höchstens 18 % beträgt. Ist eine höhere Gleichgewichtsfeuchte zu erwarten, so ist bei Nagelverbindungen

$C = 10 \cdot \frac{\text{zul } N}{d_n}$ und $v = 0{,}10 \cdot d_n$ anzusetzen.

11.7. Zusammenwirken verschiedener Verbindungsmittel

Ein Zusammenwirken verschiedener Verbindungsmittel kann nur erwartet werden, wenn ihre Nachgiebigkeit etwa gleich groß ist. Bei Bolzen- und Leimverbindungen darf daher ein Zusammenwirken mit anderen Verbindungsmitteln und mit Versätzen nicht in Rechnung gestellt werden.

In anderen Fällen ist das Verbindungsmittel, auf das rechnerisch der kleinere Teil der zu übertragenden Kraft entfällt, für die 1,5fache anteilige Kraft zu bemessen.

Bei Versätzen oder Kontaktdruckanschlüssen dürfen Stabverbreiterungen durch aufgeleimte Beihölzer ohne Erhöhung der anteiligen Kraft bemessen werden.

Tabelle 13. (Fortsetzung)

	Verbindungsmittel	Art der Verbindung		Verschiebungsmodul C [1]) N/mm	Verschiebung v bei zul N mm
15	Klammern	Verbindungen nach Abschnitt 8 von Holzwerkstoffen mit Nadelholz	–	$6{,}2 \cdot \frac{\text{zul } N}{d_n}$	$0{,}16 \cdot d_n$
16	Holzschrauben	Einschnittige Verbindungen nach Abschnitt 9 in Nadelholz	–	$10 \cdot \frac{\text{zul } N}{d_s}$ $\leq 1{,}25 \cdot \text{zul } N$	$0{,}10 \cdot d_s \leq 0{,}8$
17		Einschnittige Verbindungen nach Abschnitt 9 von Holzwerkstoffen mit Nadelholz	–	$12{,}5 \cdot \frac{\text{zul } N}{d_s}$ $\leq 1{,}25 \cdot \text{zul } N$	$0{,}08 \cdot d_s \leq 0{,}8$
18		Einschnittige Verbindungen nach Abschnitt 9 von Stahlteilen mit Nadelholz	Löcher im Stahlteil vorgebohrt mit $d_s + 1$ mm	$0{,}70 \cdot \text{zul } N$	1,4

[1]) Siehe Seite 139

schen Verschiebungen unter den Lasteinwirkungen im Lastfall H und HZ zugrunde gelegt werden, mindestens jedoch die 1,25fachen Werte nach DIN 1052 Teil 1, Tabelle 8.

Für Nagelplatten bei Nadelholzverbindungen darf der Verschiebungsmodul im Bereich der zulässigen Belastungen der Verbindungen mit 300 N/mm je cm^2 wirksamer Anschlußfläche angenommen werden.

Ist die rechnerische Belastung einer Verbindung größer als die zulässige Belastung im Lastfall H (z. B. Lastfall HZ), muß die Verschiebung v nach Tabelle 13 im Verhältnis der vorhandenen zur zulässigen Belastung erhöht werden. Bei geringerer Belastung darf die Verschiebung v entsprechend abgemindert werden.

14 Zusammenwirken verschiedener Verbindungsmittel

Ein Zusammenwirken verschiedener Verbindungsmittel kann nur erwartet werden, wenn ihre Nachgiebigkeit etwa gleich groß ist. Bei Bolzenverbindungen nach Abschnitt 5 und bei Leimverbindungen nach DIN 1052 Teil 1, Abschnitt 12, darf daher ein Zusammenwirken mit anderen mechanischen Verbindungsmitteln und mit Versätzen nicht in Rechnung gestellt werden.

In anderen Fällen ist das Verbindungsmittel, auf das rechnerisch der kleinere Teil der zu übertragenden Kraft entfällt, für die 1,5fache anteilige Kraft zu bemessen, falls kein genauerer Nachweis unter Berücksichtigung der Nachgiebigkeit der einzelnen Verbindungsmittel geführt wird.

Stabverbreiterungen durch aufgeleimte Beihölzer dürfen bei Versätzen oder Kontaktdruckanschlüssen ohne Erhöhung der anteiligen Kraft bemessen werden. Die Dicke der Beihölzer aus Vollholz darf dabei 40 mm nicht überschreiten.

Anhang A

Eignungsprüfung und Einstufung in Tragfähigkeitsklassen von Sondernägeln nach DIN 1052 Teil 2, Abschnitte 6 und 7

A.1 Unterlagen

Vom Antragsteller sind der Prüfstelle Unterlagen vorzulegen,

insbesondere über
- den Werkstoff des Nagelrohdrahtes
- gegebenenfalls den Korrosionsschutz
- die Maße (Werkszeichnung)
- den Verwendungszweck (Sondernägel nach Abschnitt 6 oder Abschnitt 7).

In der Werkszeichnung sind neben der Form (auch Form des Kopfes und der Spitze) insbesondere folgende Maße mit deren Toleranzen anzugeben (siehe auch Bild 13):

d_n Nageldurchmesser
d_1 Außendurchmesser des profilierten Schaftteiles
l_n Nagellänge
l_g Länge des profilierten Schaftteiles
α Gewindesteigung } bei Schraubnägeln
h Ganghöhe } bei Schraubnägeln
t Rillenteilung bei Rillennägeln.

Außerdem sind vom Antragsteller anzugeben
- Hersteller und Herstellwerke
- Bezeichnung des Sondernagels
- gegebenenfalls Werkzeichen (Herstellerzeichen).

A.2 Eignungsprüfung

A.2.1 Allgemeines

Insbesondere folgende Eigenschaften sind zu prüfen:
- Werkstoff des Nagelrohdrahtes (Bezeichnung, Zugfestigkeit und Bruchdehnung)
- gegebenenfalls Korrosionsschutz
- Maße
- gegebenenfalls Werkzeichen (Herstellerzeichen)
- gegebenenfalls zugehöriger Durchmesser der Löcher in Stahlblechen und Stahlteilen
- Ausziehwiderstand bei Beanspruchung in Schaftrichtung.

A.2.2 Werkstoff und Korrosionsschutz

Die Werkstoffeigenschaften und der Korrosionsschutz sind nach den einschlägigen Normen zu prüfen.

A.2.3 Ausziehwiderstand bei Beanspruchung in Schaftrichtung

Die Ermittlung des Ausziehwiderstandes erfolgt an Prüfkörpern aus Fichte (Picea abies Karst.) nach Bild A.1. Das Holz muß von gleichmäßiger Qualität sein. Der Prüfbereich darf keine örtlichen Wuchsunregelmäßigkeiten und Risse aufweisen, durch die die Versuchsergebnisse beeinflußt werden können. Eine Seitenfläche des Prüfkörpers soll tangential zu den Jahrringen verlaufen. Vor dem Einschlagen der Nägel ist das Holz im Normalklima DIN 50 014 – 20/65-1 auf seine Ausgleichsfeuchte zu klimatisieren und die Normalrohdichte ϱ_N zu bestimmen. Die mittlere Normalrohdichte des Holzes soll höchstens 0,45 g/cm^3 betragen.

Die Nägel werden auf eine Einschlagtiefe s_w von mindestens 8 d_n, jedoch höchstens 20 d_n in der in Bild A.1 dargestellten Weise eingeschlagen. Die Breite b und die Höhe h des Prüfkörpers müssen mindestens der Einschlagtiefe der Nägel zuzüglich 5 d_n betragen. Die Auflagerung des Prüfkörpers in der Prüfmaschine muß vom zu prüfenden Nagel einen lichten Abstand von mindestens 6 d_n in Faserrichtung und 3 d_n rechtwinklig zur Faserrichtung besitzen.

Für jeden Nageldurchmesser sind 20 Einzelversuche durchzuführen. Die Prüfung darf frühestens 24 Stunden nach dem Einschlagen der Nägel erfolgen. Der Versuch soll mit einer

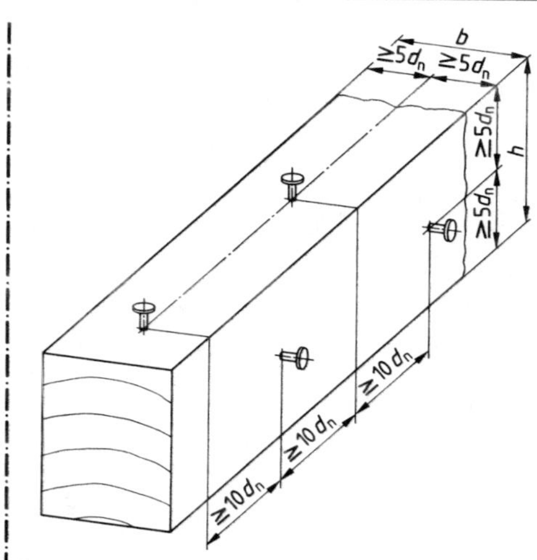

Bild A.1. Prüfkörper aus Fichte

konstanten Ausziehgeschwindigkeit von 2 mm/min oder einer konstanten Belastungsgeschwindigkeit von 4 kN/min bis zum Erreichen der Höchstkraft erfolgen. Die Kraft-Ausziehweg-Diagramme sind aufzuzeichnen.

Aus den Versuchsergebnissen sind der mittlere und der charakteristische Ausziehwiderstand zu berechnen. Der mittlere Ausziehwiderstand $\bar{F}_Z$ ist das arithmetische Mittel aus den einzelnen Ausziehwiderständen $F_{Z,i}$.

Als charakteristischer Ausziehwiderstand $F_{Z,k}$ gilt der um die zweifache Standardabweichung s bei $n = 20$ Einzelversuchen verminderte mittlere Ausziehwiderstand:

$$F_{Z,k} = \bar{F}_Z - 2 \cdot s \quad \text{(A.1)}$$

Für $\varrho_N > 0{,}45\ \mathrm{g/cm^3}$ sind die Ausziehwiderstände $F_{Z,i}$ vor der Auswertung wie folgt abzumindern:

$$\text{red } F_{Z,i} = \left(\frac{0{,}45}{\varrho_N}\right)^2 F_{Z,i} \quad \text{(A.2)}$$

A.3 Einstufung

Aufgrund der Prüfergebnisse der Eignungsprüfungen ist die Einstufung in eine Tragfähigkeitsklasse nach Tabelle 12 vorzunehmen und hierüber ein Einstufungsschein (Muster siehe Anhang C) mit einer Geltungsdauer von höchstens zwei Jahren auszustellen.

Der für diese Einstufung maßgebende B_Z-Wert ist aus dem mittleren und dem charakteristischen Ausziehwiderstand wie folgt zu ermitteln:

$$\bar{B}_Z = \bar{F}_Z / (d_n \cdot s_w \cdot 3{,}0) \quad \text{(A.3)}$$

$$B_{Z,k} = F_{Z,k} / (d_n \cdot s_w \cdot 2{,}2) \quad \text{(A.4)}$$

Der kleinere Wert ist für die Einstufung maßgebend, wobei der zur jeweiligen Tragfähigkeitsklasse gehörende Rechenwert B_Z nach Tabelle 12 mindestens erreicht werden muß.

Die Geltungsdauer des Einstufungsscheines wird auf Antrag von der Prüfstelle nur dann um jeweils drei Jahre verlängert, wenn die Aufzeichnungen des Antragstellers über die laufende Eigenüberwachung und vergleichende Identitätsprüfungen durch die Prüfstelle (mit Sondernägeln aus der Ersteinstufung und der laufenden Produktion) die Erfüllung der Anforderungen an den Sondernagel nach dem Einstufungsschein belegen.

Anhang B

Eignungsprüfung und Bewertung der Prüfergebnisse von Klammern nach DIN 1052 Teil 2, Abschnitt 8

B.1 Unterlagen

Vom Antragsteller sind der Prüfstelle Unterlagen vorzulegen, insbesondere über

- den Werkstoff des Klammerrohdrahtes
- gegebenenfalls den Korrosionsschutz
- die Beharzung
- die Maße (Werkszeichnung).

In der Werkszeichnung sind neben der Form (auch Form der Spitze) insbesondere folgende Maße mit deren Toleranzen anzugeben (siehe auch Bild 20):

d_n Durchmesser des Klammerrohdrahtes
a b Querschnittsmaße des Schaftteiles
b_R Rückenbreite
l_n Schaftlänge
l_H Länge des beharzten Schaftteiles.

Außerdem sind vom Antragsteller anzugeben

- Hersteller und Herstellwerke
- Bezeichnung der Klammer (Klammertyp)
- gegebenenfalls Werkzeichen (Herstellerzeichen).

B.2 Eignungsprüfung

B.2.1 Allgemeines

Insbesondere folgende Eigenschaften sind zu prüfen:

- Werkstoff des Klammerrohdrahtes (Bezeichnung, Zugfestigkeit und Bruchdehnung)
- gegebenenfalls Korrosionsschutz
- Maße
- gegebenenfalls Werkzeichen (Herstellerzeichen)
- Ausziehwiderstand bei Beanspruchung in Schaftrichtung.

B.2.2 Werkstoff und Korrosionsschutz

Die Werkstoffeigenschaften und der Korrosionsschutz sind nach den einschlägigen Normen zu prüfen.

B.2.3 Ausziehwiderstand bei Beanspruchung in Schaftrichtung

Die Ermittlung des Ausziehwiderstandes erfolgt an Prüfkörpern aus Fichte (Picea abies Karst.) nach Bild B.1.

Die Klammern werden auf eine Einschlagtiefe s_w von mindestens 20 mm bzw. 12 d_n, jedoch höchstens 20 d_n in der in Bild B.1 dargestellten Weise eingeschlagen.

Im übrigen gilt Anhang A, Abschnitt A.2.3 sinngemäß.

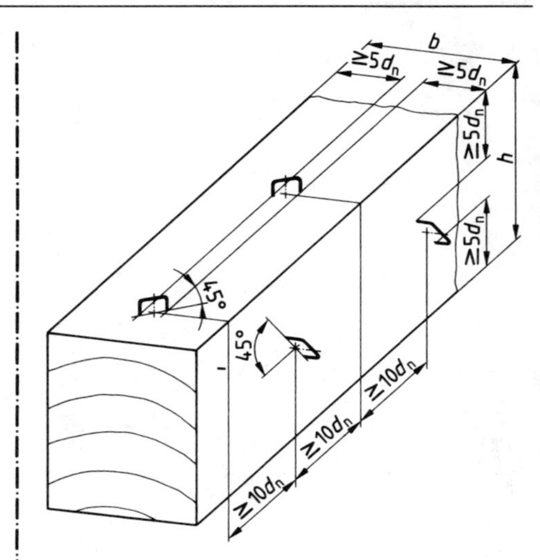

Bild B.1 Prüfkörper aus Fichte

B.3 Bewertung der Prüfergebnisse

Aufgrund der Prüfergebnisse der Eignungsprüfungen ist die Bewertung der Ergebnisse vorzunehmen und hierüber eine Prüfbescheinigung (Muster siehe Anhang D) mit einer Geltungsdauer von höchstens zwei Jahren auszustellen.

Die Ausziehwiderstände müssen folgende Bedingungen erfüllen:

$$\overline{F}_Z \geq 3{,}0 \cdot B_Z \cdot d_n \cdot s_w \quad \text{(B.1)}$$

$$F_{Z,k} \geq 2{,}2 \cdot B_Z \cdot d_n \cdot s_w \quad \text{(B.2)}$$

Hierbei ist für B_Z der Wert 5 MN/m² einzusetzen.

Die Geltungsdauer der Prüfbescheinigung wird auf Antrag von der Prüfstelle nur dann um jeweils drei Jahre verlängert, wenn die Aufzeichnungen des Antragstellers über die laufende Eigenüberwachung und vergleichende Identitätsprüfungen durch die Prüfstelle (mit Klammern aus der Erstprüfung und der laufenden Produktion) die Erfüllung der Anforderungen an die Klammer nach der Prüfbescheinigung belegen.

Anhang C

Für den Anwender dieser Norm unterliegt der Anhang C nicht dem Vervielfältigungsrandvermerk auf der Seite 1.

Muster

Einstufungsschein Nr ______

für Sondernägel nach DIN 1052 Teil 2,

Abschnitt 6 (Nagelverbindungen von Holz und Holzwerkstoffen)/

Abschnitt 7 (Nagelverbindungen mit Stahlblechen und Stahlteilen) **)

Prüfstelle:

Antragsteller:

Herstellwerk:

Einstufung

Tragfähigkeitsklasse nach Tabelle 12: ____________

Sondernagel

Bezeichnung

Werkstoff des Nagelrohdrahtes:

- Bezeichnung
- Zugfestigkeit
- Bruchdehnung

gegebenenfalls Korrosionsschutz:

Maße: nach anliegender Werkszeichnung

gegebenenfalls Werkzeichen (Herstellerzeichen):

Stahlbleche und Stahlteile

Zugehöriger Lochdurchmesser:

Dieser Einstufungsschein ist gültig bis ....

Bemerkung:

______________________ Ort, Datum

______________________ Unterschrift, Stempel

Verlängert bis	Ort, Datum	Unterschrift, Stempel

**) Nichtzutreffendes ist zu streichen.

Anhang D

Für den Anwender dieser Norm unterliegt der Anhang D nicht dem Vervielfältigungsrandvermerk auf der Seite 1.

Muster
Prüfbescheinigung Nr ______
für Klammern nach DIN 1052 Teil 2,
Abschnitt 8 (Klammerverbindungen)

Prüfstelle:

Antragsteller:

Herstellwerk:

Klammer

Bezeichnung (Klammertyp):

Werkstoff des Klammerrohdrahtes:

- Bezeichnung
- Zugfestigkeit
- Bruchdehnung

gegebenenfalls Korrosionsschutz:

Beharzung

Maße: nach anliegender Werkszeichnung

gegebenenfalls Werkzeichen (Herstellerzeichen):

Diese Prüfbescheinigung ist gültig bis ....

Bemerkung:

Ort, Datum

Unterschrift, Stempel

Verlängert bis	Ort, Datum	Unterschrift, Stempel

DIN 436	Vierkantscheiben für Holzverbindungen
DIN 440	(Rohe) Scheiben für Holzverbindungen
DIN 1151	Drahtnägel; rund; Flachkopf, Senkkopf
DIN 4110 Blatt 8	Prüfung für die Zulassung von Baustoffen, Bauteilen und Bauarten im Bauwesen; Bestimmungen für die Prüfung von mechanischen Verbindungsmitteln für tragende Bauteile aus Holz und Holzwerkstoffen (z. Z. noch Entwurf)
DIN 4115	Stahlleichtbau und Stahlrohrbau im Hochbau; Richtlinien für die Zulassung, Ausführung, Bemessung
DIN 7961	Bauklammern

DIN 1052 Teil 2 Ausgabe Oktober 1969

Frühere Ausgaben:
DIN 1052: 7.33, 5.38, 10.40 ×, 10.47, 8.65

Änderung Oktober 1969:
DIN 1052 aufgeteilt in DIN 1052 Blatt 1 und Blatt 2. Aus DIN 1052 Abschnitt Anhang übernommen und erweitert.

Zitierte Normen

DIN 96	Halbrund-Holzschrauben mit Schlitz
DIN 97	Senk-Holzschrauben mit Schlitz
DIN 125	Scheiben; Ausführung mittel (bisher blank), vorzugsweise für Sechskantschrauben und -muttern
DIN 436	Scheiben; vierkant, vorwiegend für Holzkonstruktionen
DIN 440	Scheiben; vorwiegend für Holzkonstruktionen
DIN 571	Sechskant-Holzschrauben
DIN 601	Sechskantschrauben mit Schaft; Gewinde M 5 bis M 52; Produktklasse C
DIN 1052 Teil 1	Holzbauwerke; Berechnung und Ausführung
DIN 1052 Teil 3	Holzbauwerke; Holzhäuser in Tafelbauart, Berechnung und Ausführung
DIN 1055 Teil 3	Lastannahmen für Bauten; Verkehrslasten
DIN 1055 Teil 4	Lastannahmen für Bauten; Verkehrslasten, Windlasten bei nicht schwingungsanfälligen Bauwerken
DIN 1143 Teil 1	Maschinenstifte; rund, lose
DIN 1151	Drahtstifte, rund; Flachkopf, Senkkopf
DIN 1624	Flacherzeugnisse aus Stahl; Kaltgewalztes Band in Walzbreiten bis 650 mm aus weichen unlegierten Stählen; Technische Lieferbedingungen
DIN 1692	Temperguß; Begriff, Eigenschaften
DIN 1725 Teil 2	Aluminiumlegierungen, Gußlegierungen; Sandguß, Kokillenguß, Druckguß, Feinguß
DIN 4074 Teil 1	Bauholz für Holzbauteile; Gütebedingungen für Bauschnittholz (Nadelholz)
DIN 4112	Fliegende Bauten; Richtlinien für Bemessung und Ausführung
DIN 4149 Teil 1	Bauten in deutschen Erdbebengebieten; Lastannahmen, Bemessung und Ausführung üblicher Hochbauten
DIN 7989	Scheiben für Stahlkonstruktionen
DIN 17 162 Teil 1	Flachzeug aus Stahl; Feuerverzinktes Band und Blech aus weichen unlegierten Stählen; Technische Lieferbedingungen
DIN 17 440	Nichtrostende Stähle; Technische Lieferbedingungen für Blech, Warmband, Walzdraht, gezogenen Draht, Stabstahl, Schmiedestücke und Halbzeug
DIN 50 014	Klimate und ihre technische Anwendung; Normalklimate
DIN 50 049	Bescheinigungen über Materialprüfungen
DIN 55 928 Teil 1	Korrosionsschutz von Stahlbauten durch Beschichtungen und Überzüge; Allgemeines
DIN 55 928 Teil 5	Korrosionsschutz von Stahlbauten durch Beschichtungen und Überzüge; Beschichtungsstoffe und Schutzsysteme
DIN 55 928 Teil 8	Korrosionsschutz von Stahlbauten durch Beschichtungen und Überzüge; Korrosionsschutz von tragenden dünnwandigen Bauteilen (Stahlleichtbau)
DIN 68 705 Teil 3	Sperrholz; Bau-Furniersperrholz
DIN 68 705 Teil 5	Sperrholz; Bau-Furniersperrholz aus Buche
DIN 68 754 Teil 1	Harte und mittelharte Holzfaserplatten für das Bauwesen; Holzwerkstoffklasse 20
DIN 68 763	Spanplatten; Flachpreßplatten für das Bauwesen; Begriffe, Eigenschaften, Prüfung, Überwachung
DIN ISO 898 Teil 1	Mechanische Eigenschaften von Verbindungselementen; Schrauben

Frühere Ausgaben

DIN 1052: 07.33, 05.38, 10.40X, 10.47, 08.65

DIN 1052 Teil 1: 10.69

DIN 1052 Teil 2: 10.69

Änderungen

Gegenüber der Ausgabe Oktober 1969 und DIN 1052 T1/10.69 wurden folgende Änderungen vorgenommen:

Neben einer vollständigen Überarbeitung wurden insbesondere geändert und ergänzt:

a) Es wurden alle Holzverbindungen mit mechanischen Verbindungsmitteln aufgenommen. Dadurch hat sich auch der Titel von DIN 1052 Teil 2 geändert.

b) Formale Übernahme der Abschnitte 11.1 bis 11.4 sowie 11.6 und 11.7 aus DIN 1052 Teil 1, Ausgabe Oktober 1969.

c) Alle allgemeingültigen Bestimmungen wurden in dem Abschnitt 3 „Allgemeines" zusammengefaßt; unter anderem zulässige Erhöhungen der Belastbarkeiten, Anforderungen an den Korrosionsschutz.

d) Die Ausführungen über Dübelverbindungen aus DIN 1052 Teil 1, Ausgabe Oktober 1969, Abschnitt 11.1, wurden mit den Bestimmungen über Dübelverbindungen besonderer Bauart aus DIN 1052 Teil 2, Ausgabe Oktober 1969, zusammengefaßt. Von den Dübeln besonderer Bauart wurden nur diejenigen berücksichtigt, die z.Z. noch im Handel sind.

e) Für Einlaßdübel in Hirnholz sowie für den Ersatz von Klemmbolzen durch Sechskant-Holzschrauben wurden neue Bestimmungen aufgenommen.

f) Bei den Stabdübeln wurden die erforderlichen Bohrlochdurchmesser geändert und die Stabdübel-Mindestabstände präzisiert.

g) Die Werte für zulässige Belastungen von Stabdübel- und Bolzenverbindungen wurden auch auf einige außereuropäische Laubhölzer ausgedehnt.

h) Bei den Nagelverbindungen wurde der Anwendungsbereich erheblich erweitert. Schraub- und Rillennägel (sogenannte Sondernägel) sowie Maschinenstifte nach DIN 1143 Teil 1 sind neu aufgenommen. Nach ihrem Ausziehwiderstand wurden die Sondernägel in drei Tragfähigkeitsklassen eingeteilt.

i) Die Angaben über zulässige Belastungen von Nägeln bei Beanspruchung in Schaftrichtung (Herausziehen) wurden erweitert.

j) Bestimmungen über Nagelverbindungen mit Stahlblechen und Stahlteilen wurden erweitert; Aufnahme geeigneter Sondernägel für die Stahlblech-Holz-Nagelung; Regelungen über die Nagelabstände bei nicht in Holzfaserrichtung versetzt angeordneten Nägeln.

k) Klammerverbindungen neu aufgenommen.

l) Nagelplattenverbindungen neu aufgenommen.

m) Rechenwerte für die Verschiebungsmoduln C für die Berechnungen von Durchbiegungen und Überhöhungen biegebeanspruchter Bauteile mit Anschlüssen und Stößen unter Verwendung mechanischer Verbindungsmittel neu aufgenommen.

Erläuterungen

Die in dieser Norm verwendeten Formelzeichen weichen teilweise von den in DIN 1080 Teil 5/03.80 festgelegten Formelzeichen ab. Es ist daher vorgesehen, DIN 1080 Teil 5 zu überarbeiten.

Richtlinie
für die Bemessung und Ausführung von Holzhäusern in Tafelbauart

(Ergänzung zu DIN 1052 Teil 1 — Holzbauwerke; Berechnung und Ausführung, Ausgabe Oktober 1969)

Fassung Februar 1979

Herausgegeben vom Ausschuß für Einheitliche Technische Baubestimmungen (ETB)

Insbesondere infolge der Änderungen der Holzwerkstoff-Normen wurde eine Überarbeitung der Richtlinie für die Bemessung und Ausführung von Holzhäusern in Tafelbauart, Fassung August 1963, erforderlich. Dabei erfolgte auch eine Anpassung an die Norm DIN 1052 Teil 1, Ausgabe Oktober 1969, und an die Landesbauordnungen (die Angabe von Sicherheitsbeiwerten konnte somit entfallen, sie werden im Zulassungsverfahren berücksichtigt) sowie die Korrektur von Druckfehlern und die Einarbeitung der neuen gesetzlichen Einheiten.

Anmerkung: Festlegungen aus der o.g. Richtlinie sind nicht nur auf den nachfolgenden Seiten, sondern auch auf den Seiten 63 bis 72, 74, 76, 79, 90, 120, 121, 123 und 133 enthalten.

DK 694.01.001.24:624.011.1:691.11-41

April 1988

Holzbauwerke

Holzhäuser in Tafelbauart
Berechnung und Ausführung

DIN 1052 Teil 3

Timber structures; buildings constructed from timber panels, design and construction

Ouvrages en bois; bâtiments en panneaux de bois, calcul et construction

Die Normen der Reihe DIN 1052 sind gegliedert in

DIN 1052 Teil 1 Holzbauwerke; Berechnung und Ausführung

DIN 1052 Teil 2 Holzbauwerke; Mechanische Verbindungen

DIN 1052 Teil 3 Holzbauwerke; Holzhäuser in Tafelbauart, Berechnung und Ausführung

Verweise in dieser Norm auf DIN 1052 Teil 1 und Teil 2 beziehen sich auf die Ausgabe 04.88.

Normenausschuß Bauwesen (NABau) im DIN Deutsches Institut für Normung e. V.

Inhalt

1 Anwendungsbereich [1]

Die Richtlinie gilt für ein- und zweigeschossige Gebäude, die aus in der Regel geschoßhohen tragenden Tafeln (bis etwa 3 m Höhe) unter überwiegender Verwendung von Holz und Holzwerkstoffen hergestellt werden. Für die Bemessung der Konstruktion gilt DIN 1052 Teil 1 – Holzbauwerke; Berechnung und Ausführung –, Ausgabe Oktober 1969, mit Einführungserlaß, soweit nachstehend nichts anderes bestimmt ist.

[1]) Siehe Seite 166

1 Anwendungsbereich

In dieser Norm werden für die Berechnung und Ausführung von tragenden Tafeln für Holzhäuser in Tafelbauart ergänzende, in der Regel vereinfachende Festlegungen zu DIN 1052 Teil 1 und Teil 2 getroffen.

Diese Norm gilt nur für Holzhäuser mit höchstens drei Vollgeschossen sowie mit vorwiegend ruhenden Lasten einschließlich Windlasten und mit Erdbebenlasten.

Soweit in dieser Norm nichts anderes bestimmt ist, gilt DIN 1052 Teil 1 und Teil 2.

Wandtafeln, die nur durch ihre Eigenlast und gegebenenfalls noch durch leichte Konsollasten oder waagerechte Lasten (z. B. aus Stoß oder Menschengedränge) im Sinne von DIN 4103 Teil 1 beansprucht werden, gelten nicht als tragend.

Bei der Berechnung und Ausführung sind gegebenenfalls auch Anforderungen hinsichtlich des Wärme- und Feuchteschutzes, Brandschutzes und Schallschutzes zu beachten; für Holzschutzmaßnahmen gilt DIN 68 800 Teil 2 und Teil 3.

2 Hinweis auf Abweichungen

Die Verwendung bzw. Anwendung von Baustoffen, Bauteilen (auch Verbindungsmitteln) und Bauarten, die von dieser Richtlinie abweichen, bedarf nach den bauaufsichtlichen Vorschriften einer allgemeinen bauaufsichtlichen Zulassung, anderenfalls im Einzelfall der Zustimmung der zuständigen obersten Bauaufsichtsbehörde oder der von ihr bestimmten Stelle.

2 Begriff

Holzhäuser in Tafelbauart sind Gebäude, deren Wände, Decken und Dächer aus Holzbauteilen bestehen, wobei zumindest die tragenden Wände oder Decken in Tafelbauart hergestellt sind.

4.3 Für tragende und aussteifende Teile dürfen nur Werkstoffe mit mindestens folgenden Eigenschaften verwendet werden (vergleiche jedoch Abschnitt 2):

4.3.1 Bauholz der Güteklasse II nach DIN 4074 – Bauholz für Holzbauteile –;

4.3.2 Sperrholz (Bau-Furnierplatten) nach DIN 68 705 Teil 3.

4.3.3 Spanplatten (Flachpreßplatten für das Bauwesen) nach DIN 68 763; bei mehr als 32 mm Dicke mit einer Biegefestigkeit von mindestens 12 N/mm^2.

4.3.4 Harte Holzfaserplatten für das Bauwesen nach DIN 68 754 Teil 1.

(Siehe auch Abschnitt 4.4.2, Seite 158)

3 Baustoffe

3.1 Allgemeines

Für die statisch wirksamen Rippen und die Beplankungen der Tafeln dürfen außer den in DIN 1052 Teil 1 genannten Baustoffen auch Baustoffe nach den Abschnitten 3.2 bzw. 3.3 und 3.4 verwendet werden. Mindestdicken der Beplankungen siehe Abschnitt 7.1. Holzwerkstoffklassen sind in Abhängigkeit von den zu erwartenden Feuchtebeanspruchungen nach DIN 68 800 Teil 2 zu wählen.

3.2 Rippen von Wandtafeln

Bauschnittholz auch der Güteklasse III, mindestens Schnittklasse A, nach DIN 4074 Teil 1, jedoch mit folgenden Einschränkungen:

a) die Rippen müssen mindestens einseitig mit Holzwerkstoffen beplankt sein,

b) Drehwuchs muß auf die Werte der Güteklasse II nach DIN 4074 Teil 1 beschränkt sein,

c) die Verwendung ist unzulässig für Tafeln als Stürze (siehe Abschnitt 6.1) und für Scheiben.

3.3 Mittragende Beplankungen

3.3.1 Harte Holzfaserplatten nach DIN 68 754 Teil 1, Rohdichte jedoch mindestens 950 kg/m^3; mittelharte Holzfaserplatten nach DIN 68 754 Teil 1, Rohdichte jedoch mindestens 650 kg/m^3; nicht jedoch hinsichtlich der Scheibenwirkung von Decken- und Dachtafeln.

3.3.2 Beplankte Strangpreßplatten nach DIN 68 764 Teil 2, jedoch nicht hinsichtlich der Scheibenwirkung von Decken- und Dachtafeln; Beplankung aus mindestens 2,0 mm dicken, harten Holzfaserplatten nach Abschnitt 3.3.1.

3.3.3 Bretter (Schalung) nur hinsichtlich der Scheibenwirkung bei Wandtafeln nach Abschnitt 6.5.

3.3.4 Asbestzement-Tafeln nach DIN 274 Teil 4, Tafelklassen 2 und 3, mit bearbeiteter Kante, nur hinsichtlich der Scheibenwirkung bei Wandtafeln.

3.3.5 Hinsichtlich der Scheibenwirkung bei Decken- und Dachscheiben dürfen nur Flachpreßplatten nach DIN 68 763

4.4 Für in der Tafelebene aussteifende Teile der Wandtafeln dürfen außerdem verwendet werden:

4.4.1 Sperrholz (Bau-Tischlerplatten) nach DIN 68 705 Teil 4.

4.4.2 Spanplatten (Strangpreßplatten für das Bauwesen) SV und SR nach DIN 68 764 Teil 1 mit mindestens 1,0 mm dicken Furnieren oder mit mindestens 2,0 mm dicken Harten Holzfaserplatten für das Bauwesen nach DIN 68 754 Teil 1 beschichtet und Spanplatten (Beplankte Strangpreßplatten für die Tafelbauart) nach DIN 68 764 Teil 2.

7.5 Nichttragende Verbindungen

Wegen der Verbindung von Platten für nichttragende und nichtaussteifende Gerippewände wird auf DIN 4103 und DIN 1102 hingewiesen.

3.2 Bei eingeschossigen Holzhäusern erübrigt sich ein Nachweis der Aufnahme der horizontalen Kräfte durch die Wände, wenn in den Außenwänden und in mindestens alle 6 m angeordneten Zwischenwänden auf je 12 m Wandlänge mehr als zwei mindestens 1,00 m breite Wandtafeln nach Abschnitt 3.1, davon bei Außenwänden je eine im Bereich der Gebäudeecken, angeordnet werden. Die Verbindung der aussteifenden Wandtafeln mit der Unterkonstruktion ist stets nachzuweisen.

und Bau-Furniersperrholz nach DIN 68 705 Teil 3 und Teil 5 verwendet werden.

3.3.6 Für Beplankungen darf auch Bau-Furniersperrholz aus drei Lagen verwendet werden, jedoch nicht bezüglich der Scheibenwirkung bei Decken- und Dachscheiben.

3.4 Aussteifende Beplankungen

3.4.1 Baustoffe nach Abschnitt 3.3.

3.4.2 Beplankte Strangpreßplatten nach DIN 68 764 Teil 1 und Teil 2.

3.4.3 Gipskarton-Bauplatten nach DIN 18 180. Die Platten dürfen nur im Anwendungsbereich der Holzwerkstoffklasse 20 nach DIN 68 800 Teil 2 eingesetzt werden.

4 Tragende Verbindungen

Für die Verbindung der Beplankungen nach den Abschnitten 3.3 und 3.4 mit den Rippen dürfen nur die Verbindungen nach DIN 1052 Teil 1 und Teil 2 verwendet werden; Gipskarton-Bauplatten dürfen nur mit Nägeln oder Holzschrauben, Asbestzement-Tafeln nur mit Holzschrauben nach DIN 96 oder DIN 97 angeschlossen werden.

Bei Wandscheiben mit mindestens 10 mm dicken Beplankungen darf der Abstand der Verbindungsmittel höchstens 150 mm betragen.

Für Bolzenverbindungen von Wand- und Deckentafeln dürfen abweichend von DIN 1052 Teil 2, Tabelle 3, auch andere Scheibenformen verwendet werden, sofern die Nettofläche mindestens gleich groß ist.

5 Berechnungsgrundlagen

5.1 Allgemeines

5.1.1 Windlasten

Die Exzentrizität des Windlast-Angriffs nach DIN 1055 Teil 4/08.86, Abschnitt 6.2.1, braucht beim Nachweis der Standsicherheit von Gebäuden bis zu zwei Vollgeschossen nicht berücksichtigt zu werden. Das gilt bei diesen Gebäuden auch für die Exzentrizität der Windlastresultierenden bezüglich des ideellen Schwerpunktes der windaussteifenden Wandscheiben, solange Wandscheiben in mindestens vier umlaufenden Wänden des Gebäudes angeordnet sind.

5.1.2 Stützkräfte von Deckenscheiben

Die Stützkräfte von Decken- und Dachscheiben dürfen wie für einen starr gestützten Balken bestimmt werden, bei durchlaufenden Scheiben näherungsweise ohne Berücksichtigung einer Durchlaufwirkung wie für einen Balken, der über den Innenstützen gelenkig gestoßen und frei drehbar gelagert ist.

5 Zulässige Spannungen

Für Holzhäuser in Tafelbauart dürfen ergänzend zu DIN 1052 Teil 1, Ausgabe Oktober 1969, Abschnitt 9, für Holzwerkstoffe die zulässigen Spannungen nach Tabelle 2 angenommen werden. Für Furniere gilt DIN 1052 Teil 1, Ausgabe Oktober 1969, Tabelle 6, Güteklasse II.

7 Verbindungsmittel (zur Kraftübertragung)

7.1 Bolzenverbindungen

Bei Verbindungen von Vollholz mit Bau-Furnierplatten und von Bau-Furnierplatten untereinander ist die zulässige Belastung nach DIN 1052 Teil 1, Ausgabe Oktober 1969, Abschnitt 11.2.11, zu bestimmen.

7.3 Holzschraubenverbindungen

7.3.1 Für Holzschraubenverbindungen gilt DIN 1052 Teil 1, Ausgabe Oktober 1969, Abschnitt 11.4.

5.2 Materialkennwerte und zulässige Spannungen

5.2.1 Holzwerkstoffe

Für Holzwerkstoffe nach den Abschnitten 3.3.1 und 3.3.2 sind die zulässigen Spannungen im Lastfall H sowie die Elastizitätsmoduln E und Schubmoduln G nach Tabelle 1 maßgebend. Für diese Holzwerkstoffe dürfen die zulässigen Spannungen im Lastfall HZ, bei Erdbebenlasten nach DIN 4149 Teil 1 und für Transport- und Montagezustände nach DIN 1052 Teil 1, Abschnitt 5.1.6, erhöht werden.

5.2.2 Asbestzement-Tafeln

Die zulässige Zugspannung in Plattenebene beträgt parallel zur Faserrichtung der Tafeln 3,2 MN/m^2, rechtwinklig dazu 2,2 MN/m^2. Bei Kraftrichtung schräg zur Faserrichtung darf entsprechend dem Winkel zwischen Kraft- und Faserrichtung zwischen diesen beiden Werten geradlinig interpoliert werden.

Die zulässige Biegespannung für Biegung rechtwinklig zur Plattenebene beträgt 9,0 MN/m^2 bei Beanspruchung parallel zur Faser und 6,5 MN/m^2 bei Beanspruchung rechtwinklig zur Faser.

5.2.3 Gipskarton-Bauplatten

Die zulässige Druckspannung rechtwinklig zur Plattenebene beträgt für Gipskarton-Bauplatten B nach DIN 18 180 2,0 MN/m^2, für Gipskarton-Bauplatten F nach DIN 18 180 2,5 MN/m^2.

5.3 Zulässige Belastung und Anordnung der tragenden Verbindungsmittel

5.3.1 Bolzen und Stabdübel

Für Holzwerkstoffe nach den Abschnitten 3.3.1 und 3.3.2 sind die zulässigen Lochleibungsdruckspannungen in Tabelle 1, Zeile 8, angegeben.

5.3.2 Holzschrauben

Für auf Abscheren beanspruchte Verbindungen von Asbestzement-Tafeln mit Vollholz dürfen die Werte nach DIN 1052 Teil 2, Abschnitt 9.2, verwendet werden.

Die zulässige Belastung von Holzschrauben nach DIN 96 und DIN 97 auf Herausziehen aus Nadelholz nach DIN 1052 Teil 2 darf beim Anschluß von Plattenwerkstoffen an Vollholz voll in Rechnung gestellt werden, wenn die Holzwerkstoffe mindestens 12 mm, die Asbestzement-Tafeln mindestens 8 mm dick sind und bei Holzwerkstoffen der Schraubendurchmesser höchstens gleich der halben Plattendicke ist.

Bei Asbestzement-Tafeln muß der Schraubenabstand vom Plattenrand mindestens 15 mm betragen.

Bei versenkter Anordnung der Holzschrauben sind die Mindestdicken der Beplankungen nach Tabelle 3 um die tatsächliche Versenkungstiefe, mindestens aber um 2 mm, zu vergrößern. Ein bündiger Abschluß des Kopfes von Holzschrauben nach DIN 97 mit der Plattenoberfläche gilt als nicht versenkt.

Der Verschiebungsmodul C für Schraubenverbindungen von Asbestzement-Tafeln mit Vollholz darf mit C = 800 N/mm angenommen werden.

4 Baustoffe

4.1 Ergänzend zu DIN 1052 Teil 1, Ausgabe Oktober 1969, Abschnitt 3.1, dürfen folgende Elastizitätsmoduln angenommen werden:

Tabelle 1. **Elastizitätsmoduln, Rechenwerte**

	1	2
	Werkstoff	E-Modul 10^3 MN/m^2
1	Sperrholz (Bau-Furnierplatten) nach DIN 68 705 Teil 3 in Faserrichtung senkrecht zur Faserrichtung der Deckfurniere	 7 2) 3 2)
2	Spanplatten (Flachpreßplatten für das Bauwesen) nach DIN 68 763	2
3	Harte Holzfaserplatten für das Bauwesen nach DIN 68 754 Teil 1	2

2) gilt für die Gesamtplattendicke

Tabelle 2. **Zulässige Spannungen der Werkstoffe (zul σ und zul τ in MN/m^2)**

	1	2	3	4	5
	Art der Beanspruchung	Sperrholz (Bau-Furnierplatten) 3) nach DIN 68 705 Teil 3		Spanplatten (Flachpreßplatten für das Bauwesen) nach DIN 68 763	Harte Holzfaserplatten für das Bauwesen nach DIN 68 754 Teil 1
		in Faserrichtung der Deckfurniere	senkrecht zur Faserrichtung der Deckfurniere		
1	Biegung	13	5	3	8
2	Zug	8	4 4)	2	4
3	Druck	8	4	2	4
4	Druck senkrecht zur Platte	3		2	3
5	Abscheren in Plattenebene	0,9		0,5	0,3
6	Abscheren senkrecht zur Plattenebene	1,8		0,5	1,5

3) gilt für die Gesamtplattendicke

4) die zulässige Spannung für Zug unter 45° zur Faser beträgt 2 MN/m^2; Zwischenwerte dürfen geradlinig eingeschaltet werden.

(Zu Tabelle 1: siehe auch DIN 1052 Teil 1, Tabelle 2, Seite 11 und Tabelle 3, Seite 13)

(Zu Tabelle 2: siehe auch DIN 1052 Teil 1, Tabelle 6, Seite 21)

Tabelle 1. **Zulässige Spannungen im Lastfall H sowie Rechenwerte für den Elastizitätsmodul E und den Schubmodul G in MN/m^2 für Holzwerkstoffe nach den Abschnitten 3.3.1 und 3.3.2**

	Art der Beanspruchung		Harte		Mittelharte	Beplankte Strangpreßplatten nach DIN 68 764 Teil 2	
			Holzfaserplatten nach DIN 68 754 Teil 1				
			Plattennenndicke mm				
			bis 4	über 4	5 bis 16	Rohplatte 12	Rohplatte 16
1	Biegung rechtwinklig zur Plattenebene	zul σ_{Bxy}	8,0	6,0	2,5	5,0	3,5
2	Biegung in Plattenebene	zul σ_{Bxz}	5,5	4,0	2,0	–	
3	Zug in Plattenebene	zul σ_{Zx}	4,0		2,0	2,0	1,5
4	Druck in Plattenebene	zul σ_{Dx}	4,0		2,0	2,0	1,5
5	Druck rechtwinklig zur Plattenebene	zul σ_{Dz}	3,0		2,0	2,5	
6	Abscheren und Schub in Plattenebene [1]	zul τ_{zx}	0,4		0,3	0,5	
7	Abscheren rechtwinklig zur Plattenebene	zul τ_{yx}	1,5		0,8	1,2	
8	Lochleibungsdruck [2]	zul σ_l	6,0		3,0	3,0	
9	Biegung rechtwinklig zur Plattenebene	E_{Bxy}	4000	3500	1500	3500	2800
10	Biegung in Plattenebene	E_{Bxz}	2500	2000	1000	–	
11	Druck, Zug in Plattenebene	E_{Dx}, E_{Zx}	2500	2000	1000	1600	1400
12	Biegung rechtwinklig zur Plattenebene	G_{zx}	200		100	100	
13	Biegung in Plattenebene	G_{yx}	1250	1000	500	800	700

[1] Werte gelten auch für Abscheren in Leimfugen zwischen Rippen und Beplankungen.
[2] Für Bolzen und Stabdübel.

7.2 Nagelverbindungen

Die folgenden Bestimmungen gelten für Verbindungen mit Nägeln nach DIN 1151 – Drahtstifte, rund; Flachkopf, Senkkopf.

7.2.1 Für die Tragfähigkeit von Nagelverbindungen gilt DIN 1052 Teil 1, Ausgabe Oktober 1969, Abschnitt 11.3, soweit im folgenden nichts anderes bestimmt ist.

7.2.3. Bei dickeren Nägeln muß ein Randabstand senkrecht zur Faserrichtung von $5 \cdot d_n$, bei Verwendung von Lehren $4 \cdot d_n$, eingehalten werden. Bei vorgebohrten Nagellöchern dürfen die Nagelabstände auch in der Faserrichtung auf $5 \cdot d_n$ ermäßigt werden.

(Siehe auch Seite 65)

5.3.3 Nägel

Die zulässige Nagelbelastung nach DIN 1052 Teil 2 gilt auch für beplankte Strangpreßplatten nach Abschnitt 3.3.2, wenn die Dicke der Platten mindestens 4,5 d_n beträgt, wobei d_n der Nageldurchmesser in mm ist.

Abweichend von DIN 1052 Teil 2 sind für den kleinsten Nagelabstand vom unbeanspruchten Rand von Vollholzrippen rechtwinklig zur Faserrichtung (nicht vorgebohrt) folgende Werte einzuhalten:

$5\,d_n$ + 5 mm bei Handnagelung mit Druckluftnagler,

$4\,d_n$ bei Handnagelung mit Lehren oder maschinelle Nagelung (z. B. stationäre Nagelbrücken).

6 Berechnung

6.1 Allgemeines

Mittragende Beplankungen nach den Abschnitten 3.3.1 und 3.3.2 sind auch einseitig zulässig. Beplankungen aus Asbestzement-Tafeln und Bretterschalungen dürfen nur dann als mittragend berücksichtigt werden, wenn die Tafeln beidseitig mittragende Beplankungen aufweisen.

Bei der Bemessung von Wandscheiben für waagerechte Lasten in Tafelebene dürfen beidseitig beplankte Tafeln mit einer Beplankung aus Holzwerkstoffen nach DIN 1052 Teil 1 oder nach den Abschnitten 3.3.1 und 3.3.2 auf der einen und aus Asbestzement-Tafeln auf der anderen Seite wie Tafeln mit zwei einseitigen Beplankungen nach DIN 1052 Teil 1, Abschnitt 11.4.2.1, Aufzählung c, behandelt werden.

Aussteifende Beplankungen nach Abschnitt 3.4 sind auch einseitig zulässig, wenn das Seitenverhältnis Höhe zu Breite der auszusteifenden Rippe nicht größer als 4 ist.

Für Stürze über Öffnungen mit lichten Weiten bis 2,50 m dürfen auch Beplankungen nach den Abschnitten 3.3.1 und 3.3.2 verwendet werden.

6.2 Rippenabstände

Für Beplankungen ist im Hinblick auf klimatisch bedingte Verformungen ohne anderen Nachweis $b \leq 50 \cdot h_{1,3}$ einzuhalten. Bei Asbestzement-Tafeln, die nicht der Witterung unmittelbar ausgesetzt sind, muß $b \leq 70 \cdot h_{1,3}$ sein. Bei unterschiedlichen Beplankungen ist der kleinere Wert für b maßgebend.

Hierin bedeuten (siehe DIN 1052 Teil 1, Bilder 28 und 29):

b lichter Abstand der Rippen

h_1 h_3 Dicke der Beplankung.

6.3 Mitwirkende Beplankungsbreite

Für Beplankungen aus Holzwerkstoffen nach den Abschnitten 3.3.1 und 3.3.2 gilt DIN 1052 Teil 1. Abweichend davon darf bei gleichmäßig verteilter Last vereinfachend mit den Werten nach Tabelle 2 gerechnet werden, sofern der Achsabstand der Rippen 0,625 m nicht überschreitet.

6.4 Auf Druck oder auf Druck und Biegung beanspruchte Tafeln

Bei Rippen aus Vollholz und Beplankungen aus Holzwerkstoffen nach den Abschnitten 3.3.1 und 3.3.2 sind die Knickzahlen für Vollholz nach DIN 1052 Teil 1 zugrunde zu legen.

Tabelle 2. **Höchstwerte für vereinfachende Ermittlung der mitwirkenden Breite b' zwischen den Rippen**

Beplankungen	b'/b Feld-Bereich	b'/b Stützen-Bereich
Flachpreßplatten, Holzfaserplatten	0,9	0,8
Bau-Furniersperrholz	0,7	0,55

6.5 Wandtafeln mit diagonaler Bretterschalung

Das Verhältnis Höhe zu Breite der Tafeln darf 2,5 nicht überschreiten. Die Bretter müssen parallel zu einer Diagonalen der Tafel, jedoch in einem Winkelbereich zwischen 30° und 70° zur Waagerechten, verlaufen (siehe Bild 1). Die Schalung ist durch mindestens eine waagerechte oder lotrechte Zwischenrippe zu unterstützen. Jedes Brett ist mit mindestens zwei Nägeln oder zwei Schrauben an jeder Rippe anzuschließen.

Der Spannungs- bzw. Knicknachweis für die Bretterschalung ist mit der Diagonalkraft $F/\cos\alpha$ sowie mit einer ideellen Breite $b_i = 0{,}2 \cdot b_s$, jedoch höchstens $0{,}2 \cdot h_s$, zu führen, wobei Schlankheitsgrade bis $\lambda = 200$ zulässig sind. Als Knicklänge s_k ist die Länge der Diagonalen zwischen den stützenden Rippen einzusetzen. Die für den Anschluß der Diagonalkraft erforderliche Nagel- oder Schraubenanzahl darf bei Einraster-Tafeln auf die Länge $b_{s1}/2 + h_s/2$, bei Mehrraster-Tafeln auf die Länge $b_s/2 + h_s/2$ gleichmäßig verteilt werden.

Falls die Auflast im Punkt A geringer ist als die Anker-Zugkraft Z_A, ist die erforderliche Eckverbindung der Randrippen nachzuweisen.

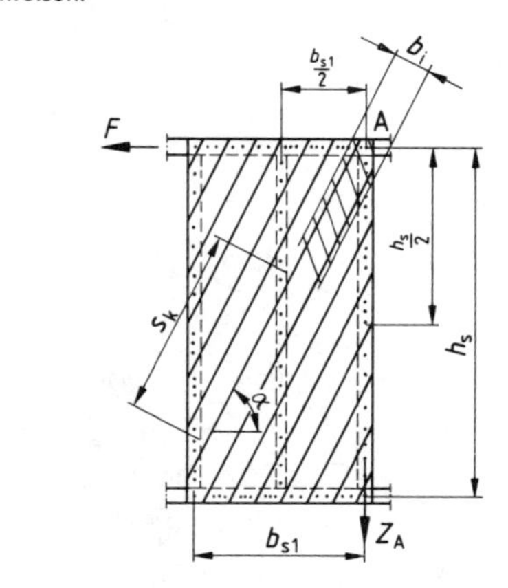

Bild 1. Wandtafeln mit diagonaler Bretterschalung (Einraster-Tafel)

6.7 Durchbiegung

Für die Berechnung der Durchbiegung von Wand- und Deckentafeln ist das Trägheitsmoment I_i bzw. I_w maßgebend. Die rechnerischen Durchbiegungen dürfen unter der Gesamtlast höchstens 1/300 der Stützweite betragen. Bei durchlaufenden Bauteilen ist die ungünstigste Laststellung maßgebend.

(Siehe auch DIN 1052 Teil 1, Abschnitt 8.5.2, Seite 40)

6 Bemessungsregeln

6.2 Bei Verwendung von Holz und Holzwerkstoffen für tragende und/oder aussteifende Beplankungen von Wand- oder Deckentafeln sowie für tragende und/oder der Beulsicherung dienende Rippen sind folgende Mindestdicken erforderlich (vergleiche jedoch Abschnitt 2):

Tabelle 3. **Mindestdicken**

	Beplankung	Rippen
Vollholz	15 mm	24 mm
Bau-Furnierplatten	5 mm	10 mm
Flachpreßplatten für das Bauwesen	8 mm	10 mm
Harte Holzfaserplatten für das Bauwesen	4 mm	10 mm
Bau-Tischlerplatten	13 mm	13 mm
Beplankte Strangpreßplatten für die Tafelbauart, beplankte Strangpreßplatten für das Bauwesen SV und SR nach Abschnitt 4.4.2	14 mm	–

7 Ausführung

7.1 Mindestdicken der Beplankungen

Die Angaben in Tabelle 3 gelten unter der Voraussetzung, daß die Verbindungsmittel nicht größere Maße erfordern.

Tabelle 3. **Mindestdicken der Beplankungen**

Baustoff	Mindestdicke mm
Beplankte Strangpreßplatten	14
Harte Holzfaserplatten	4
Mittelharte Holzfaserplatten	6
Gipskarton-Bauplatten	12,5
Asbestzement-Tafeln	6

(Siehe auch Seite 63)

7.2 Dachneigung

Bezüglich der Neigung von Flachdächern aus Holztafeln gilt DIN 1052 Teil 1, Abschnitt 13.2.2, sinngemäß. Eine Berücksichtigung der Wassersackbildung ist nicht erforderlich bei Einfeldtafeln mit einer Stützweite bis zu 6,25 m und bei Durchlauftafeln mit einer Stützweite bis zu 7,50 m, wenn die Tafeln auf wenig nachgiebiger Unterkonstruktion aufliegen, z. B. auf Wandtafeln oder auf Unterzügen mit einer Stützweite bis zu 4 m.

8 Ausführungsbeispiele für Wandtafeln ohne Nachweis der Aufnahme der Horizontallast F_H

8.1 Einraster-Tafeln

Einraster-Tafeln, die in ihrer Ebene sowohl lotrecht als auch waagerecht belastet werden, brauchen nur für die Aufnahme der lotrechten Gesamtlast F_V bemessen zu werden, wenn folgende Voraussetzungen erfüllt sind:

a) Maße, Konstruktion und Werkstoffe entsprechen mindestens den Angaben in Bild 2; die Querschnittsfläche jeder Rippe beträgt mindestens 40 cm^2; die Dicke der Beplankung $h_{1,3}$ ist $\geq b/50$; bei Verwendung anderer Nageldurchmesser oder von Klammern ist max e im Verhältnis der zulässigen Belastungen der Verbindungsmitel umzurechnen; die Tafeln dürfen auch verleimt sein,

b) die Höchstwerte der Horizontallast F_H betragen für:
- einseitige Beplankung $F_H = 4{,}0$ kN
- beidseitige Beplankung $F_H = 5{,}0$ kN

c) der Anschluß der Anker-Zugkraft Z_A infolge F_H an die Randrippe nach DIN 1052 Teil 1, Abschnitt 11.4.2.1 sowie der Anschluß von F_H im Wandfußpunkt werden nachgewiesen,

d) die Beplankungen werden für die anteilige Aufnahme der Lasten F_V nicht berücksichtigt,

e) beim Nachweis der Flächenpressung im Schwellenbereich der lotrechten Rippen infolge F_V wird $k_{D\perp}$ nach DIN 1052 Teil 1, Abschnitt 5.1.11, mit 1,0 angenommen,

f) die Angaben unter den Aufzählungen a bis e gelten auch für Tafeln, bei denen die Schwelle mit der druckbeanspruchten Randrippe endet, wenn die Tafel an dieser Stelle mit einer Querwand oder einem gleichwertigen Bauteil kraftschlüssig verbunden ist.

8.2 Mehrraster-Tafeln

Für Mehrraster-Tafeln nach DIN 1052 Teil 1, Abschnitt 11.4.2.2, und der Ausführung nach Bild 2 gilt in Ergänzung zu Abschnitt 8.1 folgendes:

a) für die anteilige Horizontallast je Raster gelten die Höchstwerte nach Abschnitt 8.1, Aufzählung b,

b) die Anker-Zugkraft Z_A braucht nur am zugbeanspruchten Rand der Gesamttafel aufgenommen zu werden.

Maße in mm

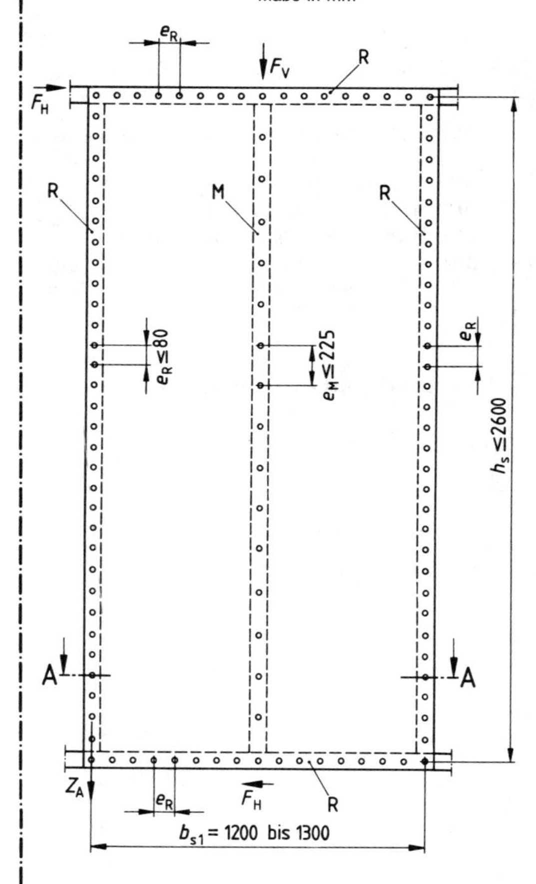

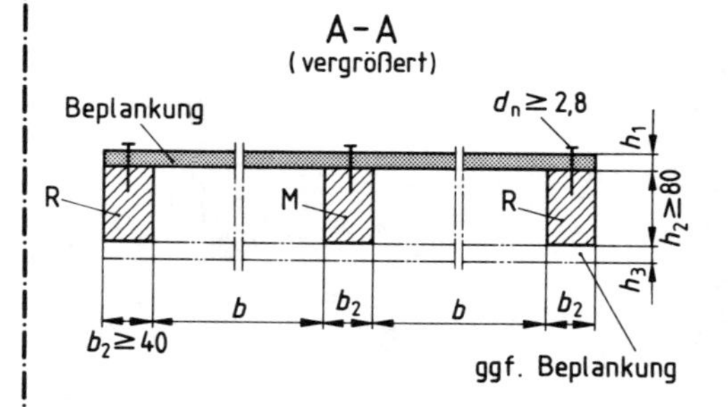

Rippen M und R: Vollholz, Güteklasse II, Schnittklasse S oder A nach DIN 4074 Teil 1

Beplankungen: Flachpreßplatten nach DIN 68 763

Bild 2. Einraster-Tafeln

1) Hinweis auf weitere Normen
Für die Bemessung und Ausführung wird insbesondere auf folgende Normen hingewiesen:

DIN 1055	Lastannahmen für Bauten
DIN 4102	Brandverhalten von Baustoffen und Bauteilen
DIN 4103	Leichte Trennwände
DIN 4108	Wärmeschutz im Hochbau
DIN 4109	Schallschutz im Hochbau
DIN 4117	Abdichtung von Bauwerken gegen Bodenfeuchtigkeit; Richtlinien für die Ausführung
DIN 68 140	Keilzinkenverbindung von Holz
DIN 68 800	Holzschutz im Hochbau

Zitierte Normen

DIN 96	Halbrund-Holzschrauben mit Schlitz
DIN 97	Senk-Holzschrauben mit Schlitz
DIN 274 Teil 4	Asbestzementplatten; Ebene Tafeln; Maße, Anforderungen, Prüfungen
DIN 1052 Teil 1	Holzbauwerke; Berechnung und Ausführung
DIN 1052 Teil 2	Holzbauwerke; Mechanische Verbindungen
DIN 1055 Teil 4	Lastannahmen für Bauten; Verkehrslasten, Windlasten bei nicht schwingungsanfälligen Bauwerken
DIN 4074 Teil 1	Bauholz für Holzbauteile; Gütebedingungen für Bauschnittholz (Nadelholz)
DIN 4103 Teil 1	Nichttragende innere Trennwände; Anforderungen, Nachweise
DIN 4149 Teil 1	Bauten in deutschen Erdbebengebieten; Lastannahmen, Bemessung und Ausführung üblicher Hochbauten
DIN 18 180	Gipskartonplatten; Arten, Anforderungen, Prüfung
DIN 68 705 Teil 3	Sperrholz; Bau-Furniersperrholz
DIN 68 705 Teil 5	Sperrholz; Bau-Furniersperrholz aus Buche
DIN 68 754 Teil 1	Harte und mittelharte Holzfaserplatten für das Bauwesen; Holzwerkstoffklasse 20
DIN 68 763	Spanplatten; Flachpreßplatten für das Bauwesen; Begriffe, Eigenschaften, Prüfung, Überwachung
DIN 68 764 Teil 1	Spanplatten; Strangpreßplatten für das Bauwesen; Begriffe, Eigenschaften, Prüfung, Überwachung
DIN 68 764 Teil 2	Spanplatten; Strangpreßplatten für das Bauwesen; Beplankte Strangpreßplatten für die Tafelbauart
DIN 68 800 Teil 2	Holzschutz im Hochbau; Vorbeugende bauliche Maßnahmen
DIN 68 800 Teil 3	Holzschutz im Hochbau; Vorbeugender chemischer Schutz von Vollholz

Erläuterungen

Die in dieser Norm verwendeten Formelzeichen weichen teilweise von den in DIN 1080 Teil 5/03.80 festgelegten Formelzeichen ab. Es ist daher vorgesehen, DIN 1080 Teil 5 zu überarbeiten.